"十二五"职业教育国家规划教材
经全国职业教育教材审定委员会审定

机械精度检测与产品质量管理

主　编　朱士忠　金仲伯　宋　浩
参　编　是丽云
主　审　陆龙胜

本书是"十二五"职业教育国家规划教材,是根据《教育部关于"十二五"职业教育教材建设的若干意见》及教育部新颁布的《高等职业学校专业教学标准(试行)》编写的。

本书共分十一章,内容包括机械精度设计、检测技术基础、测量误差及数据处理、尺寸精度设计与评定、几何精度设计与评定、几何公差与尺寸公差的关系、尺寸精度测量、几何误差检测、表面结构要求及其检测、常用典型件的精度检测以及机械零件几何精度的质量管理,系统阐述了机械产品精度设计的基本知识、各种典型零件精度设计的基本原理及最新国家标准在设计中的应用,也阐述了一些典型零件的检测原理和新的测试技术,以及机械零件几何精度的质量管理。

本书既可供高等职业院校机械类各专业和数控技术应用专业师生在教学中使用,也可作为继续教育院校机械类各专业的教材,还可供从事机械设计、机械制造、标准化、计量测试等工作的工程技术人员参考。

图书在版编目(CIP)数据

机械精度检测与产品质量管理/朱士忠,金仲伯,宋浩编. —北京:机械工业出版社,2012.10(2025.6重印)
"十二五"职业教育国家规划教材
ISBN 978-7-111-40285-5

Ⅰ.①机… Ⅱ.①朱… ②金… ③宋… Ⅲ.①机械—精度—设计—高等职业教育—教材 ②机械元件—测量—高等职业教育—教材 Ⅳ.①TH122 ②TG801

中国版本图书馆 CIP 数据核字(2012)第 261791 号

机械工业出版社(北京市百万庄大街 22 号 邮政编码 100037)
策划编辑:汪光灿 责任编辑:汪光灿 安桂芳
版式设计:闫玥红 责任校对:张 征
封面设计:张 静 责任印制:刘 媛
三河市骏杰印刷有限公司印刷
2025 年 6 月第 1 版第 10 次印刷
184mm×260mm・13 印张・321 千字
标准书号:ISBN 978-7-111-40285-5
定价:39.00 元

电话服务　　　　　　　　　　网络服务
客服电话:010—88361066　　机 工 官 网:www.cmpbook.com
　　　　　010—88379833　　机 工 官 博:weibo.com/cmp1952
　　　　　010—68326294　　金 书 网:www.golden-book.com
封底无防伪标均为盗版　　　　机工教育服务网:www.cmpedu.com

前　言

本书是按照教育部《关于开展"十二五"职业教育国家规划教材选题立项工作的通知》，经过出版社初评、申报，由教育部专家组评审确定的"十二五"职业教育国家规划教材，是根据《教育部关于"十二五"职业教育教材建设的若干意见》及教育部新颁布的《高等职业学校专业教学标准（试行）》编写的。

"机械精度检测与产品质量管理"是高等职业院校机械类各专业的重要技术基础课，包含机械精度设计、误差检测与产品质量管理三大方面的内容。该课程把精度设计和计量学两个领域的有关知识有机地结合在一起，与机械设计、机械制造、质量控制密切相关，是机械类专业技能型人才必须掌握的基本内容，也是机械工程技术人员和产品质量管理人员必备的基本知识和技能。

本书从培养技术应用能力出发，按照"从生产岗位中来，又服务于生产"的指导思想，根据"工学结合、项目导向"的原则选材编写，特别强调对技术应用能力的培养。本书在内容上力求贴近生产，使其具有鲜明的生产实用性、技术先进性、启发自学性和内容科学性，以突出职业技术教育、注重劳动态度培养和职业能力培养为特色，以适应培养应用型高技能人才的需要。本书的学习内容、目的、要求和方法明确，内容层层递进，强调对知识的综合运用和能力培养，并将其贯穿于全书。

本书共分十一章，内容包括机械精度设计、检测技术基础、测量误差及数据处理、尺寸精度设计与评定、几何精度设计与评定、几何公差与尺寸公差的关系、尺寸精度测量、几何误差检测、表面结构要求及其检测、常用典型件的精度检测以及机械零件几何精度的质量管理。

本书由无锡机电高等职业技术学校朱士忠、金仲伯、宋浩编写。在编写过程中，得到了无锡机电高等职业技术学校的领导和有关部门的支持和帮助，参考了许多教授、专家的有关文献，在此一并表示衷心的感谢！

限于各种主、客观因素，书中难免还会存在一些不足，恳请广大读者提出宝贵意见和建议，以便今后进一步改进。

编　者

目 录

前言
第1章 机械精度设计 ... 1
1.1 机械精度设计概述 ... 1
1.2 互换性概述 ... 2
1.2.1 互换性及其意义 ... 2
1.2.2 互换性的分类 ... 2
1.2.3 互换性与公差、检测 ... 3
1.3 标准化与优先数系 ... 3
1.3.1 标准 ... 3
1.3.2 标准化 ... 3
1.3.3 优先数和优先数系 ... 4
思考题 ... 4

第2章 检测技术基础 ... 5
2.1 测量概述 ... 5
2.2 尺寸传递 ... 5
2.2.1 长度计量单位与量值传递 ... 5
2.2.2 量块的形状和尺寸 ... 6
2.2.3 量块的精度 ... 6
2.2.4 量块的使用 ... 7
2.3 计量器具分类与选择 ... 8
2.3.1 计量器具分类 ... 8
2.3.2 计量器具的基本度量指标 ... 9
2.4 测量原则及方法 ... 10
2.4.1 测量原则 ... 10
2.4.2 测量方法 ... 11
2.5 测量器具的选择原则 ... 12
2.6 测量基准面和定位形式的选择 ... 13
2.7 测量条件的选择 ... 13
思考题 ... 14

第3章 测量误差及数据处理 ... 16
3.1 测量误差概述 ... 16
3.1.1 测量误差的概念 ... 16
3.1.2 测量误差的产生 ... 16
3.2 测量误差的分类 ... 17
3.2.1 系统误差 ... 17
3.2.2 随机误差 ... 17
3.2.3 粗大误差 ... 17
3.3 测量精度 ... 18

3.4 测量误差的数据处理 ··· 18
    3.4.1 系统误差的发现 ··· 18
    3.4.2 系统误差的消除 ··· 19
    3.4.3 测量列中随机误差的处理 ·· 20
    3.4.4 测量不确定度 ·· 24
思考题 ··· 24

第4章 尺寸精度设计与评定 ·· 25
4.1 尺寸精度设计的基本术语和定义 ··· 25
    4.1.1 有关孔和轴的定义 ·· 25
    4.1.2 有关尺寸的术语和定义 ··· 25
    4.1.3 有关配合的术语和定义 ··· 27
4.2 极限与配合的国家标准 ··· 29
    4.2.1 基准制 ··· 29
    4.2.2 标准公差系列 ·· 30
    4.2.3 基本偏差系列 ·· 31
    4.2.4 公差带代号与配合代号 ··· 34
4.3 尺寸精度的检验 ·· 36
思考题 ··· 38

第5章 几何精度设计与评定 ·· 39
5.1 几何误差的基本概念 ··· 39
    5.1.1 几何要素 ··· 39
    5.1.2 几何公差带的概念 ·· 39
5.2 形状公差与形状误差 ··· 42
5.3 方向、位置和跳动公差与方向、位置和跳动误差 ·· 45
5.4 基准 ·· 50
思考题 ··· 51

第6章 几何公差与尺寸公差的关系 ··· 52
6.1 公差原则与公差要求 ··· 52
6.2 有关术语及定义 ·· 52
6.3 独立原则 ··· 54
6.4 相关要求 ··· 55
    6.4.1 包容要求 ··· 55
    6.4.2 最大实体要求 ·· 55
    6.4.3 最大实体要求的零几何公差 ·· 56
    6.4.4 最小实体要求 ·· 57
    6.4.5 可逆要求 ··· 57
    6.4.6 可逆要求用于最小实体要求 ·· 58
思考题 ··· 59

第7章 尺寸精度测量 ·· 60
7.1 尺寸精度常用测量器具概述 ·· 60
7.2 游标类量具 ··· 60
    7.2.1 游标卡尺 ··· 60
    7.2.2 深度游标卡尺 ·· 63

    7.2.3 高度游标卡尺 ·· 63
    7.2.4 齿厚游标卡尺 ·· 64
7.3 千分尺类量具 ··· 64
    7.3.1 千分尺类量具的读数原理 ·· 66
    7.3.2 外径千分尺的操作方法 ·· 67
    7.3.3 内径千分尺的操作方法 ·· 68
    7.3.4 深度千分尺 ·· 69
    7.3.5 杠杆千分尺 ·· 69
7.4 指示表类量具 ··· 70
    7.4.1 百分表 ·· 70
    7.4.2 内径百分表 ·· 72
    7.4.3 杠杆百分表 ·· 73
    7.4.4 杠杆齿轮比较仪 ·· 73
7.5 水平仪 ·· 74
    7.5.1 水平仪的分类 ·· 74
    7.5.2 水准式水平仪的工作原理 ·· 74
    7.5.3 水准式水平仪的结构和规格 ·· 74
7.6 角度量具 ·· 76
    7.6.1 游标万能角度尺 ·· 76
    7.6.2 正弦规 ·· 77
7.7 量规 ··· 79
    7.7.1 光滑极限量规的用途 ·· 79
    7.7.2 光滑极限量规的结构 ·· 80
7.8 数字式立式光学计及其操作步骤 ··· 81
    7.8.1 量仪介绍 ·· 81
    7.8.2 工作原理 ·· 81
    7.8.3 操作步骤 ·· 82
7.9 万能测长仪及其操作步骤 ··· 83
    7.9.1 量仪介绍 ·· 83
    7.9.2 工作原理 ·· 83
    7.9.3 操作步骤 ·· 84
思考题 ·· 85

第8章 几何误差检测 ·· 86

8.1 一般规则 ·· 86
8.2 形状误差的检测与评定 ·· 86
    8.2.1 直线度误差的检测与评定 ·· 86
    8.2.2 平面度误差的检测与评定 ·· 92
    8.2.3 圆度误差的检测与评定 ·· 95
    8.2.4 圆柱度误差的检测与评定 ·· 99
8.3 方向误差的测量 ·· 101
    8.3.1 平行度误差的测量 ·· 101
    8.3.2 垂直度误差的测量 ·· 103
    8.3.3 倾斜度误差的测量 ·· 104
8.4 位置误差的测量 ·· 105

8.4.1 同轴（同心）度误差的测量	105
8.4.2 对称度误差的测量	106
8.4.3 位置度误差的测量	107
8.5 跳动误差的测量	108
8.5.1 圆跳动误差的测量	109
8.5.2 全跳动误差的测量	110
思考题	111

第9章 表面结构要求及其检测

9.1 有关表面结构的术语和定义	112
9.2 表面粗糙度的评定参数	115
9.2.1 评定参数的定义	115
9.2.2 表面粗糙度参数值的选择	117
9.3 表面结构代号及标注	117
9.3.1 表面结构的图形符号	117
9.3.2 表面结构要求在完整图形符号上的注写	118
9.3.3 表面结构要求在零件图上的标注	121
9.4 表面粗糙度的检测	124
9.4.1 用光切显微镜检测表面粗糙度	124
9.4.2 用干涉显微镜检测表面粗糙度	126
9.4.3 用表面粗糙度检查仪检测表面粗糙度	128
思考题	132

第10章 常用典型件的精度检测

10.1 螺纹的检测	133
10.1.1 螺纹的种类及使用要求	133
10.1.2 普通螺纹的基本牙型和几何参数	133
10.1.3 普通螺纹的公差	134
10.1.4 螺纹的旋合长度与精度等级	136
10.1.5 普通螺纹的标记	137
10.1.6 螺纹的检测方法	138
10.2 齿轮的检测	147
10.2.1 渐开线圆柱齿轮的精度	147
10.2.2 齿轮精度的检测	149
10.3 键与花键的测量	156
10.3.1 键槽的测量方法	156
10.3.2 用光学分度头检测矩形花键等分度	157
10.3.3 花键对轴线的对称度测量	158
10.3.4 花键大径、小径、键宽与侧面对轴线的平行度的测量	158
10.4 样板的检测	159
10.4.1 用万能工具显微镜测量样板	159
10.4.2 用投影仪测量样板轮廓	160
10.4.3 非整圆弧的测量	162
10.4.4 凸轮（曲面）的测量	163
10.5 三坐标测量机简介	163
思考题	166

第 11 章　机械零件几何精度的质量管理 ········· 167
11.1　质量检测在质量控制中的作用及意义 ········· 167
11.2　质量检验的主要任务与检验过程 ········· 168
11.3　质量检验过程职能的改进和发展 ········· 168
11.4　制造过程中的质量检测 ········· 169
11.5　零废品生产中的测量控制 ········· 171
11.6　现代制造质量控制 ········· 171
11.6.1　制造过程质量控制的主要任务 ········· 171
11.6.2　做好现场质量检验 ········· 172
11.7　工序质量 ········· 174
11.7.1　工序能力 ········· 174
11.7.2　工序能力指数 ········· 175
11.7.3　工序能力指数的评定及改进 ········· 176
11.8　质量管理中常用的数理统计工具 ········· 178
11.8.1　排列图 ········· 178
11.8.2　因果分析图 ········· 179
11.8.3　直方图 ········· 180
11.8.4　散布图 ········· 184
11.8.5　控制图 ········· 185
11.9　质量管理点及质量管理小组活动 ········· 189
11.9.1　质量管理点 ········· 189
11.9.2　质量管理小组的特点和组成 ········· 191
11.10　制造过程自动化质量控制系统及其工作原理简介 ········· 193
思考题 ········· 194

附录 ········· 196
附录 A　轴的基本偏差数值（摘自 GB/T 1800.1—2009） ········· 196
附录 B　孔的基本偏差数值（摘自 GB/T 1800.1—2009） ········· 198

参考文献 ········· 200

第 1 章　机械精度设计

1.1　机械精度设计概述

在机械产品的设计过程中,总体设计、结构设计和几何精度设计是三个基本组成部分。其中,精度设计是机械产品设计的重要环节,是实现产品功能要求的关键和保证,如果没有精度及配合关系的要求,则机器功能要求的体现是无从谈起的。当前,随着我国机械工业的迅速发展,机械产品的几何精度设计、制造和检验等方面的知识及经验不仅成为我国机械产品设计能力、制造质量及技术水平进一步提高的关键因素,而且对吸收引进国际相关领域先进技术,提高机械产品质量和技术水平,增强产品市场竞争能力起着至关重要的作用。

精度设计是指根据产品的使用性能要求和加工制造误差确定机械零部件几何要素允许的加工和装配误差——公差,所以精度设计也称公差设计。精度设计的主要依据是产品性能对零部件的静态与动态精度要求,以及产品生产和维护的经济性。众所周知,虽然相同型号机械产品的零部件的几何结构、形状、大小基本相同,但是它们具有不同的外观感觉、使用性能、无故障工作时间和使用寿命,其主要原因是产品的零部件在制造、装配过程中的误差大小不同(即几何精度差异)。因此,在机械产品的设计、生产和使用过程中,任何加工方法都不可能没有误差。所以,对零件每个几何要素的各类误差都应给出公差。正确合理地给定零件几何要素的公差是设计工程技术人员的重要任务。

一般说来,机械产品几何精度设计的基本原则是尽可能经济地满足功能要求。任何机械产品都是为满足人们生活、生产或科学研究的某种特定需要而设计和制造的,这种需要表现为机械产品可以实现的功能。因此,机械精度设计首先必须满足产品的功能要求。机械产品功能要求的实现,在相当程度上依赖于组成该产品的零部件的几何精度。因此,零部件几何精度的设计是实现产品功能要求的基础。

在满足功能要求的前提下,精度设计还必须充分考虑到经济性的要求。高精度(小公差)固然可以实现高功能的要求,但必须要求高投入,即提高生产成本。实践表明,公差与相对生产成本的关系曲线如图 1-1 所示。由图可见,虽然公差减小(即精度提高)一定会导致相对生产成本的增加,但是当公差较小时,相对生产成本随公差减小而增加的速度远远高于公差较大时的速度。因此,在对具有重要功能要求的几何要素进行精度设计时,特别要注意生产的经济性,应

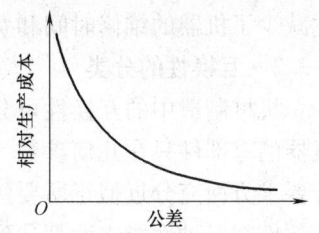

图 1-1　公差与相对生产成本的关系曲线

该在满足功能要求的前提下,选用尽可能低的精度(即较大的公差),从而提高产品的性价比。

根据经济地满足使用功能要求的基本原则,给出机械零件各几何要素的公差,并按标准规定的方法在设计图样上进行标注以后,还需要采用相应的制造和检测方法予以实现。制造

与检测方法的选择应遵循经济地满足设计要求的原则。所用制造方法应在确保产品精度要求的前提下，尽可能降低生产成本，满足市场需要。这不仅要分析零件的精度要求，而且要考虑生产批量和规模、协作的可能性、工艺装备的折旧与更新，以及技术开发与储备等多种因素。

选择检测方法时，首先分析测量误差及其对检验结果的影响。因为测量误差将导致误判，或将合格品判为不合格而误废，或将不合格品判为合格而误收。误废将增加生产成本，误收则会影响产品的功能要求。检测准确度的高低直接影响到误判的概率，又与检测费用密切相关。其次是确定合理的验收合格判断条件。验收条件与验收极限的确定将影响误收和误废在误判中所占的比重。因此，综合诸多因素，国家标准规定几何精度设计应遵循互换性与标准化原则。

1.2 互换性概述

1.2.1 互换性及其意义

同一规格的零部件不需要作任何挑选、调整或修配，就能装配到机器上，并且符合使用性能要求的特性称为互换性。

互换性原则是现代化生产中的一项重要的技术经济原则，已经在各个行业被普遍而广泛地采用。从手表、缝纫机、自行车到机床、汽车、电视机、计算机以及各种军工产品，都无不在极大规模和极高程度上按照互换性原则进行生产。

互换性给产品的设计、制造、使用和维修都带来了很大的方便。

（1）设计方面　可充分利用前人的经验，最大限度地采用标准件、通用件，大大减少了计算、绘图等工作量，缩短了设计周期，并有利于产品品种的多样化和计算机辅助设计，促进了新产品的高速发展。

（2）制造方面　有利于组织大规模专业化生产；有利于采用先进工艺和高效率的专用设备，如用计算机辅助制造；有利于实现加工和装配过程的机械化、自动化，从而减轻工人的劳动量，提高生产率，保证产品质量，降低生产成本。

（3）使用方面　零部件具有互换性，可以及时更换那些已经磨损或损坏的零部件，因此减少了机器的维修时间和费用，保证机器能连续而持久地运转，提高了设备的利用率。

1.2.2 互换性的分类

机械制造中的互换性可分为几何参数的互换性和功能的互换性。几何参数的互换性是指机器的零部件只在几何参数（如尺寸、形状、位置和表面粗糙度）方面和保证零件尺寸配合要求方面充分近似于所要达到的互换性，所以又称狭义互换性。功能的互换性是指机器的零部件在各种性能方面都达到了互换性的要求，如几何参数的精度、强度、刚度、硬度、使用寿命、抗腐蚀性和导电性等都能满足机器的功能要求，所以又称广义互换性。

互换性按其互换程度可分为完全互换（绝对互换）与不完全互换（有限互换）两种。若一批零件或部件在装配时，不需分组、挑选、调整和修配，装配后即能满足预定的要求，则称为完全互换。当装配精度要求较高时，采用完全互换将使零件制造精度要求提高，加工困难，成本增高。这时可适当降低零件的制造精度，使之便于加工，而在加工好后，通过测量将零件按实际尺寸的大小分为若干组，两个相同组号的零件相装配，这样既可保证装配精度，又能解决加工难的问题，这称为分组装配。仅同一组内零件有互换性，组与组之间不能互换，属不完全互换。装配时需要调整的零部件也属于不完全互换。

1.2.3 互换性与公差、检测

由于零件在加工过程中会不可避免地产生各种误差，要想把同一规格一批零件的几何参数做得完全一致是不可能的。实际上，这样做也没有必要。因为只要把几何参数的误差控制在一定的范围内，就能满足互换性的要求。零件几何参数误差的允许范围称为公差。它包括尺寸公差、形状公差、位置公差和角度公差等。

加工好的零件是否满足公差要求，要通过检测加以判断。检测不仅用于评定零件合格与否，而且用于分析其不合格的原因，以便及时调整生产，监督工艺过程，预防废品产生。检测是机械制造的"眼睛"。事实证明，产品质量的提高，除依靠设计和加工精度的提高外，往往更有赖于检测精度的提高。检测包含检验与测量。几何量的检验是指确定零件的几何参数是否在规定的极限范围内，并作出合格性判断，而不必得出被测量的具体数值；测量是将被测量与作为计量单位的标准量进行比较，以确定被测量的具体数值的过程。

综上所述，合理确定公差与正确进行检测是保证产品质量，实现互换性生产的两个必不可少的手段和条件。

1.3 标准化与优先数系

1.3.1 标准

现代生产的特点是品种多、规模大、分工细和协作多。为使社会生产有序进行，必须通过标准化使分散的、局部的生产环节相互协调和统一。

标准是对重复性事物和概念所作的统一规定，它以科学、技术和实践经验的综合成果为基础，经有关方面协商一致，由主管机构批准，以特定形式发布，作为共同遵守的准则和依据。我国标准分为国家标准、行业标准、地方标准和企业标准。

对需要在全国范围内统一的技术要求制定国家标准，代号为GB；对于没有国家标准而又需要在全国某个行业内统一的技术要求，可制定行业标准，如机械标准（JB）；对于没有国家标准和行业标准而又需要在某个范围内统一的技术要求，可制定地方标准（DB）和企业标准（QB）。

机械设计中的标准主要有极限与配合标准、几何公差标准、表面粗糙度标准等，这些都属于国家基础标准，具有最一般的共性，是通用性最广的标准。

1.3.2 标准化

标准化是指在经济、技术、科学及管理等社会实践中，对重复性事物和概念通过制定、发布和实施标准，达到统一，以获得最佳秩序和社会效益的全部活动过程。即按照标准化的原理，给零部件制定统一的标准，将各项公差的术语、定义、代号、概念及原理、误差的测量与评定、图样上的标注方法等都规定在技术标准中。这不仅是零部件精度设计的依据，也是实现互换性的重要保证。为此，我国颁布了一系列的公差标准，如《产品几何技术规范（GPS） 极限与配合》、《产品几何技术规范（GPS） 几何公差 形状、方向、位置和跳动公差标注》、《产品几何技术规范（GPS） 表面结构 轮廓法 表面粗糙度参数及其数值》、《滚动轴承 向心轴承 公差》、《矩形花键尺寸、公差和检验》、《普通螺纹 公差》和

《圆柱齿轮 精度制》等，这一系列标准和国际标准基本上是一致的，是几何量标准化的具体体现，为我国机械工业的发展提供了技术上的保证。

1.3.3 优先数和优先数系

制定公差标准以及设计零件的结构参数时，都需要通过数值表示。任何产品的参数值不仅与自身的技术特性有关，还直接、间接地影响与其配套系列产品的参数值。例如：螺母直径数值影响并决定螺钉直径数值以及丝锥、螺纹塞规和钻头等系列产品的直径数值。由参数值间的关联产生的扩散称为"数值扩散"，为满足不同的需求，产品必然出现不同的规格，形成系列产品。产品数值的杂乱无章会给组织生产、协作配套、使用维修带来困难。

为使产品的参数选择能遵循统一的规律，使参数选择一开始就纳入标准化轨道，必须对各种技术参数的数值作出统一规定。国家标准《优先数和优先数系》（GB/T 321—2005）就是其中最重要的一个标准，优先数系是一种无量纲的分级数值，它是十进制等比数列，适用于各种量值的分级。优先数系中的每一个数都为优先数，要求工业产品技术参数尽可能采用它。

国家标准规定的优先数系分挡合理，疏密均匀，有广泛的适用性，简单易记，便于使用。常见的量值，如长度、直径、转速及功率等分级，基本上都是按一定的优先数系进行的。本书所涉及的相关标准，如尺寸分段、公差分级及表面粗糙度的参数系列等，基本上也采用优先数系。

思 考 题

1. 精度设计的特点是什么？
2. 什么是互换性？
3. 互换性原则已成为现代机械制造业中一个普遍遵守的原则，请举例说明。
4. 按互换程度来分，互换性可分为哪两类？它们有何区别？
5. 什么是公差、标准和标准化？它们与互换性有何关系？

第 2 章 检测技术基础

2.1 测量概述

在机械制造中,为了保证机械零件的互换性和几何精度,应对其几何参数(尺寸、几何误差及表面粗糙度等)进行测量,以判断其是否符合设计要求。只有测量与检验都合格的零件,才具有互换性。

测量就是把被测的量与具有计量单位的标准量进行比较,从而确定被测量是计量单位的倍数或分数的实验过程。其实质是将被测几何量 L 与复现计量单位 E 的标准量进行比较,从而确定比值 q 的过程,即 $L/E = q$ 或 $L = qE$。

由测量的定义可知,任何一个测量过程都必须有明确的被测对象和确定的计量单位,还要有与被测对象相适应的测量方法,而且测量结果还要达到所要求的测量精度。因此,一个完整的测量过程应包括被测对象、计量单位、测量方法和测量精度四个要素。

(1) 被测对象 这里主要指几何量,包括长度、角度、表面粗糙度以及几何误差等。
(2) 计量单位 用以度量同类量值的标准量。
(3) 测量方法 指测量时所采用的测量原理、计量器具和测量条件的总和。
(4) 测量精度 指测量结果与真值的一致程度。

2.2 尺寸传递

2.2.1 长度计量单位与量值传递

为了进行长度计量,必须规定一个统一的标准,即长度计量单位。1984 年国务院发布了《关于在我国统一实行法定计量单位的命令》,决定在采用先进的国际单位制的基础上,进一步统一我国的计量单位,并发布了《中华人民共和国法定计量单位》,其中规定长度的基本单位为米(m)。在机械制造中,常用的长度计量单位为毫米(mm),$1\text{mm} = 10^{-3}\text{m}$;在精密测量中,常用的长度计量单位为微米($\mu$m),$1\mu\text{m} = 10^{-6}\text{m}$;在超精密测量中,常用的长度计量单位为纳米(nm),$1\text{nm} = 10^{-9}\text{m}$。常用的角度计量单位为弧度(rad)、微弧度($\mu$rad)和度(°)、分(′)、秒(″),$1\mu\text{rad} = 10^{-6}\text{rad}$,$1° = 0.0174533\text{rad}$,$1° = 60′$,$1′ = 60″$。

米是光在真空中(1/299792458)s 时间间隔内所经路径的长度。

在实际生产和科研中,不便于用光波作为长度基准进行测量,而是采用各种计量器具进行测量。为了保证量值统一,必须把长度基准的量值准确地传递到生产中应用的计量器具和工件上去。因此,必须建立一套从长度的最高基准到被测工件的严密而完整的长度量值传递系统。

我国从组织上自国务院到地方,已建立起各级计量管理机构,负责其管辖范围内的计量工作和量值传递工作。在技术上，从国家基准波长开始，长度量值分两个平行的系统向下传递（图2-1），一个是端面量具（量块）系统，另一个是刻线量具（线纹尺）系统。其中以量块为媒介的传递系统应用较广。

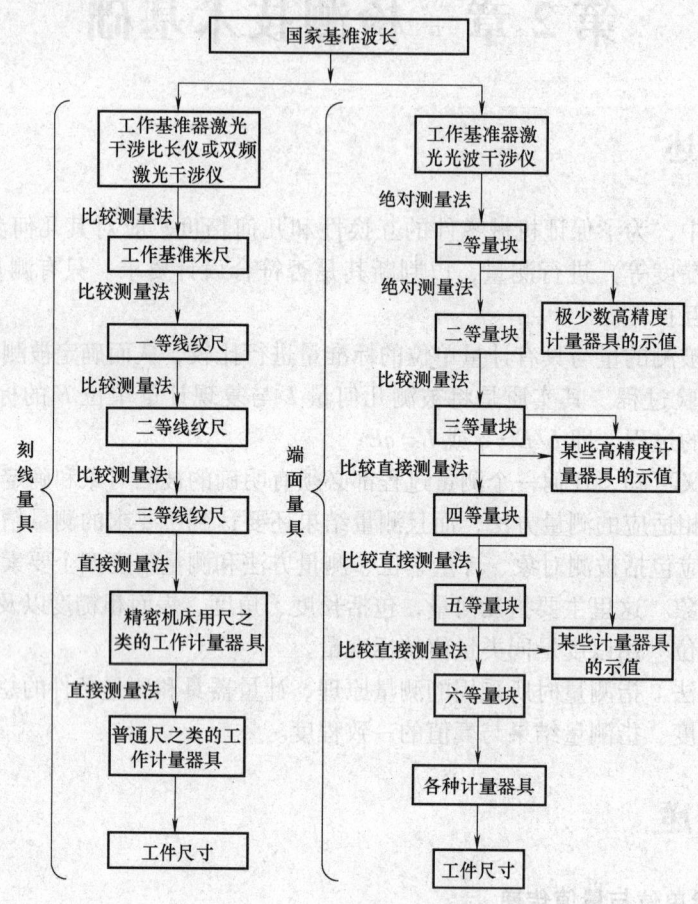

图 2-1　长度量值传递系统

2.2.2　量块的形状和尺寸

量块是一种没有刻度的、截面为矩形的平行端面量具。作为长度尺寸传递的实物基准，量块用特殊合金钢制成，具有线胀系数小、不易变形、硬度高、耐磨性好等特点。广泛用于计量器具的校准和鉴定，以及精密设备的调整、精密划线和精密工件的测量等。量块上有两个平行的测量面，其表面粗糙度值小且研合性好，两个测量面间具有非常精确的尺寸。另外，还有四个非测量面，在非工作面上标出的尺寸称为量块的标称长度，如图2-2a 所示。

量块一个测量面上的任意点到与其相对的另一测量面相研合的辅助体表面之间的垂直距离，称为量块的任意点长度，如图 2-2b 所示的 l。量块两个测量面上中心点的量块长度，称为量块的中心长度，如图 2-2b 所示的 lc，该尺寸具有很高的精度。

2.2.3　量块的精度

根据不同的使用要求，将量块做成不同的精度等级。划分量块精度有两种规定：按"级"划分和按"等"划分。

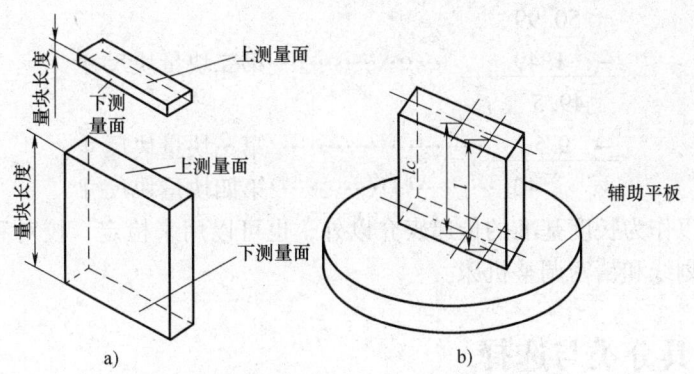

图 2-2 量块的形状与尺寸

国家标准 GB/T 6093—2001 按制造精度将量块分为 0、1、2、3、K 级，共五级，精度依次降低。量块按"级"使用时，应以量块的标称长度为工作尺寸，该尺寸包含了量块的制造误差，它们将被引入测量结果中。但因不需要加修正值，故使用较方便。

2.2.4 量块的使用

为了能用较少的块数组合成所需要的尺寸，量块应按一定的尺寸系列成套生产供应。国家标准共规定了 17 种系列的成套量块，其中两套量块的尺寸系列见表 2-1。

表 2-1 成套量块的尺寸（摘自 GB/T 6093—2001）

套别	总块数	级别	尺寸系列/mm	间隔/mm	块数
1	83	0, 1, 2	0.5	—	1
			1	—	1
			1.005	—	1
			1.01, 1.02, …, 1.49	0.01	49
			1.5, 1.6, …, 1.9	0.1	5
			2.0, 2.5, …, 9.5	0.5	16
			10, 20, …, 100	10	10
2	46	0, 1, 2	1	—	1
			1.001, 1.002, …, 1.009	0.001	9
			1.01, 1.02, …, 1.09	0.01	9
			1.1, 1.2, …, 1.9	0.1	9
			2, 3, …, 9	1	8
			10, 20, …, 100	10	10

量块在使用时，常常用几个量块组合成所需要的尺寸，一般不超过 4 块，可以从消去尺寸的最末位数开始，逐一选取。

例 2-1 使用 83 块一套的量块组，从中选取量块组成 51.995mm 的尺寸。

解 查表 2-1，可按如下步骤选择量块尺寸：

$\qquad$ 51.995 …………… 需要的量块尺寸

$\qquad$ − 1.005 …………… 第一块量块尺寸

```
      50.99
  -    1.49      ……………… 第二块量块尺寸
      49.5
  -    9.5       ……………… 第三块量块尺寸
       40       ……………… 第四块量块尺寸
```

量块除了可以作为长度基准的传递媒介以外，也可以用来检定、校对和调整计量器具，还可以用于精密划线和精密调整机床。

2.3 计量器具分类与选择

2.3.1 计量器具分类

计量器具是测量仪器和测量工具的总称。按结构特点可以分为以下四类。

1. 量具

以固定形式复现量值的计量器具称为量具，一般结构比较简单，没有传动放大系统。量具又可分为单值量具和多值量具两种。单值量具是用来复现单一量值的量具，又称为标准量具，如量块、直角尺等。多值量具是用来复现一定范围内的一系列不同量值的量具，又称为通用量具。通用量具按其结构特点划分为以下几种：固定刻线量具，如钢直尺、卷尺等；游标量具，如游标卡尺、游标万能角度尺等；螺旋测微量具，如内、外径千分尺和螺纹千分尺等。成套的量块又称为成套量具。

2. 量规

量规是指没有刻度的专用计量器具，用来检验工件实际尺寸和几何误差的综合结果。量规只能判断工件是否合格，而不能获得被测几何量的具体数值，如光滑极限量规、螺纹量规等。

3. 量仪

量仪是指能将被测量转换成可直接观测的指示值或等效信息的计量器具，其特点是一般都有指示、放大系统。根据所测信号的转换原理和量仪本身的结构特点，量仪有以下两种分类方式。

（1）按测量仪器输出方式分类

1）显示式测量仪器。显示式测量仪器也称指示式测量仪器，是指能显示量值的测量仪器。

2）记录式测量仪器。记录式测量仪器是指提供示值记录的测量仪器。

3）累计式测量仪器。累计式测量仪器是指通过对来自一个或多个测源同时或依次得到的被测量的部分值求和，来确定被测量值的测量仪器。

4）积分式测量仪器。积分式测量仪器是指通过一个量对另一个量积分，来确定被测量值的测量仪器。

5）模拟式测量仪器（即模拟式指示仪器）。模拟式测量仪器是指其输出或显示为被测量或输入信号的连续函数的测量仪器。

6）数字式测量仪器（即数字式指示仪器）。数字式测量仪器是指提供数字化输出的测量仪器。

（2）按测量仪器的结构原理分类

1）机械式量仪。用机械方法实现计量原始信号放大和转换的测量仪器称机械式量仪。

2）光学量仪。以光学方法为主，将计量原始信号转换和放大的测量仪器称光学量仪。

3）电动量仪。将计量原始信号变化转换成电信号变化的测量仪器称电动量仪。

4）气动量仪。气动量仪是以压缩空气为介质，把被测量的变化转换成空气压力或流量的变化，然后用各种形式的压力计或流量计进行指示的测量仪器。因此，气动量仪分压力计式和流量计式两种。通常压力计式气动量仪为高压式，而流量计式气动量仪为低压式。

4. 计量装置

计量装置是指为确定被测几何量值所必需的计量器具和辅助设备的总体。它能够测量较多几何量和较复杂的零件，有助于实现检测自动化或半自动化，一般用于大批量生产中，以提高检测效率和检测精度，如齿轮综合精度检查仪、发动机缸体孔的几何精度综合测量仪等。

2.3.2 计量器具的基本度量指标

计量器具的基本技术性能指标是合理选择和使用计量器具的重要依据。

1. 分度值与标尺间距

（1）分度值 测量器具的标尺上相邻两刻线所代表的量值之差。一般说来，分度值越小，测量器具的精度越高。

（2）标尺间距 标尺或圆刻度盘上相邻两刻线中心的距离或圆弧长度。一般量仪的标尺间距为 1~2.5mm。

2. 示值范围与测量范围

（1）示值范围 由测量器具所显示或指示的最低值到最高值的范围。表示示值范围时，应标示最低值（起始值）和最高值（终止值），如图 2-3 所示，机械比较仪的示值范围为 ±15μm。

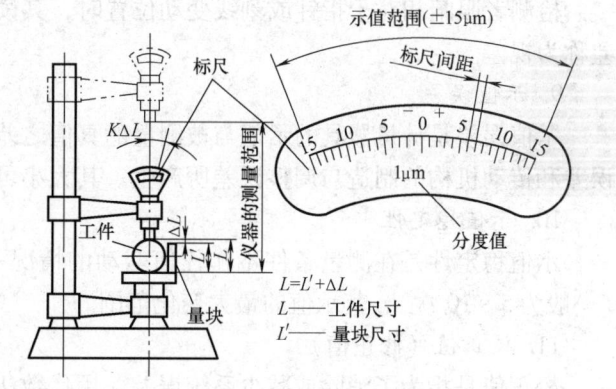

图 2-3 机械式比较仪

（2）测量范围 测量范围是计量器具所能测量的被测量最小值到最大值的范围，也可称为工作范围，它的最高值、最低值称为测量范围的上限值、下限值。测量范围也包括仪器的悬臂或尾座等调节范围，如图 2-3 所示。

3. 灵敏度与鉴别力阈

（1）灵敏度 测量仪器的响应变化 Δy 与相应激励变化 Δx 之比。

$$K = \frac{\Delta y}{\Delta x} \tag{2-1}$$

在分子、分母是同一类物理量的情况下，灵敏度也称放大比。带有等分刻度标尺的线性量仪，其灵敏度为常数，它等于标尺间距与分度值之比。

（2）鉴别力阈 使测量仪器的响应产生一个可以感到变化的最小激励变化，也可以说是量仪对被测量值微小变化的不敏感程度，故习惯上也称其为灵敏阈或灵敏度。鉴别力阈与内部或外部的噪声、摩擦、阻尼和惯性等因素有关。

4. 滞后与滞后误差

（1）滞后　测量仪器对给定激励的响应与先前激励顺序有关的一种特性。

（2）滞后误差　当激励恒定时，在相同条件下，测量仪器沿正、反行程在同一点上响应的变化量，习惯上也称为回程误差。

5. 稳定性与漂移

（1）稳定性　测量仪器保持其测量特性恒定的能力。通常稳定性是相对时间而言的。

（2）漂移　测量仪器的测量特性随时间的缓慢变化。例如，线性测量仪器静态响应特性（$y = Kx$）的漂移，表现为零点和斜率随时间的缓慢变化，前者称为仪器的零漂，后者称为仪器的灵敏度漂移，如图2-4所示。

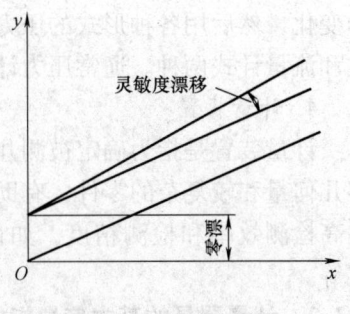

图2-4　灵敏度漂移

6. 准确度

测量仪器给出接近于被测量真值的示值能力称为准确度。

7. 测量力

在测量过程中，量具或量仪触端作用在被测零件表面接触处的力称为测量力。测量力将引起被测零件和测量装置的弹性变形，从而影响测量精度。

8. 视差

检测者眼睛相对于指针或刻线变动位置时，其读数也随之不同。视觉读数与正确读数之差称为视差。

9. 示值误差

示值误差是计量器具的示值与被测量的真值之差。它主要由计量器具的原理误差、刻度误差和传动机构的制造与调整误差所产生。其大小可通过对计量器具的检定得到。

10. 示值稳定性

示值稳定性是在测量条件不作任何变动的情况下，对同一被测量进行多次重复测量时（一般为5~10次），其示值的最大变化范围。

11. 校正值（修正值）

校正值是指为了消除或减少系统误差，用代数法加到未修正的测量结果上的数值，它的大小与示值误差的绝对值相等，而符号相反。

2.4　测量原则及方法

2.4.1　测量原则

在测量中，为了提高测量结果的准确度，必须依据以下原则选择测量方法。

1. 阿贝原则

在测量时，测量装置需要移动，而移动方向的正确性通常由导轨来保证。由于导轨有制造和安装误差，因此测量装置在移动过程中会产生方向偏差。为了减小这种方向偏差对测量结果的影响，1890年德国人艾恩斯特·阿贝提出了指导性的原则："将被测物与标准量尺沿测量轴线成直线排列"。这就是阿贝测长原则,即被测尺寸与作为标准的尺寸应在同一条直线上,按串联的形式排列,只有这样,才能得到精确的测量结果。

2. 最小变形原则

在测量过程中,由于受重力、内应力、测量力以及热膨胀等因素的影响,会使被测件和仪器的零部件产生变形,从而影响测量准确度。为了保证测量结果的准确可靠,应尽量使由于各种因素的影响而产生的误差为最小,这就是最小变形原则。

计量仪器在制造时,都已采取了相应的措施使变形最小,测量人员只需按照计量仪器的操作规程进行操作即可。但由工件自重引起的弯曲、变形等将直接影响测量的准确度,计量人员应着重考虑,选择合适的支承点,使其变形为最小。同时在测量时要考虑到工件表面承受的测量压力。由于各种材料受力后都会产生压缩变形,这种变形量看起来不大,但在精密测量中,尤其对小尺寸零件必须予以考虑。在检验标准中,规定了测量过程中应视测量力为零。如果测量力不为零,则应考虑由此引起的误差,必要时应予以修正。

3. 最短测量链原则

测量过程中,被测参数的微量变化需借助计量仪器变换为可观察的测量信号从而实现测量。构成测量信号从输入到输出量值通道的一系列单元所组成的完整部分,称为测量链。测量信号的每一变换称为测量链的环节。由于测量链的各环节不可避免地会引入误差,而且环节越多,误差因素就越多,这对提高测量精度很不利。因此,为保证一定的测量精度,测量链的环节应减少到最少,这就是最短测量链原则。

4. 圆周封闭原则

在圆周分度器件(如刻度盘、圆柱齿轮等)的测量中,利用在同一圆周上所有分度夹角之和等于360°,即所有夹角误差之和等于零的这一自然封闭特性。在没有更高精度的圆周分度基准器件的情况下,采用"自检法"也能达到高精度测量的目的。

2.4.2 测量方法

测量方法是指完成测量任务所用的方法、量具或仪器,以及测量条件的总和。当没有现成的量具或仪器时,需要自行拟订测量方法,这就需要根据被测对象和被测量的特点(形体大小、精度要求等)确定标准量,拟订测量方案、工件的定位、读数和瞄准方式及测量条件(如温度和环境要求等)。

测量方法可以根据被测量类别的不同及测量条件和实验数据处理方法的不同进行分类。

1. 单项测量与综合测量

(1) 单项测量 指分别测量同一工件上的单项参数的测量方法。如分别测量螺纹的螺距、中径和牙型半角。

(2) 综合测量 指同时测量工件上几个相关参数,综合地判断工件是否合格的测量方法。其目的是保证被测工件在规定的极限轮廓内,以满足互换性要求。如用花键塞规检验内花键,用齿轮单啮仪测量齿轮的切向综合误差。

单项测量结果便于工艺分析,但综合测量的效率比单项测量高,综合测量反映的结果比较符合工件的实际工作情况。

2. 绝对测量和相对测量

(1) 绝对测量 直接从计量器具读数装置上读出被测几何量的量值的测量方法,如用游标卡尺、千分尺测量轴径。

(2) 相对测量 计量器具的示值仅是被测几何量相对于已知标准量的偏差。如用比较仪测量轴径，测量时先用量块调整量仪的零位，然后对被测几何量进行测量，该比较仪指示出的示值为被测轴径相对于量块尺寸的偏差。

一般来说，相对测量的测量精度比绝对测量的测量精度高。

3. 接触测量法与非接触测量法

(1) 接触测量法 计量器具在测量时，其测头与零件被测表面直接接触，并存在机械作用的测量力的测量方法。例如，用卡尺或千分尺测量工件尺寸。按接触形式可分为点接触、线接触和面接触。

(2) 非接触测量法 测量时计量器具的测头与被测表面不接触的测量方法。例如，用工具显微镜或投影仪测量工件尺寸。

接触测量有测量力，会引起被测表面和计量器具有关部分产生变形，从而影响测量精度，非接触测量则无此影响。

4. 直接测量法与间接测量法

(1) 直接测量法 直接从计量器具获得被测几何量的量值的测量方法。例如，用外径千分尺测量轴的直径。

(2) 间接测量法 被测量的测量结果由实测几何量的量值按一定的函数关系式运算后获得的测量方法。例如，测量大圆柱形零件的半径 R 时，实际测量的是与半径 R 有函数关系的弦长 L 和弓高 H，再由公式 $R = L^2/8H + H/2$ 求出半径 R 的量值。

5. 主动测量法与被动测量法

(1) 主动测量法 主动测量也称在线测量，是把加工过程中测量所得的信息直接用于控制加工过程以得到合格工件，防止产生废品的测量方法。主动测量法是检测技术的发展方向。

(2) 被动测量法 被动测量也称离线测量，是对完工后零件进行测量，并按测量结果判别其合格性的测量方法。

6. 静态测量法与动态测量法

(1) 静态测量法 指在测量时被测表面与计量器具的测头处于相对静止状态的测量方法。例如，量块的检定、用外径千分尺测量轴径等。

(2) 动态测量法 指测量时被测表面与计量器具的测头之间处于相对运动状态的测量方法，其测量值是随时间变化的。例如，在单面啮合检查仪上测量齿轮综合误差、在丝杠动态检查仪上测量螺旋线误差等。

2.5 测量器具的选择原则

正确地选择合适的测量器具既是测量中的重要环节，又是一个综合性的问题，要视具体情况具体分析。应根据零件的特点，选择最合适的测量方法，既要保证测量准确度又要满足经济上的合理性，即考虑选用测量器具的效率和成本。

选用测量器具的原则如下。

1) 保证测量准确度。选用测量器具的主要依据是被测零件的公差等级，即测量器具的性能指标（示值误差、示值稳定性和回程误差）能否满足作为检测零件的公差等级要求。

2）经济上的合理性。在保证测量准确度的前提下，应选用比较经济的且测量效率较高的测量器具。按被测零件的加工方法、批量和数量选择测量仪器。

3）根据被测零件的结构、特性，如零件的大小、形状、质量、材料、刚性和表面粗糙度等选用测量器具。按零件的大小确定所选用仪器的测量范围。若零件材料的硬度、形状不同，其测量方法也就不同，测量的难度同样相差很大。

4）按被测零件所处的状态和所处的环境条件选择测量仪器。

2.6 测量基准面和定位形式的选择

在精密测量中，测量基准面和定位形式的选择具有相当重要的作用，若测量基准面和定位形式选择不当，会直接影响测量精度。

1. 基准统一原则

测量基准面的选择，要尽量遵循基准统一原则，即设计、工艺、装配和测量等基准面尽量一致。但有时会出现工艺基准面不能和设计基准面一致的情况，因而测量基准面要根据工艺过程的不同而改变，具体应遵循如下原则。

1）在工序间检验时，测量基准面应与工艺基准面一致。

2）在终结检验时，测量基准面应与装配基准面一致。

同时，在不能遵循基准统一原则时，可以选择相应的基准作为辅助基准。辅助基准面的选择应遵循如下原则。

1）选择较高精度的面（点或线）作为辅助基准，若没有合适的辅助基准面，应事先加工一辅助基准面作为测量基准面。

2）基准面的定位稳定性要好。

3）在被测参数较多的情况下，应选择精度大致相同，各参数间关系较密切，便于控制各参数的面（点或线）作为辅助基准。

2. 正确选择定位形式

即使正确选择了测量基准面，但如果不能正确选择与其相适应的定位方法，也不能保证测量准确度。根据被测件的几何形状和结构形式，选择定位方式时有以下几个原则。

1）对平面可用平面或三点支承定位。

2）对球面可用平面或 V 形铁定位。

3）对外圆柱表面可用 V 形块或顶尖、自定心卡盘定位。

4）对内圆柱表面可用心轴、内自定心卡盘定位。

2.7 测量条件的选择

测量条件是指测量时的外界环境条件。在测量过程中，如果不充分考虑环境条件造成的影响，即使用最好的测量设备，最仔细地进行测量，测量的结果也可能是不准确的。影响测量准确度的客观条件有温度、湿度、振动、灰尘等。因此，在进行测量时，必须考虑这些因素的影响。

1. 温度

大多数物体都有热胀冷缩的特性，同一尺寸在不同温度条件下的测量值是不同的，因此给出某零件尺寸时，必须说明其温度。零件的尺寸如果没有指明温度条件，则是没有意义的。为了使测量工作能在一个统一的标准温度下进行，在长度测量中，以 20℃ 为标准温度。但在实际中，无论是加工还是测量往往都不是在 20℃ 温度下进行的，因而会产生一定的测量误差。这种误差可通过物理学公式来计算，从而对测量结果进行修正。该公式为

$$\Delta L = L[\alpha_1(t_1 - 20°) - \alpha_2(t_2 - 20°)] \tag{2-2}$$

式中 L——工件的被测尺寸，单位为 mm；

ΔL——由于温度和线胀系数不同而引起的测量误差，单位为 mm；

α_1——工件材料的线胀系数，单位为 $10^{-6}℃^{-1}$；

α_2——量仪材料的线胀系数，单位为 $10^{-6}℃^{-1}$；

t_1——工件的温度，单位为℃；

t_2——量仪的温度，单位为℃。

此外，为减小温度影响，还要注意在检测前对零件进行"定温"处理。所谓"定温"是指把零件与量具、量仪置于同一温度环境中，经过一定的时间，使两者的温度趋向一致。

2. 湿度

湿度是指空气中水分的多少。精密测量时，相对湿度一般规定为 60%～70%。湿度的大小一般可不必考虑，但湿度过高会影响检定结果的准确性。例如，在量块研合性的检定中，由于湿度高，往往会使平面度不合格的量块也能产生研合良好的假象，使本来研合性不合格的量块被误认为合格。湿度过高还会引起光学镜头发霉，半镀层和反射镜镀层脱落，使材料变质。

3. 防振

防振是精密测量工作的基本要求之一。所有的光学长度计量仪器的光路系统都是由反光镜、棱镜和透镜等组成的，有些反光镜以弹簧力作为夹持力，所以必须考虑振动对仪器结构和仪器示值的影响。振动对精密测量工作的影响主要表现为示值不稳定，严重时甚至无法进行读数。特别是对应用光波干涉原理的高精度仪器和装置，振动的影响尤为明显。

4. 防尘

为保证精密测量工作顺利进行，空气的洁净是极重要的环境条件之一。灰尘对于精密测量危害极大。实践证明，在精度较高的产品生产中，测量和实验中发生反常规现象或严重问题，往往都与环境条件的不洁净密切相关。例如，散落在光学镜头和反光镜上的灰尘会使被测零件或刻线影像不清晰，影响读数；散落在仪器活动部分的灰尘，会使仪器活动受到阻滞，以致影响测量的正确指示，还会加速活动部位的磨损，降低测量器具的精度，缩短其使用寿命。在防尘达不到要求的测量室里，灰尘还会划伤光学镜头、量块和平晶等。含有酸性或碱性的灰尘还会腐蚀测量器具和被测零件。

思 考 题

1. 什么叫测量？一个完整的测量过程主要包括哪四个要素？
2. 长度基准与长度量值传递系统的定义是什么？

3. 什么叫测量器具？按照结构特点的不同，测量器具可分为哪几类？
4. 量具和量仪有何区别？
5. 什么叫刻度、分度间距和分度值？
6. 什么叫示值误差、示值稳定性？
7. 阐述测量方法的分类。
8. 什么叫量块？其用途是什么？按"级"使用和按"等"使用有何区别？
9. 量块有哪些基本特性？
10. 什么是量块的长度、中心长度？为什么要作这样的规定？

第 3 章 测量误差及数据处理

3.1 测量误差概述

3.1.1 测量误差的概念

测量的目的是确定被测量真值，但在测量过程中，由于计量器具本身的误差以及测量方法和测量条件很多因素的制约，测量所得的值往往不是被测量真值，两者之间必然存在差异，这种由于测量的不完善造成的测得值与被测量真值之间的差异，称为测量误差。测量误差可以表示为绝对误差和相对误差。

1. 绝对误差 δ

绝对误差是测量结果 x 与其真值 x_0 之差，即

$$\delta = x - x_0 \tag{3-1}$$

由于测量结果可大于或小于真值，因此绝对误差可能是正值或负值，即 $x_0 = x \pm \delta$。这说明，测量误差的大小决定了测量的精确度。δ 越大，精确度越低，反之则越高。但这一结论只适用于被测量值相同的情况，而不能说明不同被测量的测量精度。当被测尺寸不同时，要比较其精确度的高低，需采用相对误差。

2. 相对误差 ε

相对误差是测量的绝对误差 δ 与其真值 x_0 之比，即 $\varepsilon = \dfrac{|\delta|}{x_0}$。由于被测量的真值是不可知的，实际中以被测几何量的测量值 x 代替真值 x_0 进行估算，即

$$\varepsilon = \frac{|x - x_0|}{x_0} \times 100\% = \frac{|\delta|}{x_0} \times 100\% \approx \frac{|\delta|}{x} \times 100\% \tag{3-2}$$

相对误差是无量纲的数值，用百分数表示。

3.1.2 测量误差的产生

测量误差的来源是多方面的，主要来源如下。

1. 标准器具的误差

标准器具本身也存在制造误差和检定误差。例如，量块中心长度的制造误差，以及它们的检定误差。标准器具的误差是测量误差的主要来源之一，因此，为了保证一定的测量精度，必须选择具有一定精度的标准器具。

2. 计量器具误差

计量器具误差是由计量器具本身在设计、制造、装配和使用调整中的不准确而引起的。这些误差综合表现在示值误差和示值稳定性上。例如，传动系统元件制造不准确所引起的放大比误差；传动系统元件接触间隙引起读数不稳定误差。

3. 测量方法误差

测量方法误差是指由于测量方法不完善所引起的误差。例如，接触测量中测量力引起的

计量器具和零件表面变形误差，间接测量中计算公式的不精确，测量过程中工件安装定位不合理等。

4. 测量环境误差

测量环境误差是指测量时的环境条件不符合标准条件所引起的误差。测量的环境条件包括温度、湿度、气压、振动及灰尘等。其中，温度对测量结果的影响最大。图样上标注的各种尺寸、公差和极限偏差都是以标准温度20℃为依据的。

5. 人员误差

人员误差是指由于测量人员的主观因素所引起的误差。例如，测量人员技术不熟练、视觉偏差、估读判断错误等引起的误差。

总之，产生误差的因素很多，有些误差是不可避免的，但有些是可以避免的。因此，测量者应对一些可能产生测量误差的原因进行分析，掌握其影响规律，设法消除或减小其对测量结果的影响，以保证测量精度。

3.2 测量误差的分类

根据测量误差出现的规律，可以将其分为系统误差、随机误差和粗大误差三种基本类型。

3.2.1 系统误差

系统误差是指在相同条件下多次重复测量同一几何量时，误差的大小和符号均不变，或按一定规律变化的测量误差。前者称定值系统误差，后者称变值系统误差，变值系统误差又可分为线性变化的、周期性变化的和复杂变化的几种类型。例如，千分尺的零位不正确引起的误差是定值系统误差。在长度测量过程中，若温度产生均匀变化，则引起的误差按线性变化；刻度盘偏心引起的角度测量误差按正弦规律变化，这两种误差是变值系统误差。

当测量条件一定时，系统误差就获得一个客观上的定值，采用多次测量的平均值也不能减弱它的影响。它的大小表明测量结果的准确度，对真值有一定的误差。系统误差越小，则测量结果的准确度越高。系统误差对测量结果影响较大，要尽量减小或消除系统误差，提高测量精度。

3.2.2 随机误差

随机误差是指在相同条件下，多次测量同一量值时，其误差的大小和符号以不可预见的方式变化的误差。随机误差主要是由测量中一些偶然因素或不稳定因素引起的，既不能用实验方法消除，也不能修正。就某一次具体测量而言，随机误差的大小和符号是没有规律的，但对同一被测量进行连续多次重复测量而得到一系列测得值（简称测量列）时，它们的随机误差总体上存在着一定的规律性。大量实验表明，随机误差通常服从正态分布规律。因此，可以利用概率论和数理统计的一些方法来掌握随机误差的分布特性，估算误差范围，对测量结果进行处理。

3.2.3 粗大误差

粗大误差是指由于主观疏忽大意或客观条件突然发生变化而产生的误差。粗大误差的产生是由于某些不正常的原因所造成的，例如，测量者的粗心大意、测量仪器和被测工件的突然振动、读数和记录错误等。由于粗大误差一般数值较大，会明显歪曲测量结果，因此一个正确的测量不应包含粗大误差。所以，在进行误差分析时，主要分析系统误差和随机误差，并应剔除粗大误差。

3.3 测量精度

测量精度是指被测量的测得值与其真值的接近程度。测量精度和测量误差是从两个不同的角度说明了同一个概念。因此，可用测量误差的大小来表示精度的高低。测量精度越高，测量误差就越小；反之，测量误差就越大。

测量精度有正确度、精密度、准确度（精确度）三个概念。

1. 正确度

正确度是指在相同条件下，对同一量进行多次测量时，各测得值的分布中心或其算术平均值与真值的符合程度。正确度的高低取决于系统误差的大小。

2. 精密度

精密度是指在相同条件下，对同一量进行多次测量时，各测得值之间的一致程度。精密度的高低取决于随机误差的大小。

3. 准确度（精确度）

准确度是指在相同条件下，对同一量进行多次测量时，各测得值与其真值的一致程度。准确度的高低取决于系统误差和随机误差的综合影响。

以打靶为例，着弹点如图 3-1 所示。图 3-1a 表示精密度高而正确度低；图 3-1b 表示正确度高而精密度低；图 3-1c 表示准确度高，即正确度和精密度都高；图 3-1d 表示准确度低，即正确度和精密度都低。

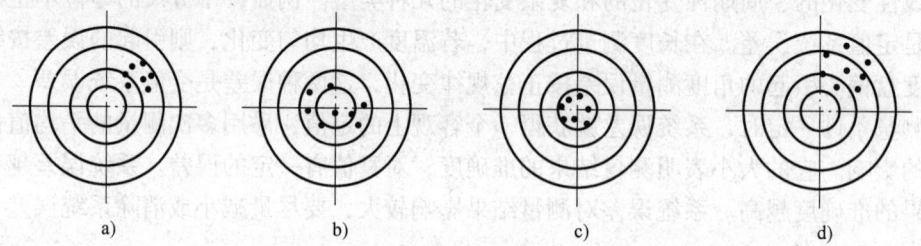

图 3-1 精度的概念
a) 精密度高 b) 正确度高 c) 准确度高 d) 准确度低

3.4 测量误差的数据处理

对测量结果进行数据处理是为了找出被测量最可信的数值以及评定这一数值所包含的误差。在相同的测量条件下，对同一被测量进行多次连续测量，得到一测量列。测量列中可能同时存在系统误差、随机误差和粗大误差，因此必须对这些误差进行处理。

3.4.1 系统误差的发现

系统误差会对测量结果产生较大的影响。因此，发现并消除或减小系统误差是提高测量精度的一个重要途径。

1. 定值系统误差的发现

定值系统误差的大小和符号均不变，一般不影响测量误差的分布规律，只改变测量误差分布中心的位置。要发现某一测量条件下是否有定值系统误差存在,可用更高精度的计量器具进行检定性测量,以两者对同一量值进行测量次数相同的多次重复测量,求出其算术平均值之差,作为定值系统误差。

2. 变值系统误差的发现

变值系统误差可用"残差观察法"发现,即根据系列测得值的残差(残差是各测得值与测得值的算术平均值之差),列表或作图观察其变化规律。若残差分布近似如图 3-2a 所示,则可以认为不存在明显的变值系统误差;若残差的数值有规律地递增或递减,如图3-2b、c 所示,则可判断存在线性系统误差;若各残差的大小和符号规律地周期变化,如图3-2d 所示,则可判断存在周期性系统误差。

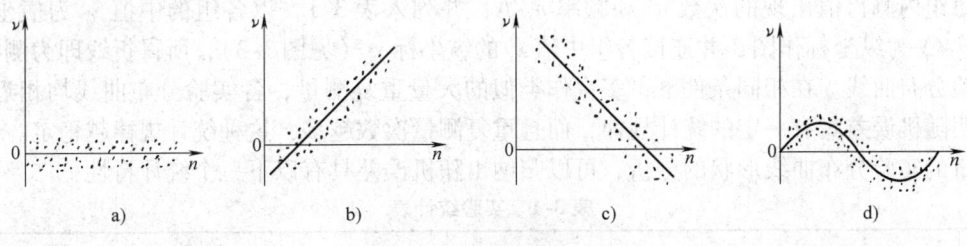

图 3-2 变值系统误差的发现

在应用残差观察法时,必须有足够多的重复测量次数,并要按各测得值的先后顺序作图,否则变化规律不明显,会影响判断的可靠性。

3.4.2 系统误差的消除

消除系统误差的途径有以下四个方面。

1. 从误差根源上消除

在测量前,对测量过程中可能产生系统误差的环节作仔细分析,将误差从产生根源上加以消除。例如,在测量前仔细调整仪器工作台,调准零位、测量仪器和被测工件应处于标准温度状态,测量人员要正确读数。

2. 用加修正值的方法消除

测量前,先检定出计量器具的系统误差,取该系统误差的相反值作为修正值,用代数法将修正值加到实际测得值上,即可得到不包含该系统误差的测量结果。例如,量块的实际尺寸使用,就可避免该系统误差的产生。

3. 用对称测量法消除

对称测量法可消除线性系统误差,如发现测量中有随时间呈线性关系变化的系统误差,可按测量顺序对某一时刻对称地再测一次,通过一定的计算,即可达到消除此线性系统误差的目的。例如,比较测量时,温度均匀变化,产生随时间呈线性变化的系统误差,可安排等时间间隔的测量步骤:①测工件,②测标准件,③测标准件,④测工件。取①、④读数的平均值与②、③读数的平均值之差作为实测偏差。这样,就达到了消除此线性系统误差的目的。

4. 用半周期法消除

对于周期性变化的变值系统误差,可用半周期法消除,即取相隔半个周期的两个测得值的平均值作为测量结果。

虽然从理论上讲系统误差可以完全消除,但由于种种因素的影响,实际上系统误差只能减小到一定程度。例如,采用加修正值的方法消除系统误差,由于修正值本身也含有一定的误差,因此不可能完全消除系统误差。如能将系统误差减小到使其影响相当于随机误差的程度,则可认为系统误差已被消除。

3.4.3 测量列中随机误差的处理

随机误差的出现是不可避免和无法消除的。为了减少其对测量结果的影响,可以用概率与数理统计的方法来估算随机误差的范围和分布规律,对测量结果进行处理。

1. 随机误差的分布规律及特性

虽然随机误差在每次测量中的出现具有偶然性,但就其总体来讲仍然具有一定的规律性。经过长期实践,人们在大量重复测量的基础上,总结出了随机误差的分布规律,并把这种方法称为实验统计法。

用立式测长仪在工件的同一部位上,重复测量 $N=200$ 次。将 200 个测得值分成 9 组,统计每组内测得值出现的次数 n_i 和频率 n_i/N,并列入表 3-1,以各组的中值 x_i 为横坐标、频率 n_i/N 为纵坐标作图,并连接各组中值 x_i 的纵坐标 y_i(见图 3-3),所得折线即为测得值的实验分布曲线。在相同条件下,多次作类似的大量重复测量,各实验分布曲线均相近似。这说明随机误差具有一定的统计规律,而且重复测量次数越多,这种统计规律越稳定。经过对大量的实验分布曲线形状的分析,可以归纳出随机误差具有以下三个统计特性:

表 3-1 实验统计表

组序	测得值 x 的范围 /mm	各组的中值 x_i /mm	出现次数 n_i	频率 $y_i = \dfrac{n_i}{N}$	残差 $v_i = x_i - \bar{x}$
1	7.99825 ~ 7.99875	7.9985	2	0.01	-0.002
2	7.99875 ~ 7.99925	7.999	4	0.02	-0.0015
3	7.99925 ~ 7.99975	7.9995	16	0.08	-0.001
4	7.99975 ~ 8.000225	8	38	0.19	-0.0005
5	8.00025 ~ 8.00075	8.0005	78	0.39	0
6	8.00075 ~ 8.00125	8.001	40	0.2	0.0005
7	8.00125 ~ 8.00175	8.0015	18	0.09	0.001
8	8.00175 ~ 8.00225	8.002	3	0.015	0.0015
9	8.00225 ~ 8.00275	8.0025	1	0.005	0.002
$\sum$	—		$N = \sum_{1}^{9} n_i = 200$	$\sum_{1}^{9} \dfrac{n_i}{N} = 1$	$\sum_{1}^{9} n_i v_i = 0$
	$\bar{x} = \dfrac{1}{N}\sum_{i=1}^{9} n_i x_i \approx 8.0005$			$\sigma = \sqrt{\dfrac{\sum n_i v_i^2}{N-1}} \approx 0.64\mu m$	

(1) 单峰性 随机误差是以所测得值的算术平均值为中心而相对集中分布的,即随机误差出现在该分布中心附近的频率最大,并呈现一个峰值。

(2) 对称性 随机误差是以所测得值的算术平均值为中心而对称分布的,即绝对值相等、符号相反的误差出现的频率相等。由于随机误差具有对称性,因此,所有随机误差的总和随测量次数的增加而趋于零,也就是随机误差具有相消性。

(3) 有界性 在一定的测量条件下,随机误差

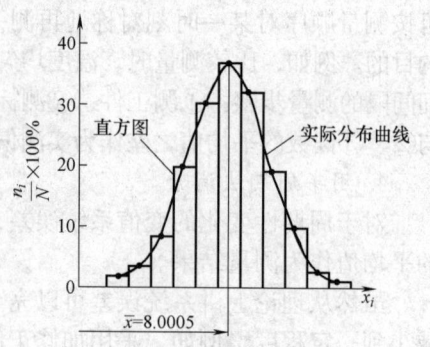

图 3-3 实验分布曲线

具有稳定的分布范围,即绝对值超过一定界限的误差出现的频率为零。

为了对随机误差进行理论上的分析研究,将图 3-3 中的纵坐标由频率 n_i/N 转换成频率密度 $y=\nu_i/\Delta x$,显然,这不会改变实验分布曲线的形状。在进行实验统计时,若把重复测量次数无限增多,即 $N\to\infty$,而分组间隔无限减小,即 $\Delta x \to 0$,这时频率稳定于理论上的概率。相应地,频率密度分布统计图就转化为稳定的光滑曲线,即正态分布曲线,如图 3-4 所示。

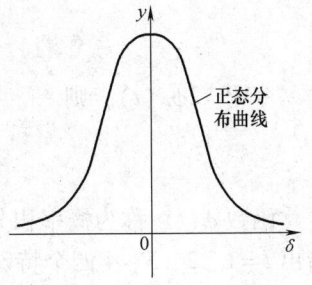

图 3-4 正态分布曲线

由概率论可知,正态分布曲线的方程为

$$y = \frac{1}{\sigma\sqrt{2\pi}} e^{-\frac{\delta^2}{2\sigma^2}} \tag{3-3}$$

式中　y——随机误差的概率密度;

　　　σ——标准偏差或均方根误差;

　　　e——自然对数的底（e = 2.71828…）;

　　　δ——随机误差或真差,它是指在没有系统误差的条件下,测得值 x_i 与真值 x_0 之差（$\delta = x_i - x_0$）。

从式（3-3）可以看出,概率密度 y 的大小与随机误差 δ、标准偏差 σ、自然对数的底 e 有关。当 $\delta = 0$ 时,概率密度 y 最大,即 $y_{max} = \frac{1}{\sigma\sqrt{2\pi}}$,显然概率密度最大值随标准偏差大小的不同而不同。如图 3-5 所示的三条正态分布曲线中 $\sigma_1 < \sigma_2 < \sigma_3$,而 $y_{max1} > y_{max2} > y_{max3}$。由此可见,$\sigma$ 越小,则曲线越陡;反之,σ 越大,则曲线越平坦,随机误差的分布就越分散,测量精度就越低。

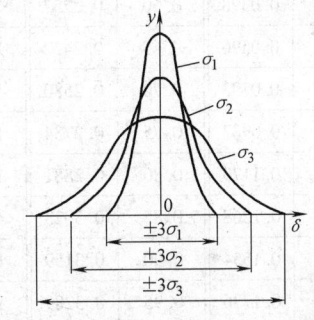

图 3-5 三条不同 σ 的正态分布曲线

随机误差的标准偏差 σ 可以用下式计算得到

$$\sigma = \sqrt{\frac{\delta_1^2 + \delta_2^2 + \cdots + \delta_n^2}{n}} = \sqrt{\frac{\sum_{i=1}^{n} \delta_i^2}{n}} \tag{3-4}$$

式中　$\delta_1, \delta_2, \cdots, \delta_n$——测量列中测得值相应的随机误差;

　　　n——测量次数。

根据随机误差的有界性,随机误差不会超过某一范围。

随机误差的极限值就是测量极限误差。由于正态分布曲线和横坐标轴之间所包含的面积等于所有随机误差出现的概率总和,故在（$-\infty \sim +\infty$）之间随机误差的概率应为

$$P = \int_{-\infty}^{+\infty} y d\delta = \int_{-\infty}^{+\infty} \frac{1}{\sigma\sqrt{2\pi}} e^{-\frac{\delta^2}{2\sigma^2}} d\delta = 1 \tag{3-5}$$

如果随机误差落在区间（$-\delta \sim +\delta$）之间,则其概率为

$$P = \int_{-\delta}^{+\delta} y d\delta = \int_{-\delta}^{+\delta} \frac{1}{\sigma\sqrt{2\pi}} e^{-\frac{\delta^2}{2\sigma^2}} d\delta \tag{3-6}$$

将上式进行变量置换，设 $t = \delta/\sigma$，$dt = d\delta/\sigma$，则代入式（3-6）得

$$P = \frac{1}{\sqrt{2\pi}} \int_{-t}^{+t} e^{-\frac{t^2}{2}} dt = \frac{2}{\sqrt{2\pi}} \int_{0}^{t} e^{-\frac{t^2}{2}} dt \tag{3-7}$$

令 $P = 2\phi(t)$，则

$$\phi(t) = \frac{1}{\sqrt{2\pi}} \int_{0}^{t} e^{-\frac{t^2}{2}} dt \tag{3-8}$$

函数 $\phi(t)$ 称为概率积分，为使用方便，表 3-2 列出不同 t 值对应的 $\phi(t)$ 值。表 3-3 给出 $t=1$、2、3、4 四个特殊值所对应的积分值，并分别求出了不超过 δ 区间与超出 δ 区间的概率。由表 3-2 可知，当 $t=3$ 时，在 $\delta = \pm 3\sigma$ 范围内的概率为 99.73%，超出该范围的概率仅为 0.27%。在连续 350 次的测量中，随机误差超出的只有 1 次。而测量次数一般不会多于十几次，因此，随机误差超出的情况实际很难出现。所以，可取 $\pm 3\sigma$ 作为随机误差的极限值，记作 $\delta_{lim} = \pm 3\sigma$。显然，$\delta_{lim}$ 也是测量列中单次测量的测量极限误差。

表 3-2　概率函数积分值

t	$\phi(t)$	t	$\phi(t)$	t	$\phi(t)$	t	$\phi(t)$	t	$\phi(t)$	t	$\phi(t)$
0.00	0.0000	0.50	0.1915	1.00	0.3413	1.50	0.4332	2.00	0.4772	3.00	0.49865
0.05	0.0199	0.55	0.2088	1.05	0.3531	1.55	0.4394	2.10	0.4821	3.20	0.49931
0.10	0.0398	0.60	0.2257	1.10	0.3643	1.60	0.4452	2.20	0.4861	3.42	0.49966
0.15	0.0596	0.65	0.2422	1.15	0.3749	1.65	0.4505	2.30	0.4893	3.60	0.499841
0.20	0.0793	0.70	0.2580	1.20	0.3849	1.70	0.4554	2.40	0.4918	3.80	0.499928
0.25	0.0987	0.75	0.2734	1.25	0.3944	1.75	0.4599	2.50	0.4938	4.00	0.499968
0.30	0.1179	0.80	0.2881	1.30	0.4032	1.80	0.4641	2.60	0.4953	4.50	0.499997
0.35	0.1368	0.85	0.3023	1.35	0.4115	1.85	0.4678	2.70	0.4965	5.00	0.4999997
0.40	0.1554	0.90	0.3159	1.40	0.4192	1.90	0.4713	2.80	0.4974		
0.45	0.1736	0.95	0.3289	1.45	0.4265	1.95	0.4744	2.90	0.4981		

表 3-3　四个特殊 t 值对应的概率

t	$\delta = \pm t\sigma$	不超出 $\|\delta\|$ 的概率 $P = 2\phi(t)$	超出 $\|\delta\|$ 的概率 $P' = 2\phi(t)$
1	σ	0.6826	0.3174
2	2σ	0.9544	0.0456
3	3σ	0.9973	0.0027
4	4σ	0.99936	0.00064

2. 测量列中随机误差的处理

（1）计算测量列的算术平均值　在评定有限测量次数测量列的随机误差时，必须获得真值，但真值是未知的，因此，只能从测量列中找出一个接近真值的数值来代替真值，这就是测量列的算数平均值。算数平均值是指一个被测量的 n 个测得值的代数和除以 n 而得的商，即

$$\bar{x} = \frac{\sum_{i=1}^{n} x_i}{n} \tag{3-9}$$

式中　n——测量次数。

(2) 残差的计算　残差 ν_i 是指各个测得值 x_i 与算术平均值 $\bar{x}$ 之差，即

$$\nu_i = x_i - \bar{x} \tag{3-10}$$

由符合正态分布曲线分布规律的随机误差的特性可知，残差具有两个特性。

1) 残差的代数和等于零，即

$$\sum_{i=1}^{n} \nu_i = 0 \tag{3-11}$$

2) 残差的平方和为最小，即

$$\sum_{i=1}^{n} \nu_i^2 = \min \tag{3-12}$$

此即最小二乘法原理。式 (3-12) 表明，若用其他值代替真值，并求得各测得值对该值之差，各个差值的平方和一定比残差的平方和大，因此，可说明用算术平均值代替真值作为测量结果是最可靠且最合理的。

(3) 计算测量列中单次测得值的标准偏差 σ　标准偏差 σ 是表征对同一被测量进行 n 次测量所得值的分散程度的参数。由于随机误差 δ_i 是未知量，实际测量时常用残差 ν_i 代替 δ_i 计算总体标准偏差，此时所得值称为总体标准偏差 σ 的估计值 S，可以用贝塞尔 (Bessel) 公式求出，即

$$S = \sqrt{\frac{\sum_{i=1}^{n} \nu_i^2}{n-1}} \tag{3-13}$$

总体标准偏差 σ 的估算值 S 称为实验标准偏差，也称为样本标准偏差，简称标准差。当将一列 n 次测量作为总体取样时，可用 S 代替评定总体标准偏差 σ。

由式 (3-13) 估算出 S 后，便可取 $\pm 3S$ 代替作为单次测量的极限误差，即

$$\pm \delta_{\lim} = \pm 3S \tag{3-14}$$

(4) 计算测量列算术平均值的标准偏差 $\sigma_{\bar{x}}$　在等精度条件下，如果对同一被测量进行 m 组（每组 n 次）测量时，得到 m 个算术平均值，各组 n 次测量结果的算术平均值也不会完全相同，即本身也是一个随机变量。它们分布在真值 x_0 附近，不过它们的分布范围比单次测量值的分布范围小得多。为了评定 m 组测量的算术平均值的分布特性，同样可用算术平均值的标准偏差作为评定指标。

误差理论证明，测量列算术平均值的标准偏差 $\sigma_{\bar{x}}$ 与测量列单次测量值的标准偏差 σ 有以下关系

$$\sigma_{\bar{x}} = \frac{\sigma}{\sqrt{n}} \tag{3-15}$$

式中　n——每组的测量次数。

由式 (3-15) 可知，增加重复测量次数 n 可提高测量的精密度。但由于 σ 与 $\sigma_{\bar{x}}$ 的比值与测量次数 n 的二次方根成正比，σ 一定时，当 $n > 20$ 以后，再增加重复测量次数，$\sigma_{\bar{x}}$ 减小已很缓慢，对提高测量精密度效果不大，故一般取 $n = 10 \sim 15$。

测量列算术平均值的极限误差为

$$\pm \delta_{\lim \bar{x}} = \pm 3\sigma_{\bar{x}} \tag{3-16}$$

多次（组）测量所得算术平均值的测量结果可表示为

$$x_0 = \bar{x} \pm \delta_{\lim \bar{x}} = \bar{x} \pm 3\sigma_{\bar{x}} \tag{3-17}$$

3.4.4 测量不确定度

测量不确定度是表征合理地赋予被测量值的分散性与测量结果相联系的参数。

测量的目的在于得到被测量的真值，但由于误差的存在，使测量结果不等于真值，因此只知道测量结果还不够，还必须知道测量结果与真值接近的程度。

思 考 题

1. 什么是绝对误差和相对误差？
2. 测量误差的主要来源有哪些？
3. 什么是系统误差、随机误差和粗大误差？三者有何区别？
4. 什么叫不确定度？
5. 正确度、精密度、准确度有何区别？
6. 消除系统误差的途径有哪四个方面？

第4章 尺寸精度设计与评定

为使零件具有互换性，必须保证零件的尺寸、几何形状和相互位置，以及表面特征技术要求的一致性。就尺寸而言，互换性要求尺寸的一致性，是指要求尺寸在某一合理的范围之内，在此范围内，既要保证相互结合的尺寸之间的关系，以满足不同的使用要求，又要在制造上经济合理。因此，尺寸的极限与配合是一项应用广泛而重要的标准，也是最基础、最典型的标准。

4.1 尺寸精度设计的基本术语和定义

4.1.1 有关孔和轴的定义

（1）孔 主要指圆柱形内表面，也包括非圆柱形内表面，如图4-1所示。

（2）轴 主要指圆柱形外表面，也包括非圆柱形外表面，如图4-1所示。

4.1.2 有关尺寸的术语和定义

1. 尺寸

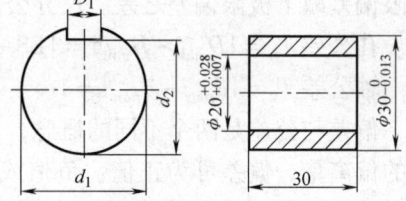

图4-1 尺寸表示

用特定单位表示线性尺寸值的数值。在机械制造中一般常用特定单位为毫米。长度值表示两点间距离的大小，包括直径、长度、宽度、高度、厚度及中心距、圆角半径等。

2. 公称尺寸

公称尺寸是由图样规范确定的理想形状要素的尺寸（见图4-2），用 D 和 d 分别表示孔、轴的公称尺寸。公称尺寸可以是一个整数或一个小数值，它是根据零件的强度、刚度等使用要求，计算出的或通过试验和类比方法而确定的，并从相关标准表格中查取的标准值。通过它应用上、下极限偏差可计算出极限尺寸，它是决定偏差位置的起始尺寸，一般要求符合标准的尺寸系列。

3. 实际（组成）要素

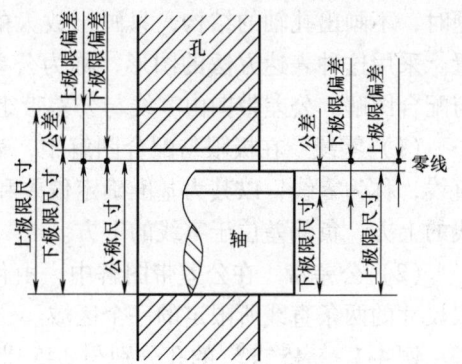

图4-2 极限与偏差示意图

实际（组成）要素是由接近实际（组成）要素所限定的工件实际表面的组成要素部分，分别用 D_a 和 d_a 表示孔、轴的实际（组成）要素。

4. 极限尺寸

极限尺寸即尺寸要素允许的尺寸的两个极端。它们是以公称尺寸为基数来确定的。尺寸要素允许的最大尺寸称为上极限尺寸（D_{max}、d_{max}），尺寸要素允许的最小尺寸称为下极限尺寸（D_{min}、d_{min}），如图4-2所示。

5. 尺寸偏差（简称偏差）

尺寸偏差是指某一尺寸减其公称尺寸所得的代数差。孔用 E 表示，轴用 e 表示。偏差可以为正值、负值或零。

(1) 实际偏差　实际偏差是实际（组成）要素减其公称尺寸所得的代数差。孔的实际偏差 $= D_a - D$，轴的实际偏差 $= d_a - d$。

(2) 极限偏差　极限偏差是极限尺寸减其公称尺寸所得的代数差。其中上极限尺寸减其公称尺寸所得的代数差称为上极限偏差，孔和轴的上极限偏差分别用 ES 和 es 表示；下极限尺寸减其公称尺寸所得的代数差称为下极限偏差，孔和轴的下极限偏差分别用 EI 和 ei 表示，如图 4-2 所示。

孔：上极限偏差 $ES = D_{max} - D$　下极限偏差 $EI = D_{min} - D$

轴：上极限偏差 $es = d_{max} - d$　下极限偏差 $ei = d_{min} - d$

6. 尺寸公差（简称公差）

尺寸公差（T）是指允许尺寸的变动量。公差等于上极限尺寸减下极限尺寸之差，或上极限偏差减下极限偏差之差。尺寸公差是一个没有符号的绝对值。

孔公差 $T_h = |D_{max} - D_{min}| = |ES - EI|$

轴公差 $T_s = |d_{max} - d_{min}| = |es - ei|$

偏差与公差是两个不同的概念，不能混淆。偏差是从零线起计算的，是指相对于公称尺寸的偏离量，偏差可为正值、负值或零；而公差是允许尺寸的变化量，代表加工精度的要求，故公差值不能为零。

7. 公差带图

由于公差或偏差的数值与公称尺寸相差太大，不便用同一比例表示；同时为了简化，在图 4-3 公差带图分析有关问题时，不画出孔轴的结构，只画出放大的孔轴公差区域和位置。采用这种表达方法的图形，称为公差带图，或称为公差与配合图解。公差带图由零线与公差带组成，如图 4-3 所示。

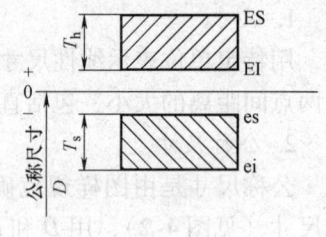

图 4-3　公差带图

(1) 零线　在极限与配合图解中，表示公称尺寸的一条直线，称为零线，以其为基准确定偏差和公差。通常，零线沿水平方向绘制，正偏差位于零线的上方，负偏差位于零线的下方。

(2) 公差带　在公差带图解中，由代表上极限偏差和下极限偏差或上极限尺寸与下极限尺寸的两条直线所限定的一个区域。

例 4-1　$\phi 45^{+0.039}_{0}$ 的孔分别与 $\phi 45^{-0.025}_{-0.050}$、$\phi 45^{+0.018}_{+0.002}$、$\phi 45^{+0.059}_{+0.043}$ 的轴配合，作出其公差带图。

解　如图 4-4 所示。

1) 画零线。
2) 画出上、下极限偏差位置。
3) 标注出上、下极限偏差值。
4) 在孔公差带上画上斜线使之与轴公差带区别。

公差带图包含了"公差带大小"与"公差带位置"两个要素，前者由标准公差确定，后者由基本偏差确定。

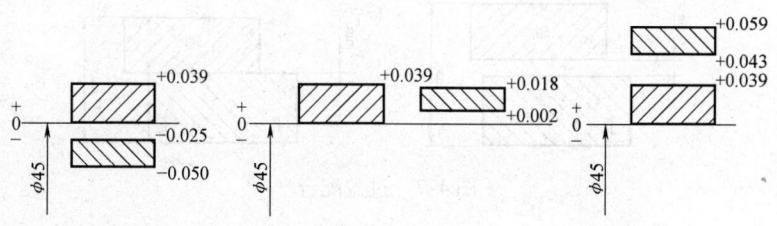

图 4-4 例 4-1 图

4.1.3 有关配合的术语和定义

配合是指公称尺寸相同的并且相互结合的孔和轴公差带之间的关系。这种关系反映了孔、轴的配合性质,即孔、轴装配后配合的松紧和配合松紧的变动。

1. 间隙或过盈

孔的尺寸减去相配合的轴的尺寸之差为正时称为间隙,为负时称为过盈,如图 4-5 所示。

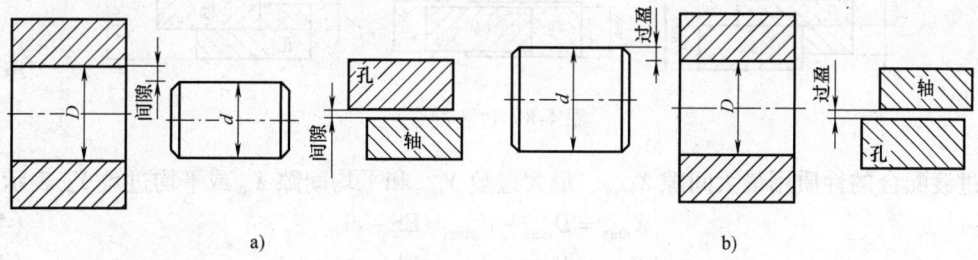

图 4-5 间隙或过盈

2. 配合类型

(1) 间隙配合 具有间隙(包括最小间隙等于零)的配合。此时,孔的公差带在轴的公差带之上,如图 4-6 所示。

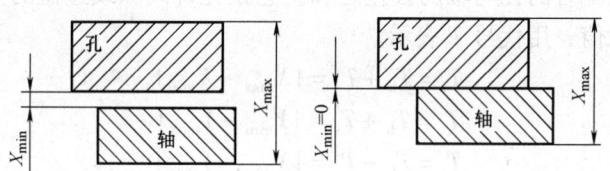

图 4-6 间隙配合

间隙配合的性质用最大间隙 X_{max}、最小间隙 X_{min} 和平均间隙 X_{av} 表示

$$X_{max} = D_{max} - d_{min} = ES - ei \tag{4-1}$$

$$X_{min} = D_{min} - d_{max} = EI - es \tag{4-2}$$

$$X_{av} = \frac{X_{max} + X_{min}}{2} \tag{4-3}$$

(2) 过盈配合 具有过盈(包括最小过盈等于零)的配合。此时,孔的公差带在轴的公差带之下,如图 4-7 所示。

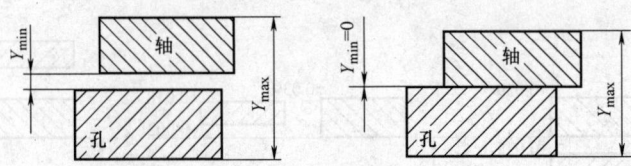

图 4-7 过盈配合

过盈配合的性质用最大过盈 Y_{max}、最小过盈 Y_{min} 和平均过盈 Y_{av} 表示

$$Y_{min} = D_{max} - d_{min} = ES - ei \quad (4-4)$$

$$Y_{max} = D_{min} - d_{max} = EI - es \quad (4-5)$$

$$Y_{av} = (Y_{max} + Y_{min})/2 \quad (4-6)$$

(3) 过渡配合　可能具有间隙或过盈的配合。此时，孔的公差带与轴的公差带相互交叠，如图 4-8 所示。它是介于间隙配合和过盈配合之间的一类配合，但其间隙或过盈都不大。

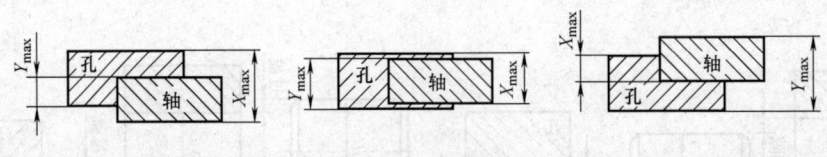

图 4-8 过渡配合

过渡配合的性质用最大间隙 X_{max}、最大过盈 Y_{max} 和平均间隙 X_{av} 或平均过盈 Y_{av} 表示

$$X_{max} = D_{max} - d_{min} = ES - ei \quad (4-7)$$

$$Y_{max} = D_{min} - d_{max} = EI - es \quad (4-8)$$

$$X_{va}(Y_{av}) = (X_{max} + Y_{max})/2 \quad (4-9)$$

按式 (4-9) 计算，所得的值为正时是平均间隙，表示偏松的过渡配合；所得值为负时是平均过盈，表示偏紧的过渡配合。

3. 配合公差

配合公差为组成配合的孔与轴的公差之和。它是允许间隙或过盈的变动量。配合公差是一个没有符号的绝对值，用代号 T_f 表示。

对于间隙配合　　$T_f = T_h + T_s = |X_{max} - X_{min}| \quad (4-10)$

对于过盈配合　　$T_f = T_h + T_s = |Y_{min} - Y_{max}| \quad (4-11)$

对于过渡配合　　$T_f = T_h + T_s = |X_{max} - Y_{max}| \quad (4-12)$

4. 配合公差带

由代表极限间隙或极限过盈的两条直线所限定的区域，称为配合公差带。配合公差带图就是以零间隙（或零过盈）为零线，用适当比例画出极限间隙或极限过盈的位置，以表示配合的松紧及松紧变动范围的图形，如图 4-9 所示。

在配合公差带图中，零线表示间隙或过盈值为零，零线以上为间隙，零线以下为过

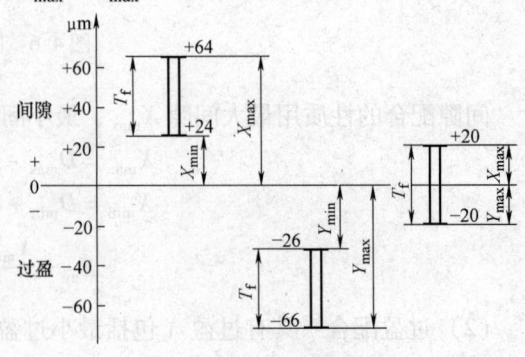

图 4-9 配合公差带图

盈。配合公差带两端的坐标值代表极限间隙或极限过盈值,它反映配合的松紧程度,上下两端间的距离为配合公差,它反映配合的松紧变化程度。

例 4-2 已知 $D = \phi45\text{mm}$,$T_f = 41\mu\text{m}$,$X_{\max} = +16\mu\text{m}$,$T_h = 25\mu\text{m}$,$ei = +9\mu\text{m}$,求作尺寸公差带图与配合公差带图。

解 (1) 因为 $T_f = T_h + T_s$ 所以 $T_s = T_f - T_h = (41 - 25)\mu\text{m} = 16\mu\text{m}$

因为 $T_s = es - ei$ 所以 $es = T_s + ei = (16 + 9)\mu\text{m} = +25\mu\text{m}$

因为 $X_{\max} = ES - ei$ 所以 $ES = X_{\max} + ei = (16 + 9)\mu\text{m} = +25\mu\text{m}$

因为 $T_h = ES - EI$ 所以 $EI = ES - T_h = (25 - 25)\mu\text{m} = 0\mu\text{m}$

(2) 作配合公差带图 已知 $X_{\max} = +16\mu\text{m}$,$Y_{\max} = EI - es = (0 - 25)\mu\text{m} = -25\mu\text{m}$,由此作图 4-10。

综上所述,各种配合是由孔、轴公差带之间的关系决定,而公差带的大小和位置又分别由标准公差和基本偏差所决定。标准公差和基本偏差的制定及如何构成系列将在下一节中详细介绍。

图 4-10 例 4-2 图

4.2 极限与配合的国家标准

机械产品中的孔、轴结合主要有三种形式:孔、轴有相对运动,孔、轴固定连接和孔、轴之间定位可拆连接。为了满足这三种配合需求和实现互换性,国家标准规定了配合制、标准公差系列和基本偏差系列,其基本结构如图 4-11 所示。

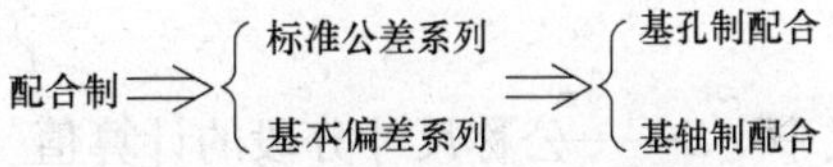

配合制是指同一极限制中的孔和轴组成配合的一种制度,即以两个相配合的零件中的一个作为基准件,并使其公差带位置固定,而通过改变另一个零件(非基准件)的公差带位置来形成各种配合的

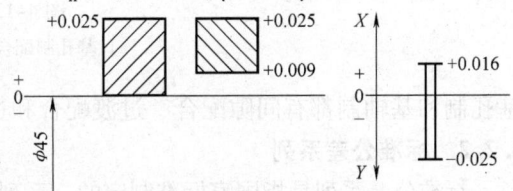

图 4-11 极限与配合的结构

一种制度。GB/T 1800.1—2009 中规定了两种平行的配合制:基孔制配合和基轴制配合。

4.2.1 基准制

基准制是指公称尺寸相同的孔和轴相配合,孔和轴的公差带位置可有各种不同的方案,均可达到相同的配合要求。为了简化和有利于标准化,国家标准对配合的组成规定了两种制度,即基孔制和基轴制。

(1) 基孔制 基本偏差为一定的孔的公差带,与不同基本偏差的轴的公差带形成各种配合的一种制度,如图 4-12a 所示。

基孔制的孔称为基准孔,是配合中的基准件,国家标准规定其下极限偏差为零,上极限偏差为正值,以 H 为基准孔的代号。

(2) 基轴制 基本偏差为一定的轴的公差带,与不同基本偏差的孔的公差带形成各种配合的一种制度,如图 4-12b 所示。

基轴制的轴称为基准轴,是配合中的基准件,国家标准规定其上极限偏差为零,下极限偏差为负值,以 h 为基准轴的代号。

基孔制配合和基轴制配合是规定配合系列的基础。按照孔、轴公差带相对位置的不同,

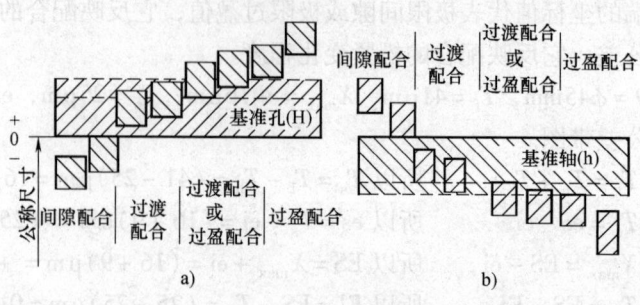

图 4-12 配合制
a) 基孔制配合 b) 基轴制配合

基孔制和基轴制都有间隙配合、过渡配合和过盈配合三类配合。

4.2.2 标准公差系列

标准公差系列是指国家标准制定的一系列由不同的公称尺寸和不同的公差等级组成的标准公差值。标准公差值是用来确定任一标准公差值的大小,也就是确定公差带的大小(宽度)。

1. **公差单位**

公差单位也叫公差因子,是计算标准公差值的基本单位,是制定标准公差数值系列的基础。利用统计法在生产中可发现:在相同的加工条件下,公称尺寸不同的孔或轴加工后产生的加工误差不相同,而且误差的大小无法比较。在尺寸较小时,加工误差与公称尺寸成三次方抛物线关系;在尺寸较大时接近线性关系。由于误差是由公差来控制,所以利用这个规律可反映公差与公称尺寸之间的关系。

对公称尺寸≤500mm 的常用尺寸段,公差单位的计算式为

$$i = 0.45\sqrt[3]{D} + 0.001D \tag{4-13}$$

式中 D——公称尺寸分段的计算值(mm)。

式 (4-13) 的第一项主要反映加工误差;第二项用于补偿与直径成正比的误差,主要由于测量时的温度偏离标准温度(20℃)引起的测量误差,以及量规变形误差等。当 D 很小时,第二项所占的比例很小,随着 D 的增大,第二项所占的比例增大,i 值也相应增大,这样比较符合生产实际。

2. **公差等级**

根据公差等级系数的不同,国家标准把公称尺寸至 500mm 内的公差等级分为 20 个等级,用 IT 加阿拉伯数字表示,即 IT01、IT0、IT1、IT2、…、IT18,把公称尺寸 >500mm 的公差等级分为 18 个等级,即 IT1~IT18。公差等级逐渐降低,而相应的公差值逐渐增大。

标准公差值是由公差等级系数和公差单位的乘积决定。在公称尺寸≤500mm 的常用尺寸范围内,各公差等级的标准公差计算公式见表 4-1。

表 4-1 公称尺寸≤500mm 的标准公差计算公式

公称尺寸/mm		标准公差等级						
		IT01	IT0	IT1	IT2	IT3	IT4	IT5	IT6
大于	至	标准公差等级计算公式/μm							
—	500	$0.3 + 0.008D$	$0.5 + 0.012D$	$0.8 + 0.020D$	—	—	—	$7i$	$10i$

(续)

公称尺寸/mm		标准公差等级										
		IT7	IT8	IT9	IT10	IT11	IT12	IT13	IT14	IT15	IT16	IT17	IT18
大于	至	标准公差等级计算公式/μm										
—	500	16i	25i	40i	64i	100i	160i	250i	400i	640i	1000i	1600i	2500i

注：1. 式中 D 为公称尺寸段的几何平均值，单位为 mm。
　　2. 对等级 IT2、IT3 和 IT4 没有给出计算公式，其标准公差数值在 IT1 和 IT5 的数值之间大致按几何级数递增。

3. 尺寸分段

根据标准公差计算公式，每个公称尺寸都应有一个相应的公差数值，这样既无必要，也不实用。为了简化公差表格和便于应用，国家标准对公称尺寸进行了分段（表 4-2），即同一尺寸分段内的所有公称尺寸，在公差等级相同时，规定相同的标准公差。

尺寸分段后，式（4-13）中的 D，按相应尺寸分段的首尾两个尺寸的几何平均值计算。例如，>18~30mm 尺寸段，公称尺寸的计算值为 $\sqrt{18 \times 30}\,\text{mm} \approx 23.24\,\text{mm}$，所以 >18~30mm 尺寸段内的标准公差数值是按 $D=23.24\,\text{mm}$ 计算的。

按上述方法计算，并经尾数化整规则进行圆整后得出的标准公差数值见表 4-2。

表 4-2　公称尺寸至 3150mm 的标准公差数值

公差等级	IT01	IT0	IT1	IT2	IT3	IT4	IT5	IT6	IT7	IT8	IT9	IT10	IT11	IT12	IT13	IT14	IT15	IT16	IT17	IT18
公称尺寸/mm	μm													mm						
≤3	0.3	0.5	0.8	1.2	2	3	4	6	10	14	25	40	60	0.10	0.14	0.25	0.40	0.60	1.0	1.4
>3~6	0.4	0.6	1	1.5	2.5	4	5	8	12	18	30	48	75	0.12	0.18	0.30	0.48	0.75	1.2	1.8
>6~10	0.4	0.6	1	1.5	2.5	4	6	9	15	22	36	58	90	0.15	0.22	0.36	0.58	0.90	1.5	2.2
>10~18	0.5	0.8	1.2	2	3	5	8	11	18	27	43	70	110	0.18	0.27	0.43	0.70	1.10	1.8	2.7
>18~30	0.6	1	1.5	2.5	4	6	9	13	21	33	52	84	130	0.21	0.33	0.52	0.84	1.30	2.1	3.3
>30~50	0.6	1	1.5	2.5	4	7	11	16	25	39	62	100	160	0.25	0.39	0.62	1.00	1.60	2.5	3.9
>50~80	0.8	1.2	2	3	5	8	13	19	30	46	74	120	190	0.30	0.46	0.74	1.20	1.90	3.0	4.6
>80~120	1	1.5	2.5	4	6	10	15	22	35	54	87	140	220	0.35	0.54	0.87	1.40	2.20	3.5	5.4
>120~180	1.2	2	3.5	5	8	12	18	25	40	63	100	160	250	0.40	0.63	1.00	1.60	2.50	4.0	6.3
>180~250	2	3	4.5	7	10	14	20	29	46	72	115	185	290	0.46	0.72	1.15	1.85	2.90	4.6	7.2
>250~315	2.5	4	6	8	12	16	23	32	52	81	130	210	320	0.52	0.81	1.30	2.10	3.20	5.2	8.1
>315~400	3	5	7	9	13	18	25	36	57	89	140	230	360	0.57	0.89	1.40	2.30	3.60	5.7	8.9
>400~500	4	6	8	10	15	20	27	40	63	97	155	250	400	0.63	0.97	1.55	2.50	4.00	6.3	9.7

注：公称尺寸小于或等于 1mm 时，无 IT14~IT18。

4.2.3　基本偏差系列

在规定了标准公差以后，为了确定公差带的位置，还需要规定一个极限偏差，而基本偏差就是国家标准规定的用以确定公差带相对于零线位置的极限偏差。

1. 基本偏差代号及其特点

为了满足各种不同配合的需要，国家标准规定孔、轴各有 28 种基本偏差，如图 4-13 所示，每种基本偏差都以一个或两个拉丁字母表示，大写为孔，小写为轴，并在 26 个字母中，去掉了 I(i)、L(l)、O(o)、Q(q) 和 W(w) 五个字母,又增加了由两个字母组成的 CD(cd)、EF(ef)、FG(fg)、JS(js)、ZA(za)、ZB(zb)、ZC(zc) 七个代号。

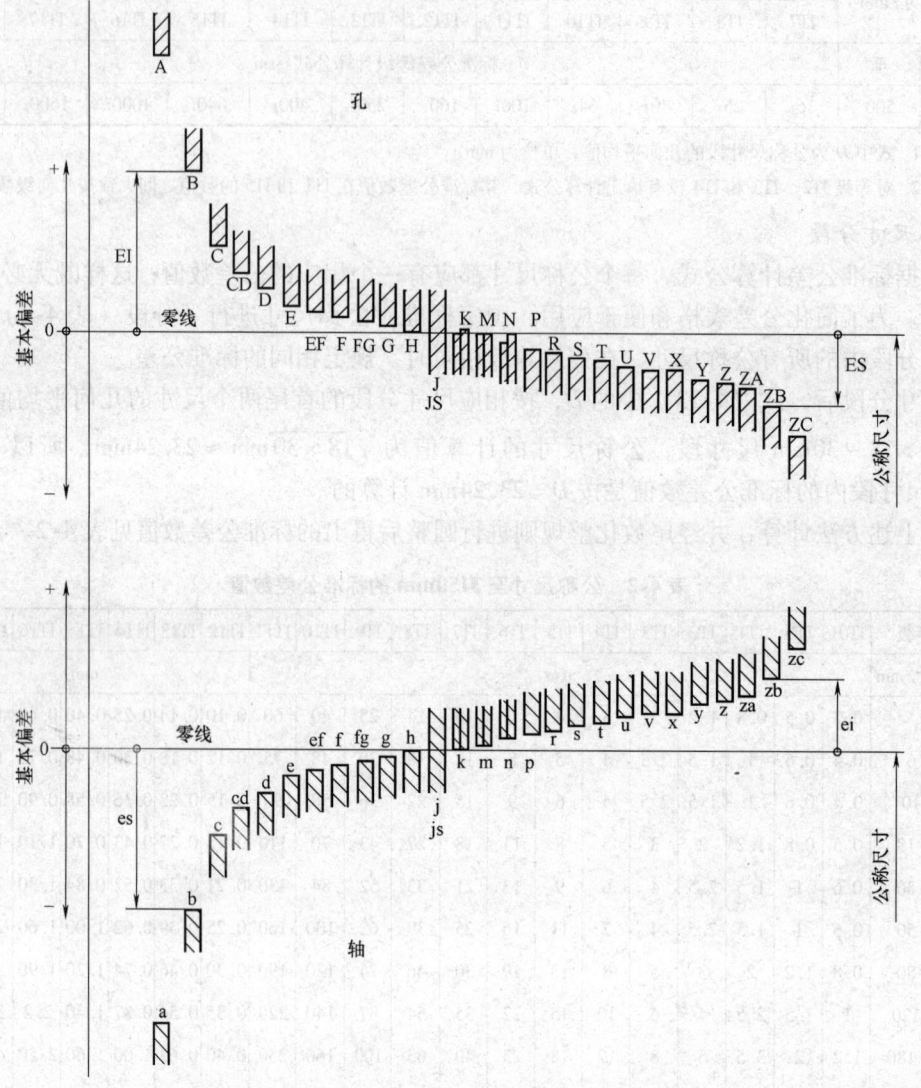

图 4-13 孔和轴基本偏差系列图(摘自 GB/T 1800.1—2009)

从图 4-13 可知,基本偏差系列具有以下特点。

1) 对轴:a~h 基本偏差是 es,k~zc 基本偏差是 ei。

2) 对孔:A~H 基本偏差是 EI,K~ZC 基本偏差是 ES。

3) JS 与 js 为双向偏差,其基本偏差可以认为是上极限偏差(+IT/2),也可以认为是下极限偏差(-IT/2)。

4) 从 A~H(a~h) 基本偏差的绝对值逐渐减小,从 K~ZC(k~zc) 基本偏差的绝对值逐渐增大。

5) 基本偏差只确定公差带靠近零线的一端,公差带的另一端取决于公差等级和这个基本偏差的组合。

第4章 尺寸精度设计与评定

2. 基本偏差的数值

（1）轴的基本偏差数值　在基孔制的基础上，根据大量科学试验和生产实践，总结出了轴的基本偏差的计算公式，见表4-3。a~h的基本偏差是上极限偏差，与基准孔配合是间隙配合，最小间隙正好等于基本偏差的绝对值；j、k、m、n的基本偏差是下极限偏差，与基准孔配合是过渡配合；p~zc的基本偏差是下极限偏差，与基准孔配合是过盈配合。而轴的另一个极限偏差是根据基本偏差和标准公差的关系，按照 es = ei + IT 或 ei = es - IT 计算得出。在实际应用中，而只需从轴的基本偏差数值（附表1-1）中直接查取数据。

表4-3　公称尺寸≤500mm 的轴的基本偏差计算公式（摘自 GB/T 1800.1—2009）

代号	适用范围	基本偏差为上极限偏差 es/μm	代号	适用范围	基本偏差为下极限偏差 ei/μm
a	$D \leq 120$	$-(265 + 1.3D)$	j	IT5 ~ IT8	经验数据
a	$D > 120$	$-3.5D$	k	$D ~ 0 ~ 500$	$+0.6\sqrt[3]{D}$
b	$D \leq 160$	$-(140 + 0.85D)$	m	$D > 0 ~ 500$	$+(IT7 - IT6)$
b	$D > 160$	$-1.8D$	n	$D > 0 ~ 500$	$+5D^{0.34}$
c	$D \leq 40$	$-52D^{0.2}$	p	$D > 0 ~ 500$	$+IT7 + (0 ~ 5)$
c	$D > 40$	$-(95 + 0.8D)$	r	$D > 0 ~ 500$	$+\sqrt{ps}$
cd	$D > 0 ~ 10$	$-\sqrt{cd}$	s	$D \leq 50$	$+IT8 + (1 ~ 4)$
d	$D > 0 ~ 500$	$-16D^{0.44}$	s	$D > 50$	$+IT7 + 0.4D$
e	$D > 0 ~ 500$	$-11D^{0.41}$	t	$D > 24$	$+IT7 + 0.63D$
ef	$0 > 0 ~ 10$	$-\sqrt{ef}$	u	$D > 0 ~ 500$	$+IT7 + D$
f	$D > 0 ~ 500$	$-5.5D^{0.41}$	v	$D > 14$	$+IT7 + 1.25D$
fg	$D > 0 ~ 10$	$-\sqrt{fg}$	x	$D > 0 ~ 500$	$+IT7 + 1.6D$
g	$D > 0 ~ 500$	$-2.5D^{0.34}$	y	$D > 18$	$+IT7 + 2D$
h	$D > 0 ~ 500$	0	z	$D > 0 ~ 500$	$+IT7 + 2.5D$
			za	$D > 0 ~ 500$	$+IT8 + 3.15D$
			zb	$D > 0 ~ 500$	$+IT9 + 4D$
			zc	$D > 0 ~ 500$	$+IT10 + 5D$
		$js = \pm \dfrac{IT}{2}$			

注：1. 公式中 D 为公称尺寸的计算值，单位为 mm。
　　2. 除 j 和 js 外，表中所列公式与公差等级无关。

（2）孔的基本偏差数值　孔的基本偏差数值是由相同字母轴的基本偏差，在相应的公差等级的基础上通过换算得到的。换算的原则是：基本偏差字母代号同名的孔和轴，分别构成的基轴制与基孔制配合，在相应公差等级的条件下，其配合的性质必须相同，即具有相同的极限间隙或极限过盈。如 H9/f9 与 F9/h9，H7/p6 与 P7/h6。

由于孔比轴加工困难，因此国家标准规定，为使孔和轴在工艺上等价，在较高精度等级的配合中，孔比轴的公差等级低一级；在较低精度等级的配合中，孔与轴采用相同的公差等级。在孔由轴的基本偏差换算中，有以下两种规则。

1）通用规则。同名代号的孔和轴的基本偏差的绝对值相等，而符号相反。即

$$EI = -es \qquad （适用于 A ~ H）$$

$$ES = -ei \quad （适用于同级配合的 J \sim ZC）$$

从公差带图可知，孔的基本偏差是轴的基本偏差的倒影，如图 4-13 所示。

2）特殊规则。同名代号的孔和轴的基本偏差的符号相反，而绝对值相差一个 Δ 值。即

$$\begin{cases} ES = -ei + \Delta \\ \Delta = IT_n - IT_{(n-1)} = T_h - T_s \end{cases} \quad (4\text{-}14)$$

式（4-14）适用于 3mm < 公称尺寸 ≤ 50mm，标准公差等级 ≤ IT8 的 J ~ N 和标准公差等级 ≤ IT7 的 P ~ ZC。

孔的另一个极限偏差可根据下列公式计算

$$ES = EI + IT \text{ 或 } EI = ES - IT \quad (4\text{-}15)$$

用上述公式计算出孔的基本偏差按一定规则化整，编制出孔的基本偏差数值表，见附录 B。实际使用时，可直接查此表，不必计算。

例 4-3　试用查表法确定 $\phi 22H7/p6$ 和 $\phi 22P7/h6$ 孔和轴的极限偏差，绘制出公差带图，并计算两种配合的极限过盈。

解　1）查表确定孔和轴的标准公差。查表 4-2 得：IT7 = 21μm，IT6 = 13μm。

2）查表确定孔和轴的基本偏差。

查附录 A，轴：h 的基本偏差 es = 0μm，p 的基本偏差 ei = +22μm。

查附录 B，孔：H 的基本偏差 EI = 0μm，P 的基本偏差 ES = -22μm + Δ = (-22 + 8)μm = -14μm。

3）计算孔和轴的另一个极限偏差。

轴：h6 的另一个极限偏差 ei = es - IT6 = (0 - 13)μm = -13μm；

p6 的另一个极限偏差 es = ei + IT6 = (+22 + 13)μm = +35μm。

孔：H7 的另一个极限偏差 ES = EI + IT7 = (0 + 21)μm = +21μm；

P7 的另一个极限偏差 EI = ES - IT7 = (-14 - 21)μm = -35μm。

4）标出极限偏差。

$$\phi 22 \frac{H7 \binom{+0.021}{0}}{p6 \binom{+0.035}{+0.022}} \qquad \phi 22 \frac{P7 \binom{-0.014}{-0.035}}{h6 \binom{0}{-0.013}}$$

5）画出公差带图（图 4-14）。

6）计算极限过盈。

$\phi 22H7/p6$ 的极限过盈

$$Y_{\max} = EI - es = (0 - 35)\mu m = -35\mu m$$
$$Y_{\min} = ES - ei = (+21 - 22)\mu m = -1\mu m$$

$\phi 22P7/h6$ 的极限过盈

$$Y_{\max} = EI - es = (-35 - 0)\mu m = -35\mu m$$
$$Y_{\min} = ES - ei = [-14 - (-13)]\mu m = -1\mu m$$

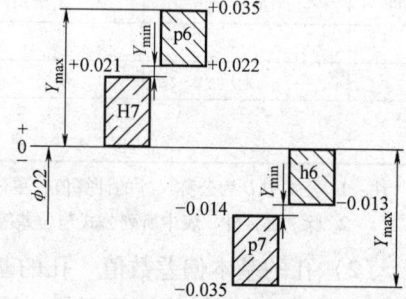

图 4-14　例 4-3 图

通过计算，可知两种配合的极限过盈相同，所以 $\phi 22H7/p6$ 与 $\phi 22P7/h6$ 的配合性质相同。

4.2.4　公差带代号与配合代号

1. 公差带代号

由于公差带相对于零线的位置是由基本偏差确定，公差带的大小由公差等级确定，因此

孔和轴的公差带代号由基本偏差代号与公差等级代号组成。

例如：

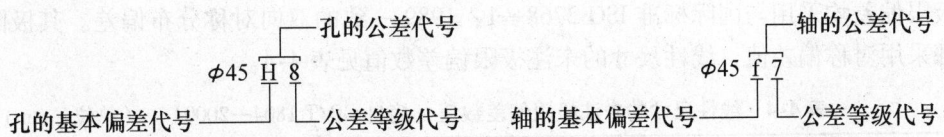

其中，公差等级数字确定公差带的大小，基本偏差代号确定公差带的位置。在零件图上，一般标注公称尺寸与极限偏差值。

2. 配合代号

标准规定，用孔和轴的公差带代号以分数形式组成配合的代号，其中分子为孔的公差带代号，分母为轴的公差带代号。如 $\phi25H8/f7$ 表示基孔制间隙配合，$\phi45K7/h6$ 表示基轴制过渡配合。

显然，在基孔制配合中：H/a~h 为间隙配合，H/j~n 为过渡配合，H/p~zc 为过盈配合。在基轴制配合中：A~H/h 为间隙配合，J~N/h 为过渡配合，P~ZC/h 为过盈配合。

3. 极限与配合的标注及查表

在装配图上标注极限与配合，采用组合式标注法。它是在公称尺寸后面用一分数形式表示。通常分子中含 H 的为基孔制配合，分母中含 h 的为基轴制配合，如图 4-15a 所示。

在零件图上标注公差的形式有三种：只注公差带代号，如图 4-15b 所示；只注极限偏差数值，如图 4-15c 所示；同时注公差带代号和极限偏差数值，如图 4-15d 所示。

例 4-4 查表写出 $\phi22(H8/f7)$ 的极限偏差数值。

解 对照基本偏差系列图 4-13 可知，H8/f7 是基孔制配合，其中 H8 是基准孔的公差带代号，f7 是配合轴的公差带代号。

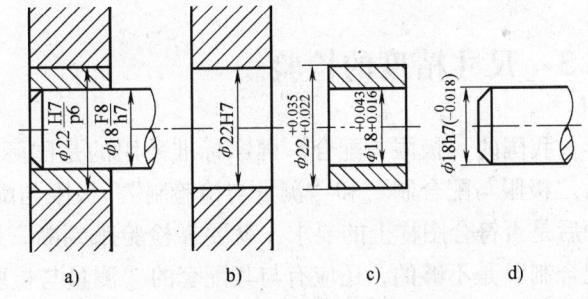

图 4-15 极限与配合在图样上的标注

1) $\phi22H8$ 基准孔的极限偏差。查附录 B，公称尺寸从大于 18~24 的行和公差带 H8 的列相交处查得 $EI = 0\mu m$，另查表 4-2 知 $IT8 = 33\mu m$，则 $ES = EI + IT8 = 0\mu m + 33\mu m = 33\mu m$。所以，$\phi22H8$ 可写成 $\phi22^{+0.033}_{0}$ mm。

2) $\phi22f7$ 配合轴的极限偏差。查附录 A，公称尺寸从大于 18~24 的行和公差带 f7 的列相交处查得 $es = -20\mu m$，另查表 4-2 知 $IT7 = 21\mu m$，则 $ei = es - IT7 = -20\mu m - 21\mu m = -41\mu m$。写成 $\phi22^{-0.020}_{-0.041}$ mm。

4. 一般公差（线性尺寸的未注公差）

线性尺寸的一般公差是指在车间普通工艺条件下，机床设备一般加工能力可保证的公差。在正常维护和操作情况下，它代表经济加工精度，主要用于低精度的非配合尺寸。采用一般公差的尺寸在车间正常生产能保证的条件下，一般可不检验，而主要由工艺装备和加工者自行控制。采用一般公差可简化制图、节省图样设计时间、明确一般工艺水平保证的尺寸、突出图样上注出公差的尺寸（这些尺寸大多数是重要而且需要控制的）。

GB/T 1804—2000 对线性尺寸的一般公差规定了 4 个公差等级，即 f（精密级）、m（中等级）、c（粗糙级）和 v（最粗级）。对尺寸也采用了大的尺寸分段。国家标准对孔、轴与长度的极限偏差均采用与国际标准 ISO 2768—1：1989 一致的双向对称分布偏差。其极限偏差值全部采用对称偏差值，线性尺寸的未注极限偏差数值见表 4-4。

表 4-4 线性尺寸的未注极限偏差数值（摘自 GB/T 1804—2000） （单位：mm）

公差等级	尺寸分段							
	0.5 ~ 3	>3 ~ 6	>6 ~ 30	>30 ~ 120	>120 ~ 400	>400 ~ 1000	>1000 ~ 2000	>2000 ~ 4000
f（精密级）	±0.05	±0.05	±0.1	±0.15	±0.2	±0.3	±0.5	—
m（中等级）	±0.1	±0.1	±0.2	±0.3	±0.5	±0.8	±1.2	±2
c（粗糙级）	±0.2	±0.3	±0.5	±0.8	±1.2	±2	±3	±4
v（最粗级）	—	±0.5	±1	±1.5	±2.5	±4	±6	±8

采用一般公差的尺寸，在图样上只注公称尺寸，不注极限偏差，而是在图样上或技术文件中用国家标准号和公差等级代号并在两者之间用一短画线隔开表示。例如，选用 m（中等级）时，则表示为 GB/T 1804—m。这表明图样上凡未注公差的线性尺寸（包括倒圆半径与倒角高度）按 m（中等级）加工和检验。

4.3 尺寸精度的检验

我国的《极限与配合》国家标准采用的是国际公差制，是一个完整的公差体制，它包括"极限与配合制"和"测量与检验制"。极限与配合制规定了工件的极限尺寸，但工件完工后是否符合图样上的要求，就要靠检验来判断，所以一个完整的公差体制仅有"极限与配合制"是不够的，还应有与其配套的"测量与检验制"。测量与检验制的显著特点是规定了验收极限，无论是量仪检验还是量规检验都采用了不超越极限的方法，这种检验方法能够确保检验后工件的极限尺寸符合图样要求。

1. 验收极限与安全裕度

在生产检验中计量仪器的选择方法，应按 GB/T 3177—2009《产品几何技术规范（GPS） 光滑工件尺寸的检验》中规定选择计量仪器。当检验公差等级为 IT6 ~ IT18，公称尺寸至 500mm 的光滑工件时，GB/T 3177—2009 的验收原则是：所有验收方法应只接收位于规定的尺寸极限之内的工件，即允许有误废而不允许有误收。为了保证零件既满足互换性要求，又将误废减至最少，国家标准规定了验收极限。验收极限是指检验工件尺寸时判断其尺寸合格与否的尺寸界线。国家标准规定了两种验收极限方式，并明确了相应的计算公式。

（1）内缩方式 验收极限是从图样上标定的上极限尺寸和下极限尺寸分别向工件公差带内移动一个安全裕度 A 来确定，如图 4-16 所示。所计算出的两极限值为验收极限（即上验收极限和下验收极限），计算式如下：

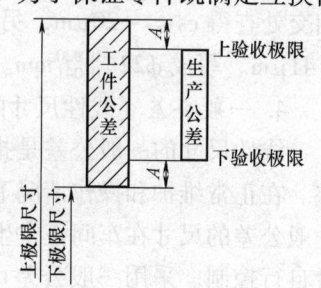

图 4-16 验收极限与安全裕度

第4章 尺寸精度设计与评定

$$上验收极限 = 上极限尺寸 - A$$
$$下验收极限 = 下极限尺寸 + A$$

安全裕度 A 由工件公差 T 确定，A 的数值取工件公差的 $1/10$，其数值见表4-5。

表4-5 安全裕度（A）与计量器具的测量不确定度允许值（u_1） （单位：μm）

公差等级		IT10				IT11				IT12				IT13		
公称尺寸 /mm		T	A	u_1		T	A	u_1		T	A	u_1		T	A	u_1	
大于	至			Ⅰ	Ⅱ	Ⅲ			Ⅰ	Ⅱ	Ⅲ			Ⅰ	Ⅱ			Ⅰ	Ⅱ

大于	至	T	A	Ⅰ	Ⅱ	Ⅲ	T	A	Ⅰ	Ⅱ	Ⅲ	T	A	Ⅰ	Ⅱ	T	A	Ⅰ	Ⅱ
—	3	40	4.0	3.6	6.0	9.0	60	6.0	5.4	9.0	14	100	10	9.0	15	140	14	13	21
3	6	48	4.8	4.3	7.2	11	75	7.5	6.8	11	17	120	12	11	18	180	18	16	27
6	10	58	5.8	5.2	8.7	13	90	9.0	8.1	14	20	150	15	14	23	220	22	20	33
10	18	70	7.0	6.3	11	16	110	11	10	17	25	180	18	16	27	270	27	24	41
18	30	84	8.4	7.6	13	19	130	13	12	20	29	210	21	19	32	330	33	30	50
30	50	100	10	9.0	15	23	160	16	14	24	36	250	25	23	38	390	39	35	59
50	80	120	12	11	18	27	190	19	17	29	43	300	30	27	45	460	46	41	69
80	120	140	14	13	21	32	220	22	20	33	50	350	35	32	53	540	54	49	81
120	180	160	16	15	24	36	250	25	23	38	56	400	40	36	60	630	63	57	95
180	250	185	19	17	28	42	290	29	26	44	65	460	46	41	69	720	72	65	110
250	315	210	21	19	32	47	320	32	29	48	72	520	52	47	78	810	81	73	120
315	400	230	23	21	35	52	360	36	32	54	81	570	57	51	86	890	89	80	130
400	500	250	25	23	38	56	400	40	36	60	90	630	63	57	95	970	97	87	150

由于验收极限向工件的公差带之内移动，为了保证验收时合格，在生产时工件不能按原有的极限尺寸加工，应按由验收极限所确定的范围生产，这个范围称为"生产公差"。

（2）不内缩方式 规定验收极限等于工件的最大实体尺寸和最小实体尺寸，即 A 值等于零。用于非配合和一般公差的尺寸。

当工件的实际尺寸服从偏态分布时，可以只对尺寸偏向的一侧按内缩方式确定验收极限，如图4-17所示。

2. 计量器具的选择

选择计量器具时，应保证其不确定度不大于表4-5规定的允许值 u_1。

计量器具不确定度允许值 u_1 按它占工件公差的百分数分挡：对于 IT6~IT11，分为 Ⅰ、Ⅱ、Ⅲ 三挡；对于 IT12~IT18，分为 Ⅰ、Ⅱ 两挡。

Ⅰ、Ⅱ、Ⅲ 挡的 u_1 分别为工件公差的 9%、15%、22.5%。

在一般情况下应优先选用 Ⅰ 挡，其次选用 Ⅱ、Ⅲ 挡。

在车间条件下选择计量器具时，千分尺、游标卡尺、比较仪和指示表有常用不确定度表

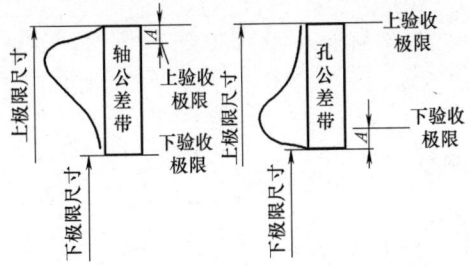

图4-17 工件尺寸偏态分布时，一侧内缩的验收极限

可查。所选用的计量器具的不确定度应小于或等于计量器具不确定度的允许值。

思 考 题

1. 什么是极限尺寸？什么是实际尺寸？两者关系如何？
2. 试述标准公差、基本偏差、误差及公差等级的区别和联系。
3. 已知一孔、轴配合，图样上标注为孔 $\phi25^{+0.033}_{0}$、轴 $\phi25^{+0.029}_{+0.008}$，试作出此配合的尺寸公差带图，并计算孔、轴极限尺寸及配合极限间隙或极限过盈，判断配合性质。
4. 什么是配合？当公称尺寸相同时，如何判断孔轴配合性质的异同？
5. 间隙配合、过渡配合、过盈配合各适用于什么场合？
6. 如何根据图样标注或其他条件确定尺寸公差带图？
7. 什么是配合制？国家标准中规定了几种配合制？
8. 什么是基孔制配合与基轴制配合？为什么要规定基准制？
9. 为什么要制定安全裕度，安全裕度有哪些计算公式？

第 5 章 几何精度设计与评定

5.1 几何误差的基本概念

在零件加工过程中,由于机床、夹具和刀具系统存在几何误差,以及切削中出现受力变形、热变形、振动和磨损等影响,不可避免会产生尺寸误差,因此,为满足零件装配后的功能要求,保证零件的互换性和经济性,不仅对零件尺寸误差要加以限制,而且对零件的几何要素规定必要的几何公差。

5.1.1 几何要素

几何要素(简称要素)是指构成零件几何特征的点、线、面。如图 5-1 所示,零件的球面、圆柱面、圆锥面、端平面、轴线和球心等均为几何要素。

几何要素可从不同角度来分类。

1. **按结构特征分**

(1) 组成要素 组成要素是指构成零件外形的点、线、面各要素,如图 5-1 中的球面、圆锥面、圆柱面,端平面以及圆锥面和圆柱面的素线。

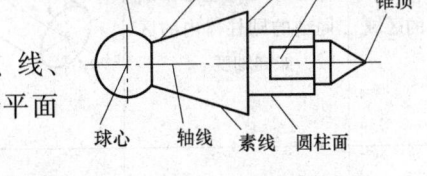

图 5-1 零件的几何要素

(2) 导出要素 导出要素是指组成要素对称中心所表示的点、线、面各要素,如图 5-1 中的轴线和球心。

2. **按存在状态分**

(1) 实际要素 实际要素是指零件实际存在的要素。通常用测量得到的要素代替。

(2) 理想要素 理想要素是指具有几何意义的要素,它们不存在任何误差。机械零件图样表示的要素均为理想要素。

3. **按所处地位分**

(1) 被测要素 被测要素是指图样上给出形状或(和)位置公差要求的要素,是检测的对象。

(2) 基准要素 基准要素是指用来确定被测要素方向或(和)位置的要素。

4. **按功能关系分**

(1) 单一要素 单一要素是指仅对要素自身提出功能要求而给出形状公差的要素。

(2) 关联要素 关联要素是指相对基准要素有功能要求而给出位置公差的要素。

5.1.2 几何公差带的概念

1. **几何公差带**

几何公差带是用来限制被测要素变动的区域。它是一个几何图形,只要被测要素完全落在给定的公差带内,就表示该要素的形状和位置符合要求。

几何公差带具有形状、大小、方向和位置四要素。公差带的形状由被测要素的理想形状和给定的公差特征项目所决定。常见的几何公差带的形状见表 5-1。公差带的大小由公差值

t 确定,指的是公差带的宽度或直径等。几何公差带的方向或位置有两种情况:公差带的方向或位置可以随实际被测要素的变动而变动,没有对其他要素保持一定几何关系的要求,这时公差带的方向或位置是浮动的;若几何公差带的方向或位置必须和基准要素保持一定的几何关系,则称为是固定的。所以,位置公差(标有基准)的公差带的方向和位置一般是固定的,形状公差(无需标注基准)的公差带的方向和位置一般是浮动的。

表 5-1 公差带的形状

几何公差带形状	定 义	图 例	几何公差带形状	定 义	图 例
圆内的区域	公差带是直径为公差值 t,且以点的理想位置为中心的圆内区域,如点的位置度		球内的区域	公差带是直径为公差值 t,且以点的理想位置为中心的圆内的区域,如点的位置度	
圆柱面内的区域	公差带是直径为公差值 t,且与基准轴线同轴的圆柱体内的区域,如同轴度	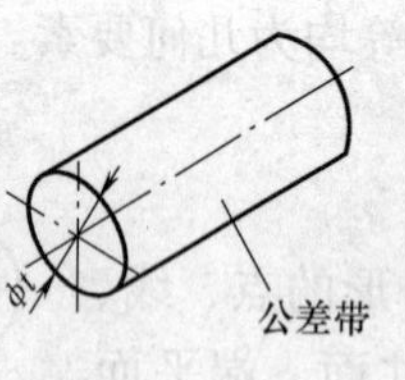	两同心圆之间的区域	公差带是在同一横截面上,半径为公差值 t 的两同心圆之间的区域(包括垂直轴线的任意横截面上、通过球心的任意横截面上),如圆度	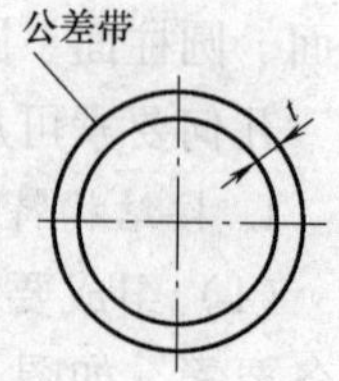
两同轴圆柱面之间的区域	公差带是半径差为 t 的两同轴圆柱面之间的区域,如圆柱度、全跳动	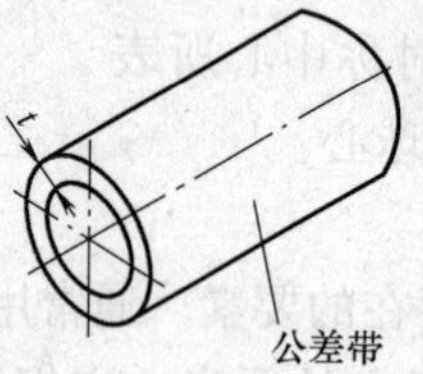	两平行平面之间的区域	公差带是距离为公差值 t 的两平行平面之间的区域,如平面度	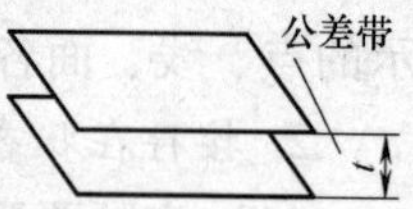
两平行直线之间的区域	公差带是距离为公差值 t 的两平行直线间的区域,如直线度	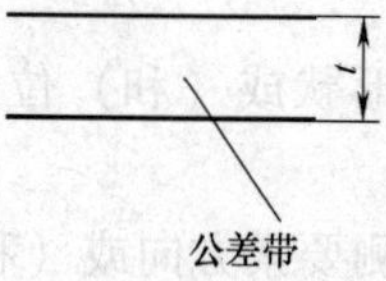	两等距曲线之间的区域	公差带是包络一系列直径为公差值 t 的圆的两包络线之间的区域,每个圆的圆心位于理想轮廓线上,并采用双向对称分布于理想轮廓的公差带,如线轮廓度	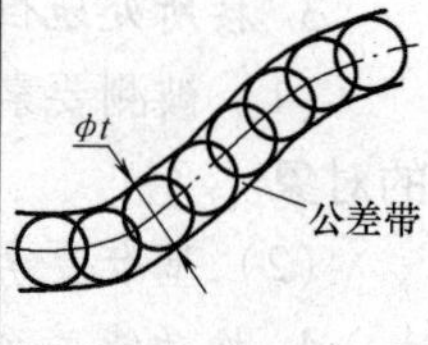
两等距曲面之间的区域	公差带是包络一系列直径为公差值 t 的球的两包络面之间的区域,每个球的球心位于理想轮廓面上,并采用双向对称分布于理想轮廓的公差带,如面轮廓度	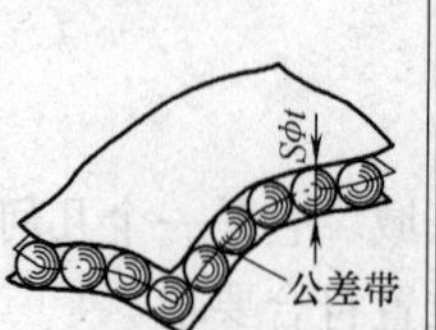	一段圆柱面区域	公差带是在与基准同轴的任一半径位置的测量圆柱面上距离为 t 的两圆所限定的圆柱面区域,如轴向圆跳动	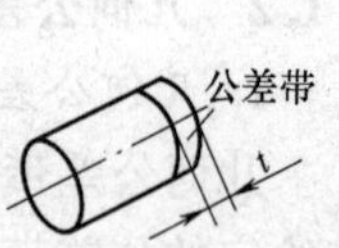

2. 几何公差的特征项目及其符号

按国家标准 GB/T 1182—2008《产品几何技术规范（GPS） 几何公差 形状、方向、位置和跳动公差标注》的规定，几何公差特征项目共有 14 个，其中形状公差 4 个，它是对单一要素提出的要求，因此无基准要求；方向、位置和跳动的公差有 8 个，它是对关联要素提出的要求，因此，在大多数情况下有基准要求；形状或位置（轮廓）公差有 2 个，若无基准要求，则为形状公差；若有基准要求，则为位置公差、方向公差。各项目的名称及符号见表 5-2。被测要素、基准要素的标注要求及其他附加符号见表 5-3。

表 5-2 几何公差项目、符号及分类

公差类别	项目	符号	公差类别	项目	符号
形状公差	直线度	—	方向公差	平行度	∥
形状公差	平面度	▱	方向公差	垂直度	⊥
形状公差	圆度	○	方向公差	倾斜度	∠
形状公差	圆柱度	⌭	位置公差	同轴度同心度	◎
形状公差、位置公差、方向公差	线轮廓度	⌒	位置公差	对称度	=
形状公差、位置公差、方向公差	线轮廓度	⌒	位置公差	位置度	⌖
形状公差、位置公差、方向公差	面轮廓度	⌓	跳动公差	圆跳动	↗
形状公差、位置公差、方向公差	面轮廓度	⌓	跳动公差	全跳动	⌮

表 5-3 被测要素、基准要素的标注要求及其他附加符号（摘自 GB/T 1182—2008）

说明	符号	说明	符号
被测要素的标注		包容要求	Ⓔ
基准要素的标注		最大实体要求	Ⓜ
基准要素的标注		最小实体要求	Ⓛ
基准要素的标注		可逆要求	Ⓡ
基准要素的标注		延伸公差带	Ⓟ
基准目标的标注	⌀2/A1	自由状态条件（非刚性零件）	Ⓕ
理论正确尺寸	50	全周（轮廓）	

如果要求在公差带内进一步限定被测要素的形状，则应在公差值后面加注相应符号，见表 5-4。

表 5-4 对被测要素形状有进一步其他要求的符号

含义	符号	含义	符号
只许中间向材料内凹下	(−)	只许从左至右减小	(▷)
只许中间向材料外凸起	(+)	只许从右至左减小	(◁)

注：本表摘自国家标准 GB/T 1182—1996。

3. 几何公差的代号

GB/T 1182—2008 规定用代号来标注几何公差。

几何公差代号包括：几何公差的各项目的符号（见表5-2），几何公差框格及指引线，几何公差值和其他有关符号，以及基准符号等，如图5-2所示。框格内字体的高度与图样中的尺寸数字等高。

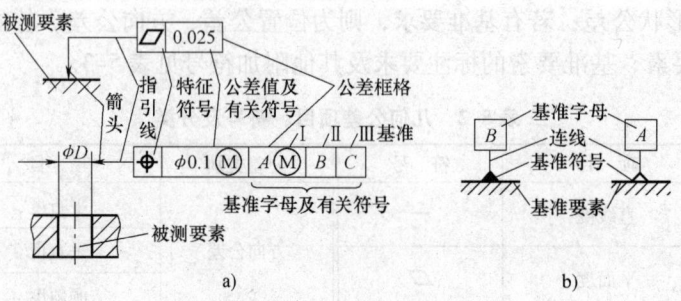

图 5-2 公差框格及基准符号
a) 几何公差代号 b) 基准特征符号

4. 几何公差的标注示例

图5-3所示为一根气门阀杆，从图中可以看到，当被测要素为线或表面时，从框格引出的指引线箭头，应指在该要素的轮廓线或其延长线上。当被测要素是中心线时，应将箭头与该要素的尺寸线对齐，如 M8×1 中心线的同轴度注法。同样，当基准要素为组成要素时，基准符号应靠近该要素的轮廓线或其引出线标注，并应明显地与尺寸线错开。当基准要素为导出要素时，基准符号应与该要素的组成要素尺寸线对齐，如基准 A。

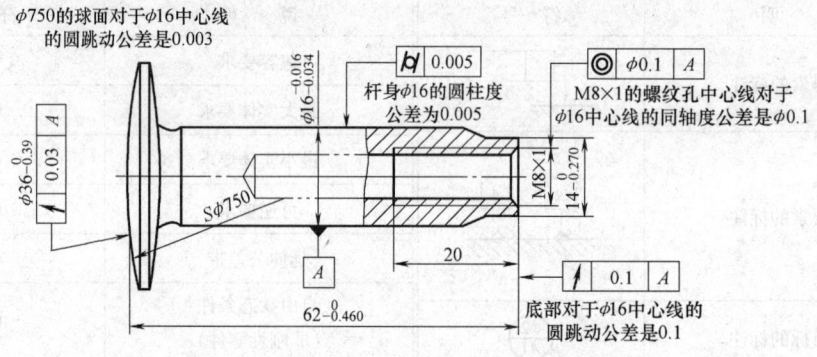

图 5-3 气门阀杆几何公差标注

5.2 形状公差与形状误差

1. 形状误差

被测提取要素对拟合（理想）要素的变动量。

2. 形状公差

单一被测提取要素的形状所允许的变动全量。形状公差（包括没有基准要求的线、面轮廓度）共有6项。随被测提取要素的结构特征和对被测提取要素的要求不同，直线度、线轮廓度、面轮廓度都有多种类型。

3. 形状公差带

形状公差带的特点：只对被测提取要素有形状要求，无方向、位置约束。典型的形状公差带见表 5-5。

表 5-5　形状公差带定义、标注和解释

特征	公差带定义	标注和解释
直线度	在给定平面内，公差带是距离为公差值 t 的两平行直线所限定的区域 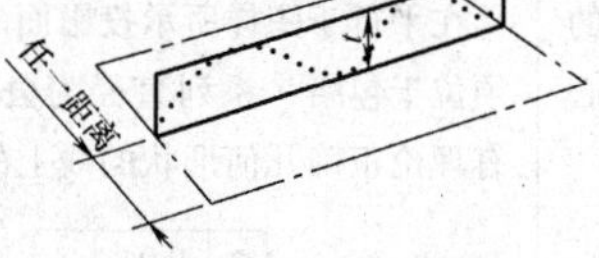	提取表面的素线必须位于平行于图样所示投影面且距离为公差值 0.1mm 的两平行直线之间 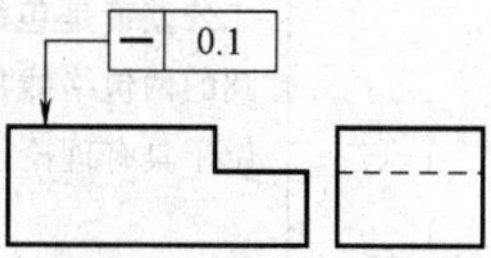　— 0.1
直线度	在给定方向上，公差带是距离为公差值 t 的两平行平面所限定的区域 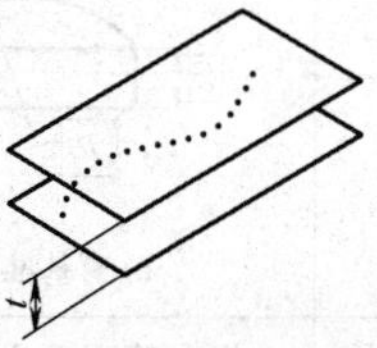	提取圆柱面的任一素线必须位于距离为公差值 0.2mm 的两平行平面内 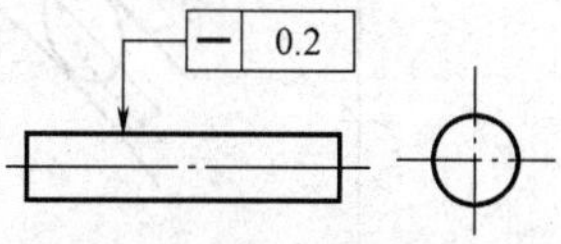　— 0.2
直线度	如在公差值前加注 ϕ，则公差带是直径为 t 的圆柱面所限定的区域 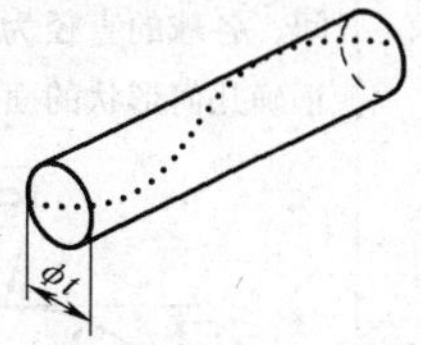	提取圆柱体的中心线必须位于直径为 ϕ0.03mm 的圆柱面内 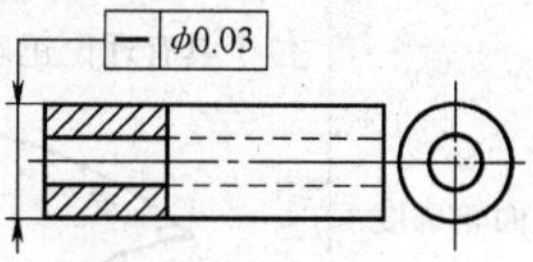　— ϕ0.03
平面度	公差带是距离为公差值 t 的两平行平面所限定的区域 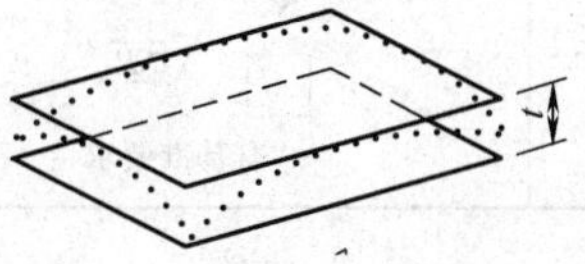	提取表面必须位于距离为公差值 0.6mm 的两平行平面之间 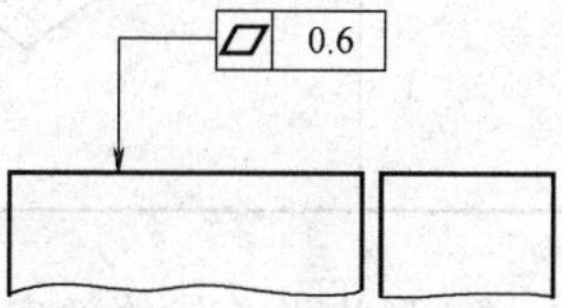　◻ 0.6
圆度	公差带是在同一正截面上，半径差为公差值 t 的两同心圆所限定的区域（任一横截面）	提取圆柱面任一正截面的圆周必须位于半径差为公差值 0.03mm 的两同心圆之间　○ 0.03
圆度		提取圆锥面任一正截面上的圆周必须位于半径差为 0.1mm 的两同心圆之间　○ 0.1
圆柱度	公差带是半径差为公差值 t 的两同轴圆柱面所限定的区域 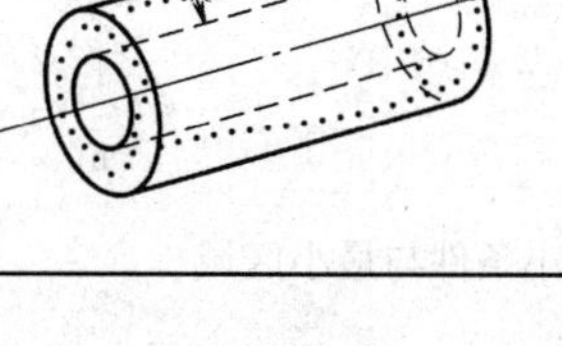	提取圆柱面必须位于半径差为公差值 0.01mm 的两同轴圆柱面之间 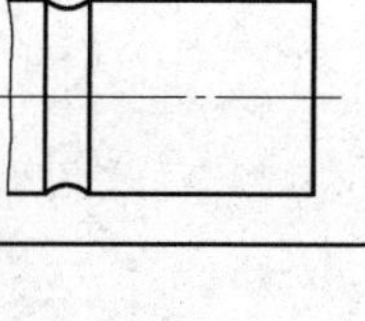　⌭ 0.01

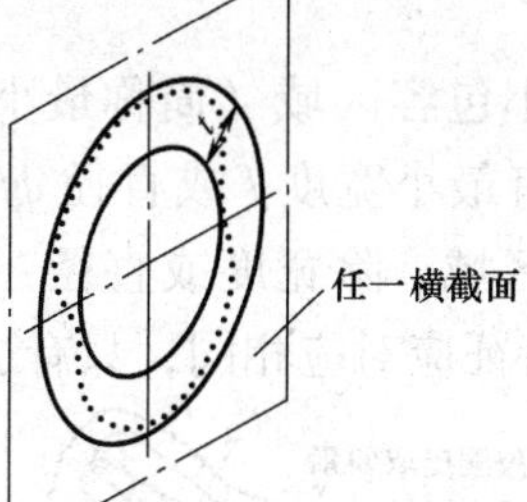

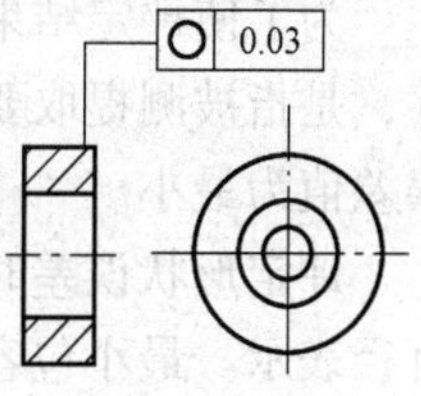

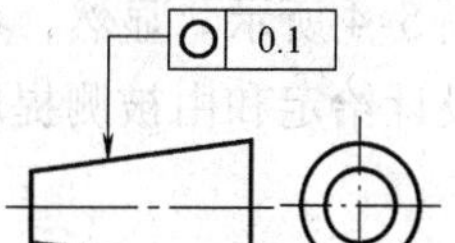

4. 轮廓度公差与公差带

轮廓度公差特征有线轮廓度和面轮廓度。轮廓度无基准要求时为形状公差，有基准要求时为位置公差。轮廓度公差带定义、标注和解释见表5-6。

表 5-6 轮廓度公差带定义、标注和解释

特征	公差带定义	标注和解释
线轮廓度	公差带是包络一系列直径为公差值 t 的圆的两包络线所限定的区域。各圆的圆心位于具有理论正确几何形状的线上	在平行于图样所示投影面的任一截面上，提取轮廓线必须位于包络一系列直径为公差值 0.04mm，且圆心位于具有理论正确几何形状的线上的两等距包络线之间
面轮廓度	公差带是包络一系列直径为公差值 t 的球的两包络面所限定的区域，各球的球心位于具有理论正确几何形状的面上	提取轮廓面必须位于包络一系列球的两等距包络面之间，各球的直径为公差值 0.02mm，且球心位于具有理论正确几何形状的面上

5. 形状误差值的评定

为了使评定结果唯一，国家标准规定最小条件是评定形状误差的基本准则。所谓最小条件，是指被测提取要素相对于拟合要素的最大变动量为最小，此时，对被测提取要素评定的误差值为最小。

评定形状误差时，形状误差数值的大小可用最小包容区域（简称最小区域）的宽度或直径表示。最小包容区域是指包容被测要素时，具有最小宽度 f 或直径 ϕf 的包容区域，如图5-4所示。显然，各项公差带和相应误差的最小区域，除宽度或直径（即大小）分别由设计给定和由被测提取要素本身决定外，其他三个特征应对应相同，只有这样，误差值和公

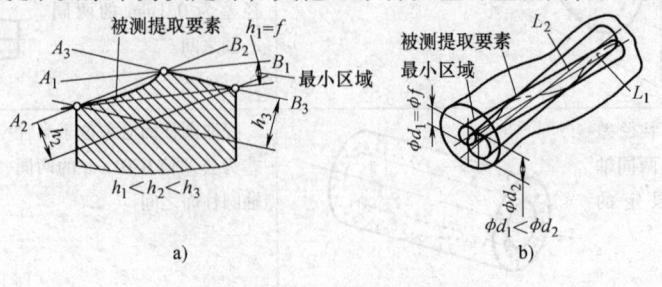

图 5-4 最小条件与最小区域

差值才具有可比性。因此，最小区域的形状应与公差带的形状一致（即应服从设计要求）；公差带的方向和位置则应与最小区域一致（设计本身无要求的前提下应服从误差评定的需要）。

遵循最小条件原则，可以最大限度地通过合格件。但在许多情况下，又可能使检测和数据处理复杂化。因此，允许在满足零件功能要求的前提下，用近似最小区域的方法来评定形状误差值。近似方法得到的误差值，只要小于公差值，零件在使用中会更趋于可靠；但若大于公差值，则在仲裁时应按最小条件原则处理。

5.3 方向、位置和跳动公差与方向、位置和跳动误差

1. 方向、位置和跳动误差

关联提取要素对拟合要素的变动量。

2. 方向、位置和跳动公差

关联提取要素对基准所允许的变动全量。方向、位置和跳动公差按几何特征分类如下。

（1）方向公差　具有确定方向的功能，即确定被测提取要素相对基准要素的方向精度。

（2）位置公差　具有确定位置功能，即确定被测提取要素相对基准要素的位置精度。

（3）跳动公差　具有综合控制的能力，即确定被测提取要素的形状和位置两方面的综合精度。

3. 方向公差与公差带

方向公差是关联被测提取要素对基准要素在规定方向上所允许的变动全量。方向公差与其他几何公差相比有其明显的特点：方向公差带相对于基准有确定的方向，并且公差带的位置可以浮动；方向公差带还具有综合控制被测要素的方向和形状的职能。根据两要素给定方向不同，方向公差分为平行度、垂直度、倾斜度3个项目，见表5-7。

表5-7　方向公差带定义、标注和解释

特征		公差带定义	标注和解释
平行度	面对面	公差带是距离为公差值 t，且平行于基准平面的两平行平面所限定的区域 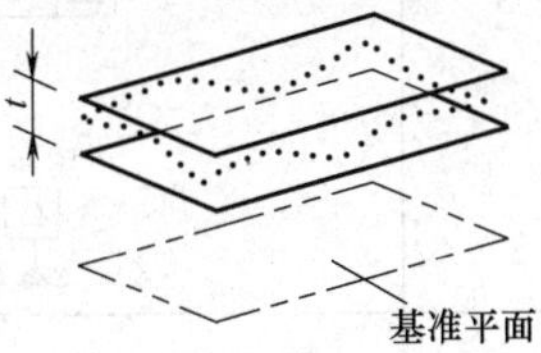	提取表面必须位于距离为公差值0.05mm，且平行于基准表面 A（基准平面）的两平行平面之间 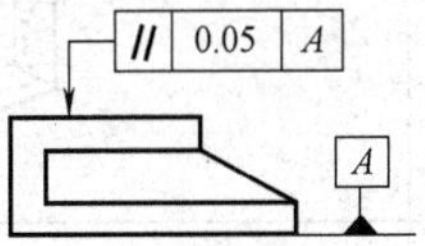 ∥ | 0.05 | A
	线对面	公差带是距离为公差值 t，且平行于基准平面的两平行平面所限定的区域 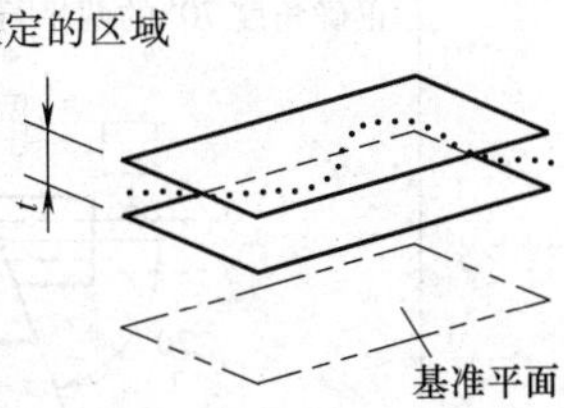	提取中心线必须位于距离为公差值0.03mm，且平行于基准表面 A（基准平面）的两平行平面之间 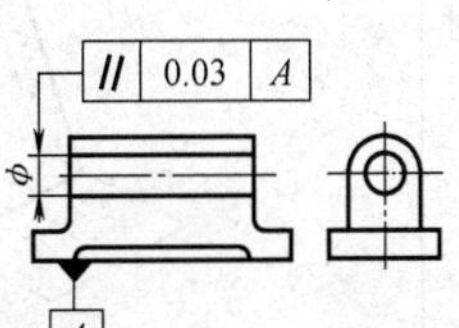 ∥ | 0.03 | A

(续)

特征		公差带定义	标注和解释
平行度	面对线	公差带是距离为公差值 t，且平行于基准轴线的两平行平面所限定的区域 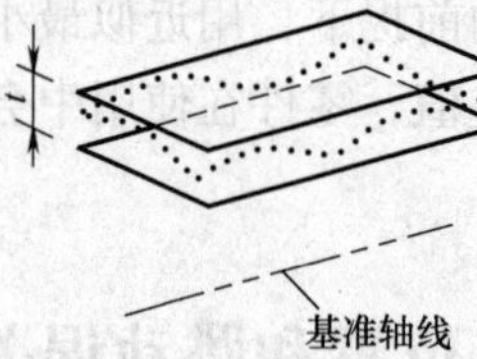	提取表面必须位于距离为公差值 0.05mm，且平行于基准线 A（基准轴线）的两平行平面之间 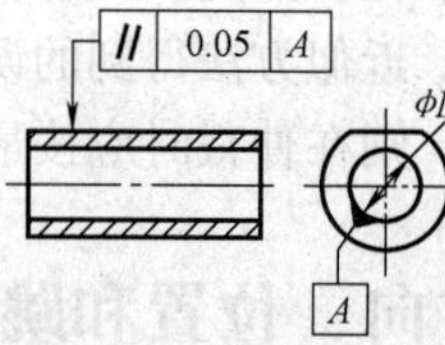 ‖ 0.05 A
平行度	线对线	公差带是距离为公差值 t，且平行于基准线，并位于给定方向上的两平行平面所限定的区域 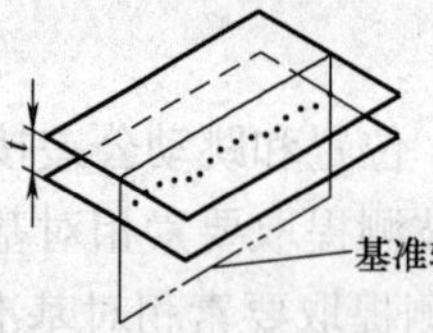	提取中心线必须位于距离为公差值 0.1mm，且在给定方向上平行于基准轴线 A 的两平行平面之间 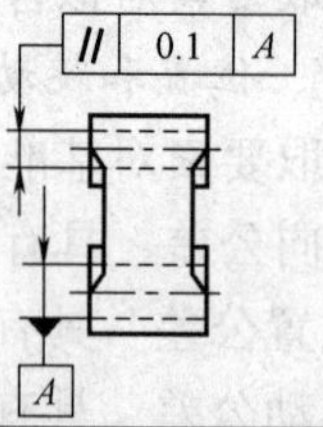 ‖ 0.1 A
平行度	线对线	如在公差值前加注 ϕ，公差带是直径为公差值 t，且平行于基准线的圆柱面所限定的区域 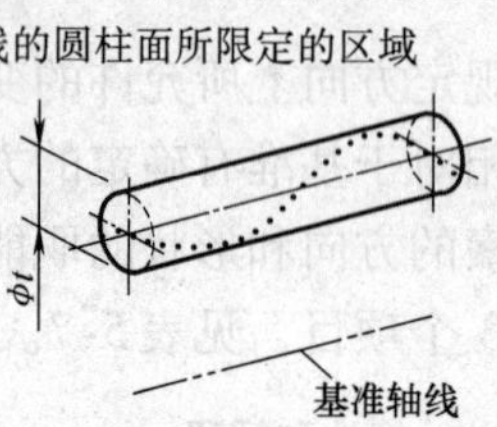	提取中心线必须位于直径为公差值 ϕ0.1mm，且平行于基准轴线 B 的圆柱面内 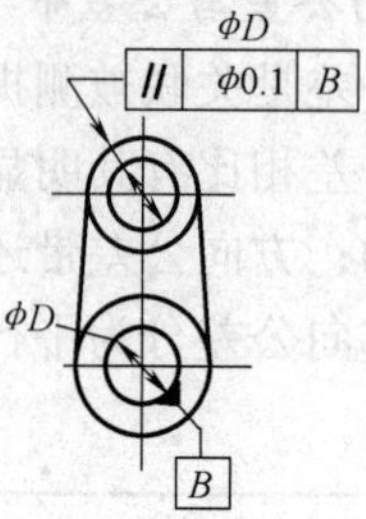 ‖ ϕ0.1 B
垂直度	面对面	公差带是距离为公差值 t，且垂直于基准平面的两平行平面所限定的区域 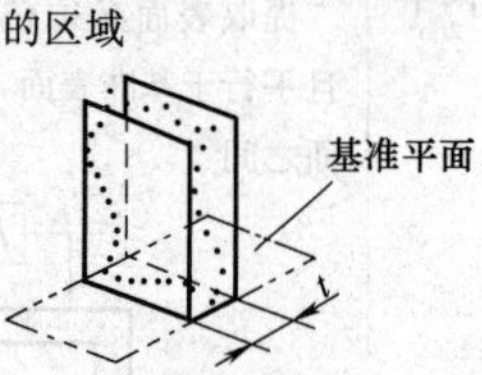	提取表面必须位于距离为公差值 0.05mm，且垂直于基准平面 C 的两平行平面之间 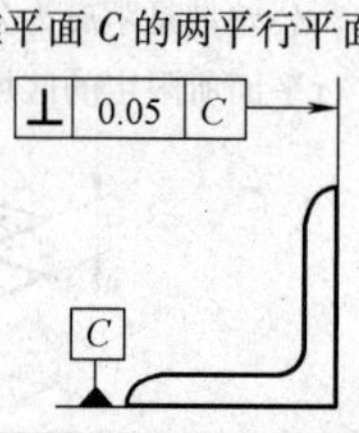 ⊥ 0.05 C
倾斜度	面对面	公差带是距离为公差值 t，且与基准线成一给定角度 α 的两平行平面所限定的区域 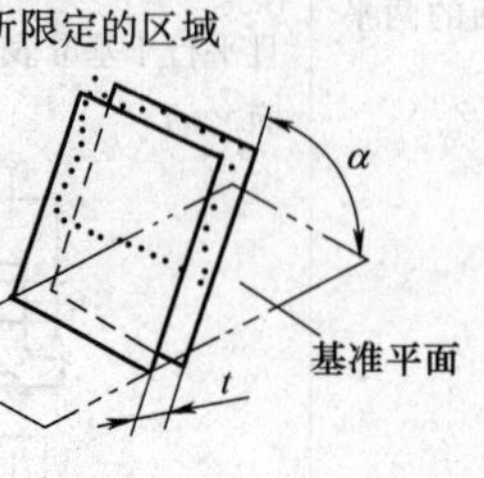	提取表面必须位于距离为公差值 0.1mm，且与基准线 A（基准轴线）成一给定角度或理论正确角度 70° 的两平行平面之间 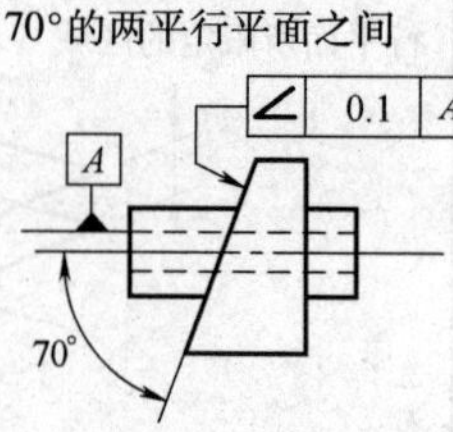 ∠ 0.1 A

4. 位置公差与公差带

位置公差是关联提取要素对基准在位置上所允许的变动全量。位置公差带与其他几何公差带比较有以下特点：位置公差带具有确定的位置，相对于基准的尺寸为理论正确尺寸；位置公差带具有综合控制被测要素位置、方向和形状的功能。根据被测要素和基准要素之间的功能关系，位置公差分为位置度、同轴度和对称度，见表5-8。

5. 跳动公差与公差带

跳动公差是关联提取要素绕基准轴线回转一周或连续回转时所允许的最大跳动量。跳动公差与其他几何公差比较有以下特点：跳动公差带相对于基准轴线有确定的位置，是以检测方式定出的公差项目，具有综合控制形状误差、位置误差和方向误差的功能。跳动公差分为圆跳动和全跳动，见表5-9。

表5-8 位置公差带定义、标注和解释

特征		公差带定义	标注和解释
同轴度	轴线的同轴度	公差带是直径为公差值 ϕt 的圆柱面所限定的区域，该圆柱面的轴线与基准轴线同轴 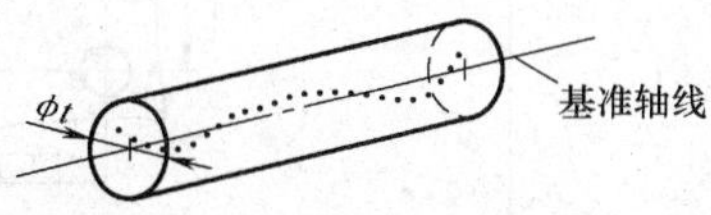	大圆柱面的提取中心线必须位于公差值 $\phi 0.08$mm，且与公共基准线 $A—B$（公共基准轴线）同轴的圆柱面内 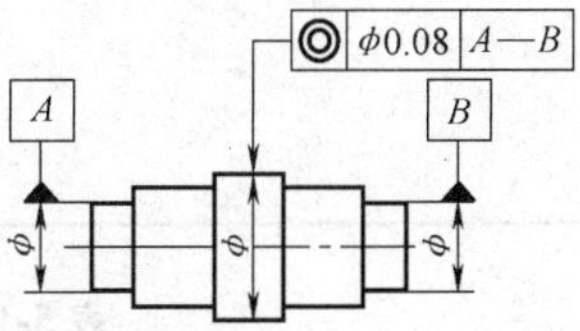
对称度	中心平面的对称度	公差带是距离为公差值 t，且相对基准中心平面对称配置的两平行平面所限定的区域 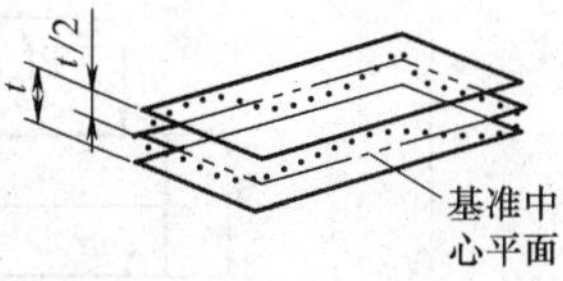	提取中心平面必须位于距离为公差值 0.08mm，且相对基准中心平面 A 对称配置的两平行平面之间 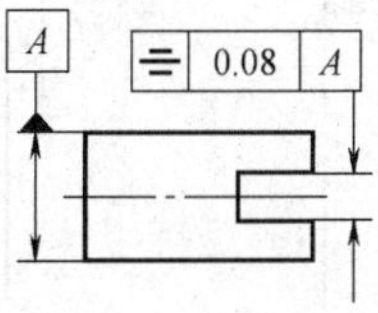
位置度	点的位置度	如公差值前加注 $S\phi$，公差带是直径为公差值 t 的圆球面所限定的区域，该圆球面中心的理论正确位置由相对于基准 A 和 B 的理论正确尺寸确定 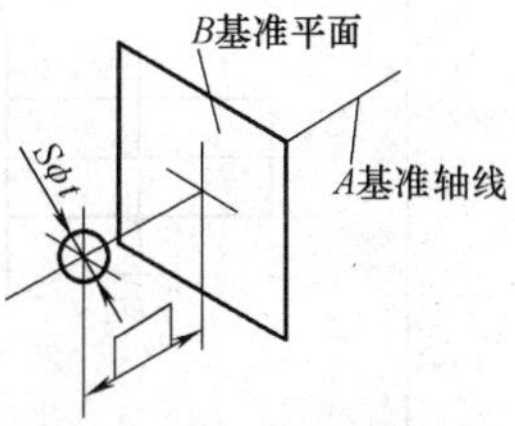	提取球心必须位于直径为公差值 $S\phi 0.08$mm 的圆球面内，该圆球面的中心由基准轴线 A、基准平面 B 和理论正确尺寸 30 确定 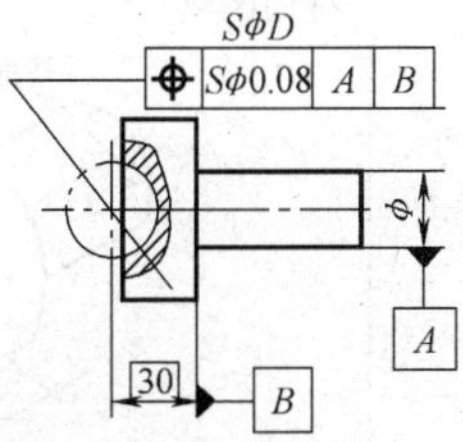

特征		公差带定义	标注和解释
位置度	线的位置度	如在公差值前加注 ϕ，则公差带是直径为 t 的圆柱面所限定的区域，公差带的轴线位置由相对于三基面体系的理论正确尺寸确定	每个提取中心线必须位于直径为公差值 $\phi 0.1\text{mm}$，且以相对于 A、B、C 基准表面（基准平面）所确定的理想位置为轴线的圆柱内 每个提取中心线必须位于直径为公差值 $\phi 0.1\text{mm}$，且以理想位置为轴线的圆柱内

表 5-9 跳动公差带定义、标注示例和解释

特征		公差带定义	标注示例和解释
圆跳动	径向圆跳动	公差带为在任一垂直于基准轴线的横截面内，半径差为公差值 t，圆心在基准轴线上的两同心圆所限定的区域	在任一垂直于基准 A 的横截面内，提取圆应限定在半径差等于 0.05mm，圆心在基准轴线 A 上的两同心圆之间
	轴向圆跳动	公差带为与基准轴线同轴的任一半径的圆柱截面上，间距等于公差值 t 的两圆所限定的圆柱面区域	在与基准轴线 D 同轴的任一圆柱形截面上，提取圆应限定在轴向距离等于 0.1mm 的两个等圆之间

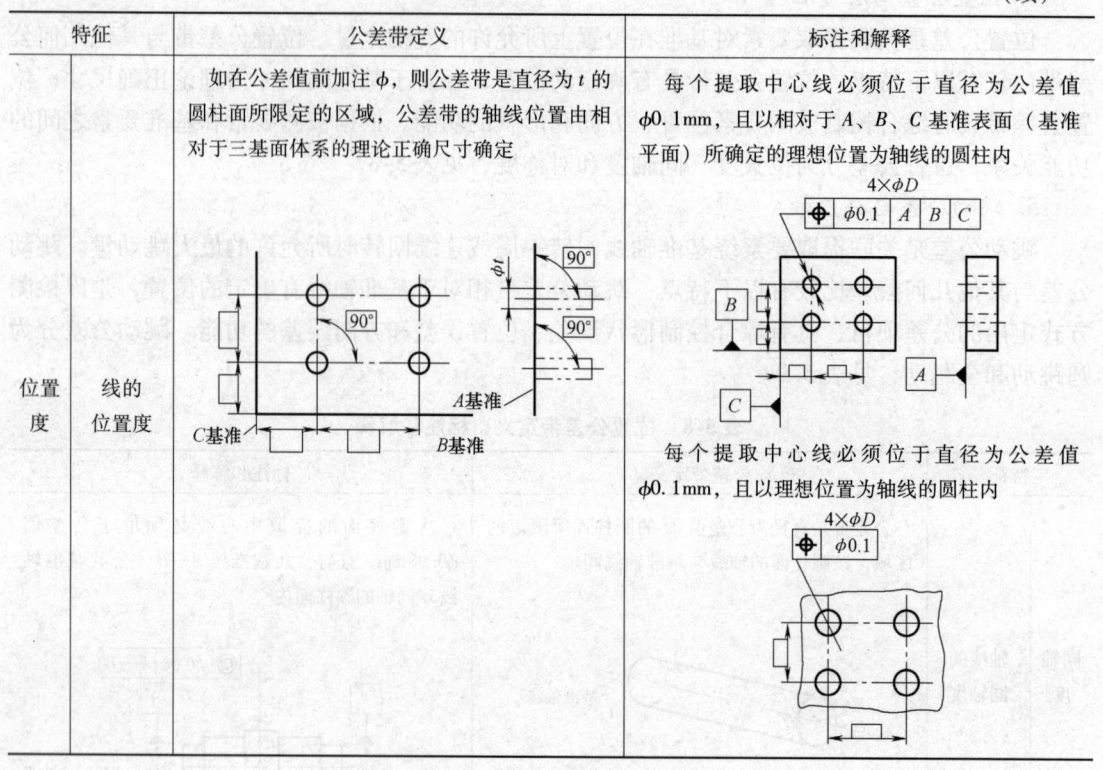

(续)

特征		公差带定义	标注示例和解释
圆跳动	斜向圆跳动	公差带为与基准轴线同轴的某一圆锥截面上，间距等于公差值 t 的两圆所限定的圆锥面区域（除非另有规定，测量方向应沿被测表面的法向） 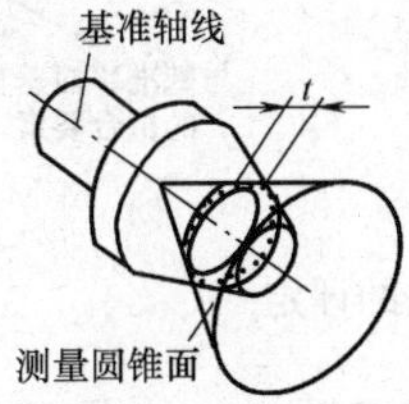	在与基准轴线 A 同轴的任一圆锥截面上，提取线应限定在素线方向间距等于 0.05mm 的两不等圆之间 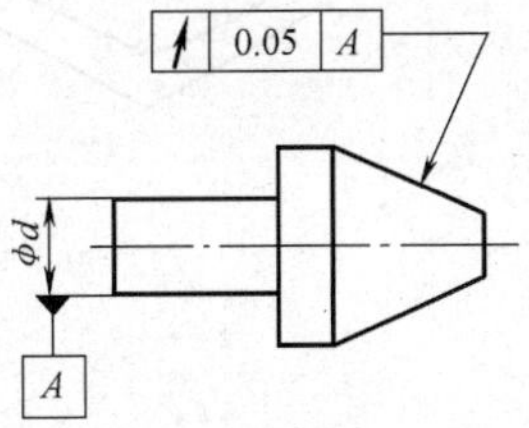
全跳动	径向全跳动	公差带为半径差等于公差值 t，与基准轴线同轴的两圆柱面所限定的区域 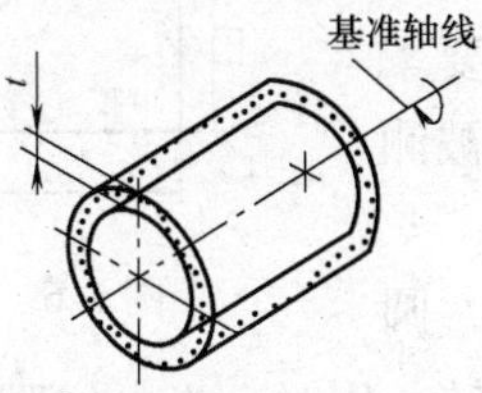	提取表面应限定在半径差等于 0.2mm，与公共基准轴线 $A—B$ 同轴的两圆柱面之间 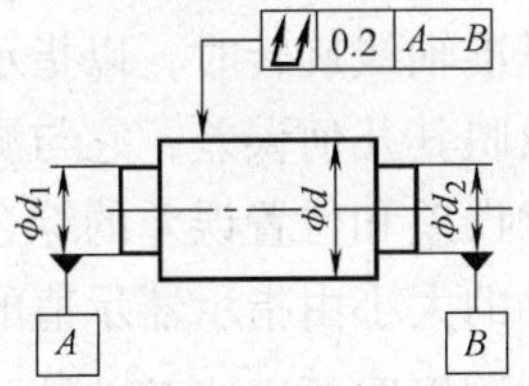
	轴向全跳动	公差带为间距等于公差值 t，垂直于基准轴线的两平行平面所限定的区域 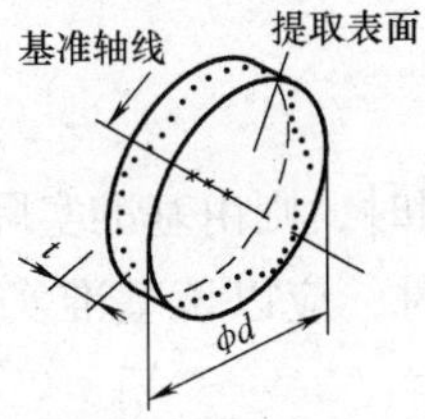	提取表面应限定在间距等于 0.05mm，垂直于基准轴线 A 的两平行平面之间 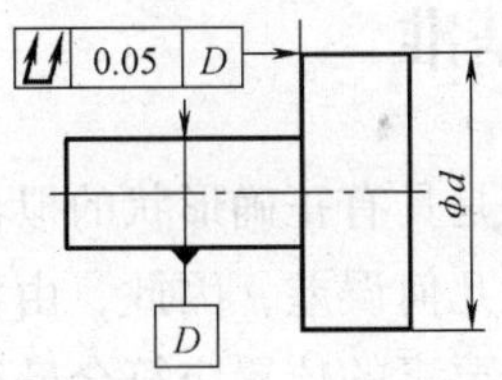

6. 方向、位置和跳动误差的评定

（1）方向误差的评定　方向误差是关联提取要素对一具有确定方向的拟合要素的变动量，该拟合要素的方向由基准确定。

方向误差值用方向最小包容区域（简称方向最小区域）的宽度或直径表示，如图 5-5 所示。方向最小区域是指按拟合要素的方向包容被测提取要素，具有最小宽度或直径的包容区域。

（2）位置误差的评定　位置误差是关联提取要素对一具有确定位置的拟合要素的变动量，该拟合要素的位置由基准和理论正确尺寸确定。

所谓理论正确尺寸是用来确定被测要素的理想形状、方向和位置的尺寸。它只表达设计时对被测要素的理想要求，故不附带公差，而该要素的形状、方向和位置误差则由给定的几何公差来控制。

位置误差用位置最小包容区域（简称位置最小区域）的宽度或直径表示，如图 5-6 所

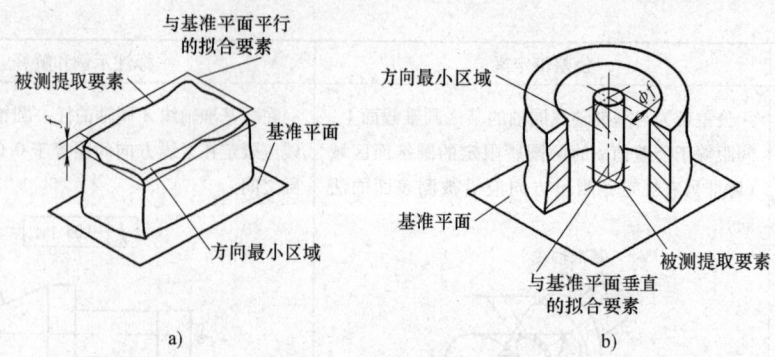

图 5-5 方向误差的评定

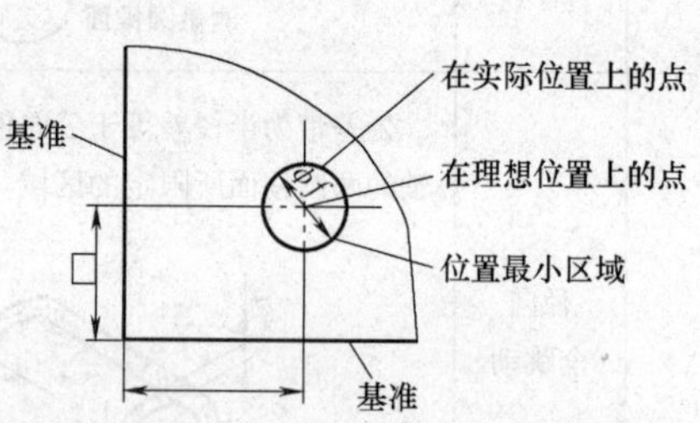

示。位置最小区域是指以拟合要素位置来包容被测提取要素，具有最小宽度或直径的包容区域。

（3）跳动误差的评定 跳动误差指当关联提取要素绕基准轴线旋转时，以指示器测量被测提取要素表面来反映其几何误差，它与测量方法有关，是被测要素形状误差和位置误差的综合反映。

跳动的大小由指示器示值的变化确定，例如，圆跳动即被测提取要素绕基准轴线作无轴向移动回转一周时，为由位置固定的指示器在给定方向上测得的最大与最小示值之差。

图 5-6 位置误差的评定

5.4 基准

基准是具有正确形状的拟合要素，在实际运用时，则由基准实际要素来确定。由于实际要素存在几何误差，因此，由实际要素建立基准时，应以该基准实际要素的拟合要素为基准，拟合要素的位置应符合最小条件。

1. 基准的分类

基准通常分为三种：单基准、组合基准（公共基准）和基准体系（三基面体系）。

（1）单一基准 由一个要素建立的基准称为单一基准，如一个平面中心线或轴线等。

（2）组合基准（公共基准） 由两个或两个以上要素建立一个独立的基准称为组合基准或公共基准。一般由两段轴线 A、B 建立起公共基准。

（3）基准体系（三基面体系） 确定被测要素在空间的理想位置所采用的基准由三个互相垂直的基准平面组成，这三个互相垂直的基准平面组成基准体系。三基面体系（含三个基准平面）包括：第一基准平面、第二基准平面和第三基准平面。

零件的基准数量和顺序的确定：根据零件的功能要求来确定，一般选择零件上面积大、定位稳的表面作为第一基准；面积较小的表面作为第二基准；面积最小的表面作为第三基准。

注意：在加工或检测时，不可随意更改设计时所确定的基准表面和顺序，以保证设计时提出的功能要求。

2. 基准的体现方法

基准的体现方法有模拟法、直接法、分析法和目标法四种。

（1）模拟法 以具有足够几何精度的表面体现基准平面、基准轴线和基准点，如心轴、V形架、两顶尖与平板。

（2）直接法 当实际基准要素具有足够的几何精度时，可直接作为基准。例如，用两点法测量两平行平面之间的提取要素的局部尺寸，以确定被测表面对基准平面的平行度误差。

（3）分析法 对实际基准要素进行测量后，根据测得数据，用图解或计算的方法确定基准的位置。

（4）目标法 当设计图样规定用基准目标建立基准时，可按图样标注的要求，在规定的位置上、按规定的尺寸和形状，以适当形式的支承来体现基准。

思 考 题

1. 几何公差规定了哪些项目？它们的符号是什么？
2. 几何公差的公差带有哪几种主要形式？几何公差带由什么组成？
3. 评定几何误差的最小条件是什么？
4. 方向误差的评定与位置误差的评定有什么不同？
5. 基准的形式通常有几种？什么是三基面体系？

第6章 几何公差与尺寸公差的关系

6.1 公差原则与公差要求

对同一零件既规定尺寸公差,又规定几何公差。从零件的功能考虑,给出的尺寸公差与几何公差既可能相互有关系,也可能相互无关系,而公差原则与公差要求就是处理尺寸公差与几何公差之间关系的规定,即图样上标注的尺寸公差和几何公差是如何控制被测要素的尺寸误差和几何误差的。公差原则从大的方面可以分为独立原则和相关要求两大类,相关要求又可以分为包容要求、最大实体要求和最小实体要求,以及可应用于最大实体要求和最小实体要求的可逆要求。

6.2 有关术语及定义

1. 提取组成要素的局部尺寸（D_a、d_a）

提取组成要素的局部尺寸是一切提取组成要素上两对应点之间距离的统称。用 D_a 和 d_a 分别表示内、外表面（孔、轴）的实际尺寸,如图 6-1 所示。

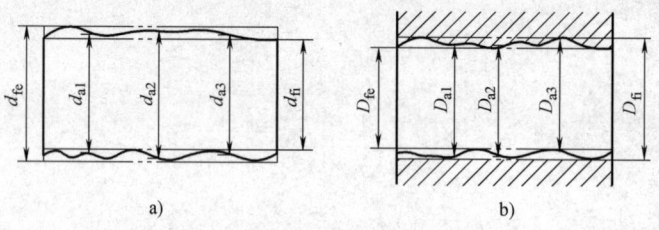

图 6-1 实际尺寸和作用尺寸

2. 体外作用尺寸（D_{fe}，d_{fe}）

在被测提取要素的给定长度上,与实际内表面（孔）体外相接的最大理想面或与实际外表面（轴）体外相接的最小理想面的直径（或宽度）,称为体外作用尺寸。D_{fe} 和 d_{fe} 分别表示内、外表面（孔、轴）的体外作用尺寸,如图 6-1 所示。对于关联要素,该理想面的轴线或中心平面必须与基准要素保持图样给定的几何关系。

体外作用尺寸的特点是表示该尺寸的理想面处于零件的实体之外。因此,轴的体外作用尺寸大于或等于轴的实际尺寸；孔的体外作用尺寸小于或等于孔的实际尺寸。实际中可用以下公式计算

$$d_{fe} = d_a + t_{几何} \tag{6-1}$$

$$D_{fe} = D_a - t_{几何} \tag{6-2}$$

3. 体内作用尺寸（D_{fi}、d_{fi}）

在提取要素的给定长度上，与实际内表面（孔）体内相接的最小理想面或与实际外表面（轴）体内相接的最大理想面的直径（或宽度），称为体内作用尺寸。D_{fi} 和 d_{fi} 分别表示内、外表面（孔、轴）的体内作用尺寸，如图 6-1 所示。对于关联要素，该理想面的轴线或中心平面必须与基准要素保持图样给定的几何关系。

体内作用尺寸的特点是表示该尺寸的理想面处于零件的实体之内。因此，轴的体内作用尺寸小于或等于轴的实际尺寸；孔的体内作用尺寸大于或等于孔的实际尺寸。实际中可用以下公式计算

$$d_{fi} = d_a - t_{几何} \tag{6-3}$$

$$D_{fi} = D_a + t_{几何} \tag{6-4}$$

作用尺寸是由实际尺寸和几何误差综合形成的，体外作用尺寸是对内、外表面的装配功能起作用的尺寸；体内作用尺寸是对零件强度起作用的尺寸。

4. 最大实体状态与最大实体尺寸

假定提取组成要素的局部尺寸处处位于极限尺寸且使其具有实体最大（即材料量最多）时的状态称为最大实体状态（MMC）。确定要素最大实体状态的尺寸称为最大实体尺寸（MMS）。

外尺寸要素（轴）的最大实体尺寸用符号 d_M 表示，它等于轴的上极限尺寸 d_{max}；内尺寸要素（孔）的最大实体尺寸用符号 D_M 表示，它等于孔的下极限尺寸 D_{min}，它是孔的下极限尺寸和轴的上极限尺寸的统称。即

$$d_M = d_{max} \tag{6-5}$$

$$D_M = D_{min} \tag{6-6}$$

5. 最小实体状态与最小实体尺寸

假定提取组成要素的局部尺寸处处位于极限尺寸且使其具有实体最小（即材料量最少）时的状态称为最小实体状态（LMC）。确定要素最小实体状态的尺寸称为最小实体尺寸（LMS）。

外尺寸要素（轴）的最小实体尺寸用符号 d_L 表示，它等于轴的下极限尺寸 d_{min}；内尺寸要素（孔）的最小实体尺寸用符号 D_L 表示，它等于孔的上极限尺寸 D_{max}。它是孔的上极限尺寸和轴的下极限尺寸的统称。即

$$d_L = d_{min} \tag{6-7}$$

$$D_L = D_{max} \tag{6-8}$$

6. 最大实体实效状态与最大实体实效尺寸

在给定长度上，提取组成要素的局部尺寸处于最大实体状态，且其导出要素（中心要素）的几何误差等于给出公差值时的综合极限状态，称为最大实体实效状态（MMVC）；确定要素最大实体实效状态的尺寸称为最大实体实效尺寸（MMVS）。

外尺寸要素（轴）的最大实体实效尺寸以 d_{MV} 表示，它等于轴的最大实体尺寸 d_M 加上其导出要素（中心要素）的几何公差值 $t_{几何}$；内尺寸要素（孔）的最大实体实效尺寸以 D_{MV} 表示，它等于孔的最大实体尺寸 D_M 减去其导出要素（中心要素）的几何公差值 $t_{几何}$，即

$$d_{MV} = d_M + t_{几何} \tag{6-9}$$

$$D_{MV} = D_M - t_{几何} \tag{6-10}$$

7. 最小实体实效状态与最小实体实效尺寸

在给定长度上，提取组成要素的局部尺寸处于最小实体状态，且其导出要素（中心要素）的几何误差等于给出公差值时的综合极限状态，称为最小实体实效状态（LMVC）；确定要素最小实体实效状态的尺寸称为最小实体实效尺寸（LMVS）。

外尺寸要素（轴）的最小实体实效尺寸以 d_{LV} 表示，它等于轴的最小实体尺寸 d_L 减去其导出要素（中心要素）的几何公差值 $t_{几何}$；内尺寸要素（孔）的最小实体实效尺寸以 D_{LV} 表示，它等于孔的最小实体尺寸 D_L 加上其导出要素（中心要素）的几何公差值 $t_{几何}$，即

$$d_{LV} = d_L - t_{几何} \tag{6-11}$$

$$D_{LV} = D_L + t_{几何} \tag{6-12}$$

8. 边界

由设计给定的具有理想形状的极限包容面（极限圆柱面或两平行平面）称为边界。边界尺寸为极限包容面的直径或宽度。

边界是理论上具有理想形状的一种极限边界，没有任何误差，实际要素不应超越该极限包容面。单一要素的边界没有方位的约束，而关联要素的边界应与基准保持图样上给定的几何关系。对于外尺寸要素（轴）来说，它的边界相当于一个具有理想形状的内尺寸要素（孔）；对于内尺寸要素（孔）来说，它的边界相当于一个具有理想形状的外尺寸要素（轴）。

根据设计要求，可以给出不同的边界。当要求某要素遵守特定的边界时，该要素的实际轮廓不得超出其特定的边界。通常有下列四种边界。

（1）最大实体边界（MMB） 尺寸为最大实体尺寸的边界称为最大实体边界。

（2）最大实体实效边界（MMVB） 尺寸为最大实体实效尺寸的边界称为最大实体实效边界。

（3）最小实体边界（LMB） 尺寸为最小实体尺寸的边界称为最小实体边界。

（4）最小实体实效边界（LMVB） 尺寸为最小实体实效尺寸的边界称为最小实体实效边界。

单一要素的实体实效边界没有方向或位置的约束；而关联要素的实体实效边界应与图样上给定的基准保持正确的几何关系。

6.3 独立原则

独立原则是指零件要素的几何公差与尺寸公差相互独立并分别满足各自要求的一种公差原则，即尺寸误差由尺寸公差控制，几何误差由几何公差控制，彼此无关，互不联系，尺寸公差与几何公差之间不存在补偿关系。

图 6-2 为独立原则的应用示例，标注时，不需要附加任何表示相互关系的符号。该标注表示轴的提取要素的局部尺寸应在 $\phi21.97 \sim \phi22\text{mm}$ 之间，不管实际尺寸为何值，中心线的直线度误差都不允许大于 $\phi0.05\text{mm}$。

独立原则是几何公差与尺寸公差相互关系遵循的基本原则。

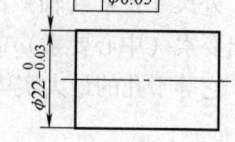

图 6-2 独立原则应用示例

6.4 相关要求

相关要求是指图样上给定的尺寸公差与几何公差相互有关的公差要求。

6.4.1 包容要求

包容要求是指被测提取要素的实际轮廓应遵守最大实体边界（MMB），其提取要素的尺寸不得超出最大实体尺寸的一种公差原则。

包容要求适用于单一要素，如圆柱面或两平行平面。采用包容要求的尺寸要素，应在尺寸极限偏差或公差带代号后面注有符号Ⓔ。

采用包容要求时，提取要素的合格条件为

对于外表面（轴） $d_{fe} \leq d_M(d_{max})$ 且 $d_a \geq d_L(d_{min})$

对于内表面（孔） $D_{fe} \geq D_M(D_{min})$ 且 $D_a \leq D_L(D_{max})$

单一要素采用包容要求时，被测提取要素在最大实体状态下的几何公差为零。当被测提取要素尺寸偏离最大实体状态（$d_a < d_{max}$，$D_a > D_{min}$）时，几何公差获得尺寸公差的补偿偏离多少补偿多少。当被测提取要素为最小实体状态时，几何公差获得的补偿量最多，即补偿的几何公差等于尺寸公差，如图6-3所示。

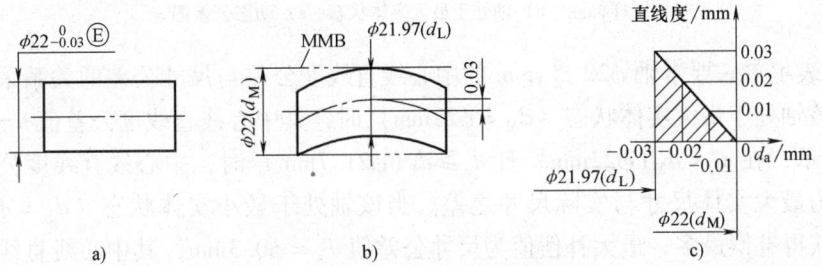

图6-3 包容要求应用示例

a) 图样标注　b) 轴处于最大实体边界、最小实体状态　c) 动态公差图

图6-3a表示单一要素轴 $\phi22_{-0.03}^{\ 0}$ mm 的实体不得超越边界尺寸为 $d_M = \phi22$mm 的最大实体边界（MMB），实际尺寸 d_a 不得小于最小实体尺寸 $d_L = \phi21.97$mm，如图6-3b所示。轴在 $d_M = \phi22$mm 时的中心线直线度公差 $t = 0$。在 $d_a < d_M$（$\phi22$mm）且 $d_a \geq d_L$（$\phi21.97$mm）时，中心线直线度公差获得补偿，补偿量为最大实体尺寸与实际尺寸之差。当实际尺寸处于最小实体尺寸（$d_L = \phi21.97$mm）时，直线度获得补偿最多，最大补偿值为尺寸公差值 $T_s = \phi0.03$mm。图6-3c为表示轴的实际尺寸和中心线直线度公差变化关系的动态公差图。

6.4.2 最大实体要求

最大实体要求是指被测提取要素的实际轮廓应遵守其最大实体实效边界（MMVB）的一种公差原则，即当实际尺寸偏离最大实体尺寸时，允许其几何误差值超出其给定的公差值，而提取组成要素的局部尺寸应在最大实体尺寸与最小实体尺寸之间。

最大实体要求适用于导出要素，既适用于被测提取要素，又适用于基准要素。在被测提取要素几何公差框格中的公差值后面标注符号Ⓜ。

采用最大实体要求时,被测提取要素的合格条件为

对于外表面(轴)$d_{fe} \leq d_{MV}$ 且 $d_L(d_{min}) \leq d_a \leq d_M(d_{max})$

对于内表面(孔)$D_{fe} \geq D_{MV}$ 且 $D_M(D_{min}) \leq D_a \leq D_L(D_{max})$

最大实体要求应用于被测提取要素时,图样上标注的几何公差值是被测提取要素处于最大实体状态时给定的公差值。当被测提取要素的实际尺寸偏离其最大实体尺寸($d_a < d_{max}$,$D_a > D_{min}$)时,允许几何误差值大于图样上标注的几何公差值,即允许几何公差获得尺寸公差的补偿,偏离多少补偿多少。当被测提取要素为最小实体状态时,几何公差获得的补偿量最多,即几何公差最大补偿值等于尺寸公差,如图6-4所示。

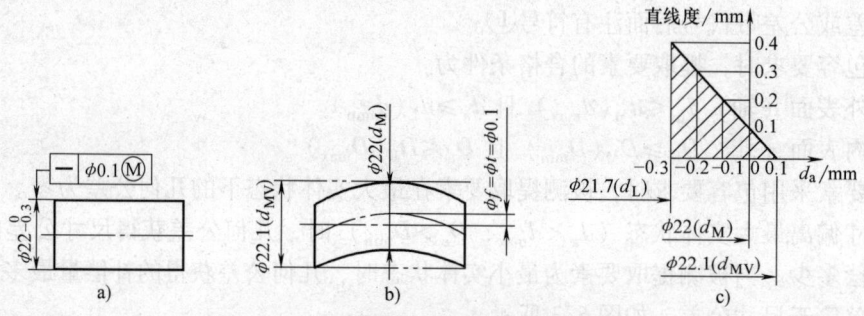

图6-4 最大实体要求应用于被测提取要素
a)图样标注 b)轴处于最大实体状态 c)动态公差图

图6-4a 表示单一要素轴 $\phi 22_{-0.3}^{0}$ mm 的中心线直线度公差与尺寸公差的关系采用最大实体要求。当该轴处于最大实体状态($d_M = \phi 22$mm)时,其中心线直线度公差值 $t = \phi 0.1$mm,如图6-4b所示;在 $d_a < d_M(\phi 22$mm$)$ 且 $d_a \geq d_L(\phi 21.7$mm$)$ 时,中心线直线度公差获得补偿,补偿量为最大实体尺寸与实际尺寸之差。当该轴处于最小实体状态($d_L = \phi 21.7$mm)时,直线度获得补偿最多,最大补偿值为尺寸公差值 $T_s = \phi 0.3$mm,其中心线直线度最大公差值为给定直线度公差 t 与尺寸公差值 T_s 之和,即 $t_{max} = \phi(0.1 + 0.3)$mm $= \phi 0.4$mm。图6-4c为其动态公差图。

6.4.3 最大实体要求的零几何公差

关联要素遵守最大实体边界时,可以应用最大实体要求的零几何公差。关联要素采用最大实体要求的零几何公差标注时,要求其实际轮廓处处不得超越最大实体边界,且该边界应与基准保持图样上给定的几何关系,要素实际轮廓的提取组成要素的局部尺寸不得超越最小实体尺寸。零几何公差必须在位置公差框格内标注符号 0M 或 ϕ0M,如图6-5所示。

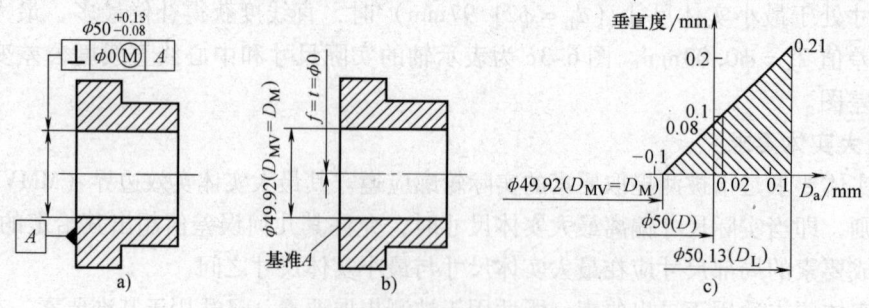

图6-5 最大实体要求零几何公差标注
a)图样标注 b)孔处于最大实体状态 c)动态公差图

6.4.4 最小实体要求

最小实体要求是指被测提取要素的实际轮廓应遵守其最小实体实效边界（LMVB）的一种公差原则，即当实际尺寸偏离最小实体尺寸时，允许其几何公差值超出在最小实体状态下给定的公差值。

最小实体要求适用于中心要素。既适用于被测提取要素，又适用于基准要素。

在被测提取要素几何公差框格中的公差值后面标注符号Ⓛ，如图6-6a所示。

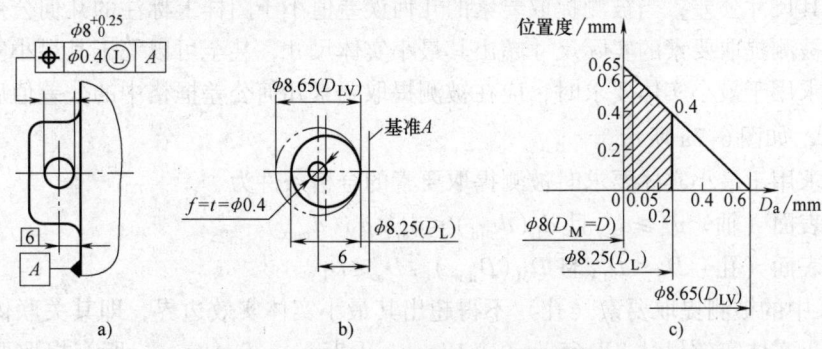

图6-6 最小实体要求应用于被测提取要素
a) 图样标注 b) 孔处于最小实体状态 c) 动态公差图

采用最小实体要求时，被测提取要素的合格条件为

对于外表面（轴） $d_{fi} \geqslant d_{LV}$ 且 $d_L(d_{min}) \leqslant d_a \leqslant d_M(d_{max})$

对于内表面（孔） $D_{fi} \leqslant D_{LV}$ 且 $D_M(D_{min}) \leqslant D_a \leqslant D_L(D_{max})$

最小实体要求应用于被测提取要素时，图样上标注的几何公差值是被测提取要素处于最小实体状态时给定的公差值。当被测提取要素的实际尺寸偏离其最小实体尺寸（$d_a > d_{min}$，$D_a < D_{max}$）时，允许几何误差值大于图样上标注的几何公差值，即允许几何误差值获得尺寸公差的补偿，偏离多少补偿多少。当被测提取要素为最大实体状态时，几何公差获得的补偿量最多，即几何公差最大补偿值等于尺寸公差。

图6-6a所示零件孔实际尺寸在8～8.25mm范围内。

1）当孔径为 $\phi 8.25mm(D_L)$，允许的位置度误差为 $\phi 0.4mm$，最小实体实效尺寸是 $D_{LV} = D_L + t = \phi 8.25mm + \phi 0.4mm = \phi 8.65mm$ 的理想圆。

2）当实际孔径偏离 D_L 时，孔的实际轮廓与控制边界之间会产生一间隙量，从而允许位置度误差增大。当实际孔径为 $\phi 8mm$，等于图样中给出的位置度公差（$\phi 0.4$）与孔尺寸公差（0.25）之和 $\phi 0.65mm$。

6.4.5 可逆要求

在不影响零件功能要求的前提下，当被测中心线或中心面的几何误差值小于给出的几何公差值时，允许相应的尺寸公差增大。它通常与最大实体要求或最小实体要求一起应用。

可逆要求的标注方法是在图样上将表示可逆要求的符号Ⓡ置于被测提取要素的几何公差值后的符号Ⓜ或Ⓛ的后面。此时被测提取要素应遵守最大实体实效边界（MMVB）或最小实体实效边界（LMVB）。

框格内加注ⓂⓇ表示：被测提取要素的实际尺寸可在LMS和MMVS之间变动。

框格内加注ⓁⓇ表示：被测提取要素的实际尺寸可在MMS和LMVS之间变动。

当可逆要求用于最大实体要求或最小实体要求时并不改变它们原有的含义（MMVC 或 LMVC 的极限边界），但在几何误差值小于图样给出的几何公差值时允许尺寸公差增大，这样可为根据零件功能分配尺寸公差和几何公差提供方便。

6.4.6 可逆要求用于最小实体要求

可逆要求用于最小实体要求，表示在被测提取要素的实际轮廓不超出其最小实体实效边界的条件下，允许被测提取要素的尺寸公差补偿其几何公差，同时也允许被测提取要素的几何公差补偿其尺寸公差；当被测提取要素的几何误差值小于图样上标注的几何公差值或等于零时，允许被测提取要素的实际尺寸超出其最小实体尺寸，甚至可以等于其最小实体实效尺寸。可逆要求用于最小实体要求时，应在被测提取要素几何公差框格中的公差值后面标注双重符号 ⓁⓇ，如图 6-7a 所示。

可逆要求用于最小实体要求时被测提取要素的合格条件为

对于外表面（轴）$d_{fi} \geqslant d_{LV}$ 且 $d_L(d_{min}) \leqslant d_a \leqslant d_M(d_{max})$

对于内表面（孔）$D_{fi} \leqslant D_{LV}$ 且 $D_M(D_{min}) \leqslant D_a \leqslant D_{LV}$

图 6-7a 中的被测提取要素（孔）不得超出其最小实体实效边界，即其关联体内作用尺寸不超出最小实体实效尺寸 $\phi 8.65 mm$（$= \phi 8mm + 0.25mm + 0.4mm$）。所有提取要素的局部尺寸应在 $\phi 8 \sim \phi 8.65mm$ 之间，其中心线的位置度误差可根据其提取要素的局部尺寸在 $0 \sim 0.65mm$ 之间变化。例如，如果所有提取要素的局部尺寸均为 $\phi 8.25mm$（D_L），则其中心线的位置度误差可为 $\phi 0.4mm$，如图 6-7b 所示；如果所有提取要素的局部尺寸均为 $\phi 8mm$（D_M），则中心线的位置度误差可为 $\phi 0.65mm$（见图 6-7c）。如果中心线的位置度误差为零，则提取要素的局部尺寸可为 $\phi 8.65mm$（D_{LV}）（见图 6-7d）。图 6-7e 给出了表达上述关系的动态公差图。

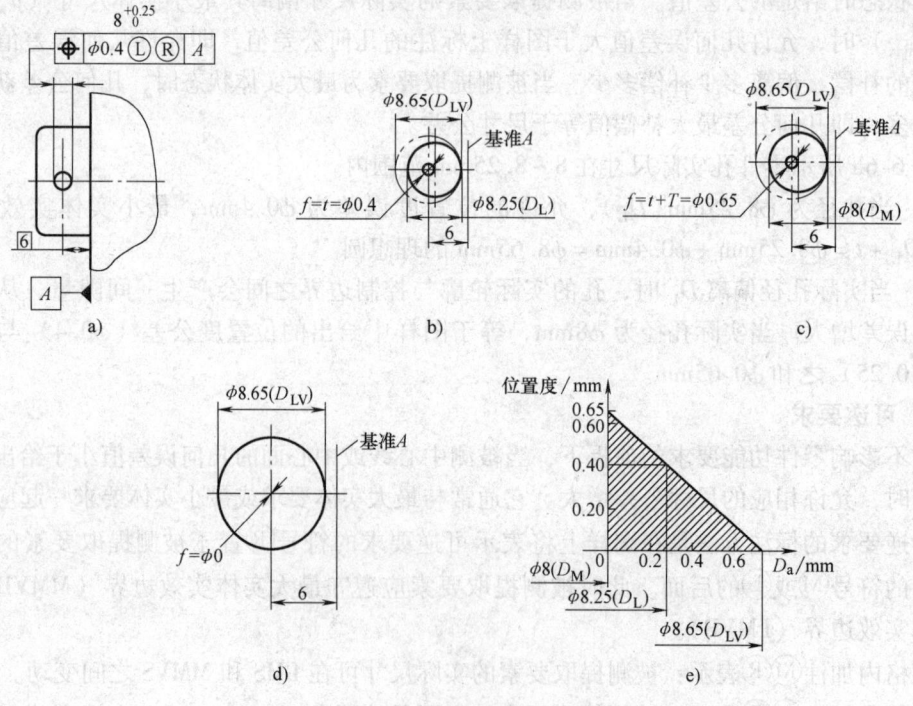

图 6-7 可逆要求应用于最小实体要求

思 考 题

1. 公差原则可分为哪两大类?
2. 最大实体尺寸与最大实体实效尺寸有什么区别?
3. 什么是独立原则?几何公差与尺寸公差有没有关系?
4. 加注符号Ⓜ、Ⓛ、Ⓡ、Ⓔ的含义是什么?

第 7 章 尺寸精度测量

在尺寸精度检测中，长度尺寸是最基本、最重要的检测参数，其中最多的是孔和轴的直径。孔和轴直径测量的准确与否直接影响到配合的性质、产品的性能和质量。

7.1 尺寸精度常用测量器具概述

对于轴类零件，由于其形状、大小、精度要求和使用场合不同，采用的检测仪器和方法也不同。对于大批量生产的车间，为提高检验效率，多采用光滑极限量规来检验；对于单件或小批量生产通常采用游标卡尺、指示千分尺等量具测量。当被测零件精度要求较高时，可选用机械式比较仪、测长仪、万能工具显微镜等测量，还可用三坐标测量机测量。

孔类零件的测量和轴类零件相似，但同公差等级的孔比轴测量要困难，特别是小孔、深孔和不通孔。在大批量生产的车间，多采用光滑极限量规来检验；对于单件或小批量生产，多采用游标卡尺、内径百分尺和内径指示表等量具测量。当被测零件精度要求较高时，可选用浮标式气动量仪、卧式光学计、万能工具显微镜、卧式测长仪、表面反射式测量仪和小孔径干涉测量仪等测量，也可用三坐标测量机测量。

7.2 游标类量具

游标类量具是利用游标读数原理制成的一种常用量具，主要用于机械加工中测量工件内外尺寸、宽度、厚度和孔距等。它具有结构简单、使用方便、测量范围大等特点。常用的游标量具有游标卡尺、游标齿厚尺、游标深度尺、游标高度尺和游标万能角度尺等。

游标量具在结构上的共同特征是都有尺身、游标尺以及测量基准面。尺身上有 mm 刻度，游标尺上的分度值有 0.1mm、0.05mm 和 0.02mm 三种。游标卡尺的尺身刻有刻度，其上有固定测量爪。有刻度的部分称为尺身，沿着尺身可移动的部分称为尺框。尺框上有活动测量爪，并装有游标和制动螺钉。为调节方便，有的游标卡尺上还装有微动装置。在尺身上的滑动尺框，可使两测量爪的距离改变，以完成不同尺寸的测量工作。游标卡尺通常用来测量内外径尺寸、孔距、壁厚、沟槽及深度等。

7.2.1 游标卡尺

1. 游标卡尺的结构形式

最常见的有三用游标卡尺、带表游标卡尺和三用数显式游标卡尺三种，如图 7-1 ~ 图 7-3 所示。

2. 游标卡尺的刻线原理

游标卡尺的读数部分由尺身和游标组成。其原理是利用尺身标尺间距与游标标尺间距之差来进行小数读数。通常尺身标尺间距 a 为 1mm，尺身 $(n-1)$ 格的长度等于游标 n 格的长度，则相应的游标标尺间距 $b = (n-1)a/n$，常用的有 $n=10$，$n=20$ 和 $n=50$ 三种，故 b

第 7 章 尺寸精度测量

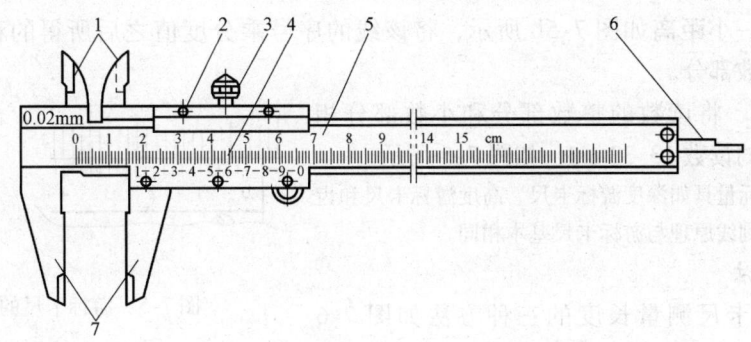

图 7-1 三用游标卡尺

1—刀口内测量爪 2—尺框 3—制动螺钉 4—游标 5—尺身 6—深度尺 7—外测量爪

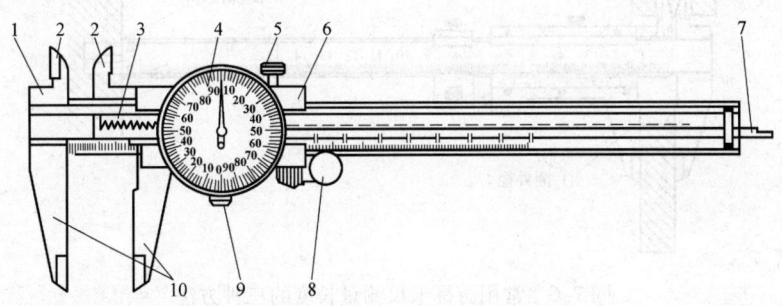

图 7-2 带表游标卡尺

1—尺身 2—刀口内测量爪 3—齿条 4—指示表 5—制动螺钉 6—尺框
7—深度尺 8—滚轮拉手 9—表盘锁紧螺钉 10—外测量爪

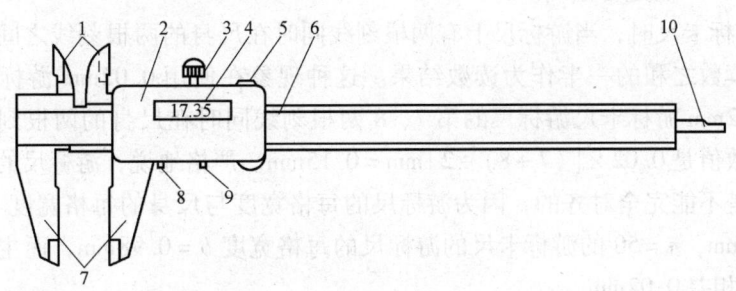

图 7-3 三用数显式游标卡尺

1—刀口内测量爪 2—尺框 3—制动螺钉 4—显示器 5—数据输出端口
6—尺身 7—外测量爪 8—分、英制转换按钮 9—置零按钮 10—深度尺

分别为 0.90mm、0.95mm 和 0.98mm。而尺身标尺间距与游标标尺间距之差即为游标卡尺的分度值 $i = a - b$，此时 i 分别为 0.10mm、0.05mm 和 0.02mm。图 7-4 中 $n = 50$、$b = 0.98$mm、$i = 0.02$mm。

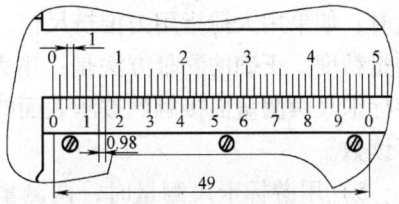

图 7-4 游标读数原理

3. 游标卡尺的读数方法

(1) 先读整数部分 游标零刻线是读数基准。游标零刻线所指示的尺身上左边刻线的数值为 13，即为读数的整数部分，如图 7-5a 所示。

(2) 再读小数部分 判断游标零刻线右边是哪一条刻线与尺身刻线重合，同时左右两侧线向其靠拢一小距离如图 7-5b 所示，将该线的序号乘分度值之后所得的积为 0.32mm，即为读数的小数部分。

（3）求和　将读数的整数部分和小数部分相加，即为所求的读数 13.32mm，如图 7-5 所示。

注：其他游标量具如深度游标卡尺、高度游标卡尺和齿厚游标卡尺，其刻线原理与游标卡尺基本相同。

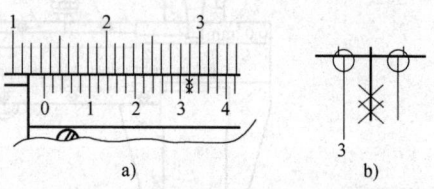

图 7-5　游标卡尺的读数

4. 测量方法

常用游标卡尺测量长度的三种方法如图 7-6 所示。

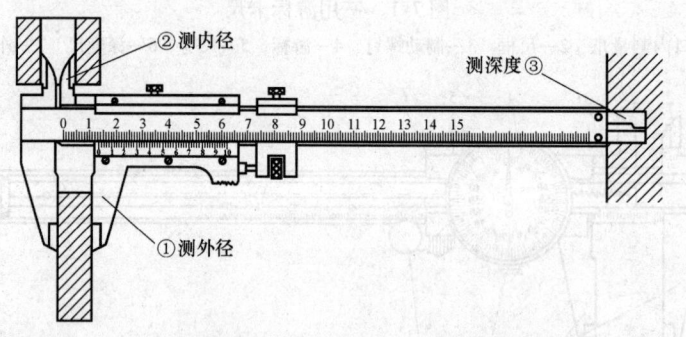

图 7-6　常用游标卡尺测量长度的三种方法

5. 游标卡尺的使用注意事项

1）在使用游标卡尺前，必须检查游标卡尺的外观和各部位的相互作用，经检查合格后，再校对其"0"位是否正确。

2）使用游标卡尺时，当游标尺上有两根刻线同时在尺身的两根刻线之间时，取游标尺两根对齐刻线读数之和的一半作为读数结果。这种现象在使用 0.02mm 游标卡尺中经常出现。例如，0.02mm 游标卡尺游标尺的第 7、8 两根刻线同时在尺身的两根刻线之间时，这时该卡尺的小数值是 $0.02 \times [(7+8) \div 2]$mm $= 0.15$mm。严格地说，游标尺的两根刻线与尺身的两根刻线是不能完全对齐的，因为游标尺的每格宽度与尺身的每格宽度不相等。例如，分度值为 0.02mm，$n = 50$ 的游标卡尺的游标尺的每格宽度 $b = 0.98$mm，而主尺的每格宽度 $a = 1$mm，两者相差 0.02mm。

3）为了减小读数误差，除了从设计上改进游标卡尺的结构外，读数时，眼睛还要垂直于刻线表面。

4）游标卡尺上的尺框与尺身在窄面之间有较大的间隙，该间隙是靠弹簧片消除的。测量时，如果用大拇指用力推挤尺框，弹簧片就会产生变形，使尺框产生微量倾斜，从而影响测量精度。正确的测量方法是：用大拇指轻轻推动（测量内孔及沟槽时要拉动）尺框，在游标卡尺两测量面接触到被测表面的同时轻轻活动游标卡尺，使测量面逐渐归于正确位置即可读数。

5）用游标卡尺测量时，两测量爪对应点的连线应与被测尺寸方向平行，否则测量误差大。测量圆柱面时，两测量爪对应点的连线应通过工件直径，只有这样，才能测得真实的尺寸。有时，受测量爪长度的限制，测不到被测外圆的直径尺寸，只有将卡尺置于外圆的一端面，才能测得直径尺寸，如图 7-7a 所示。如果在其他地方测量，测得的只是该处横截面的一条弦长,如图 7-7b 所示。因此,要测量该处直径,必须换大卡尺或其他量具进行测量。

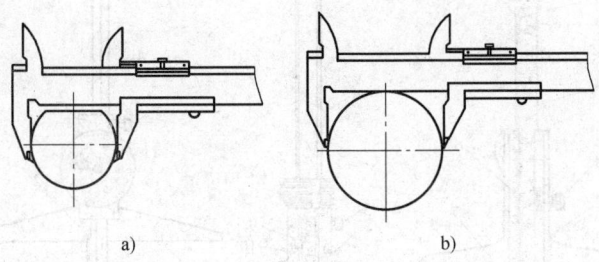

图 7-7 用游标卡尺测量大外圆
a) 正确 b) 错误

6) 避免出现下列错误。

① 测量时,游标卡尺要端平,否则将会产生测量误差,如图 7-8 所示。

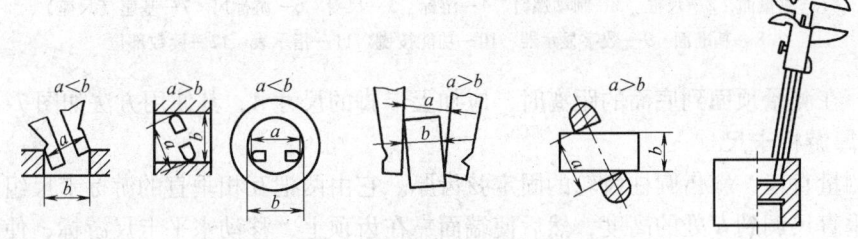

图 7-8 游标卡尺未端平

② 游标卡尺不能当工具用,如图 7-9 所示。

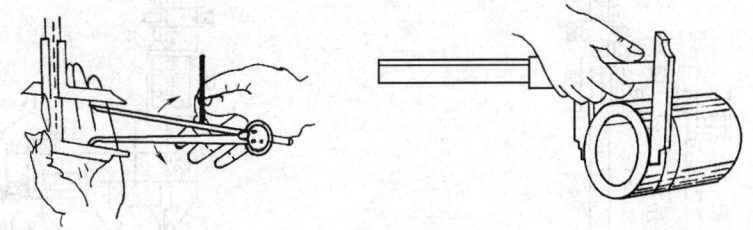

图 7-9 错误地使用游标卡尺

7.2.2 深度游标卡尺

深度游标卡尺用于测量孔、槽的深度,台阶的高度。使用时,将尺架贴紧工件的平面,再把尺身插到底部,即可从游标上读出测量尺寸,使用方法如图 7-10 所示。

深度游标卡尺的结构有普通游标式、电子数显式和带表式三种,如图 7-11 所示。

7.2.3 高度游标卡尺

用于测量工件的高度和进行划线,更换不同的卡脚,可适应不同的测量需要。使用时,

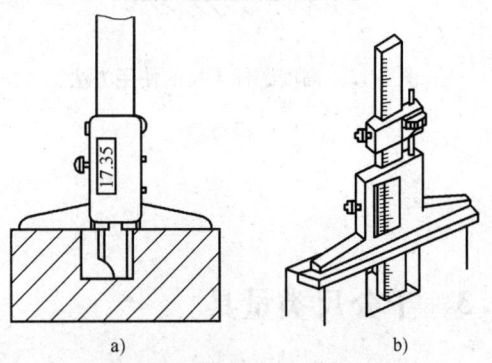

图 7-10 深度游标卡尺的使用方法

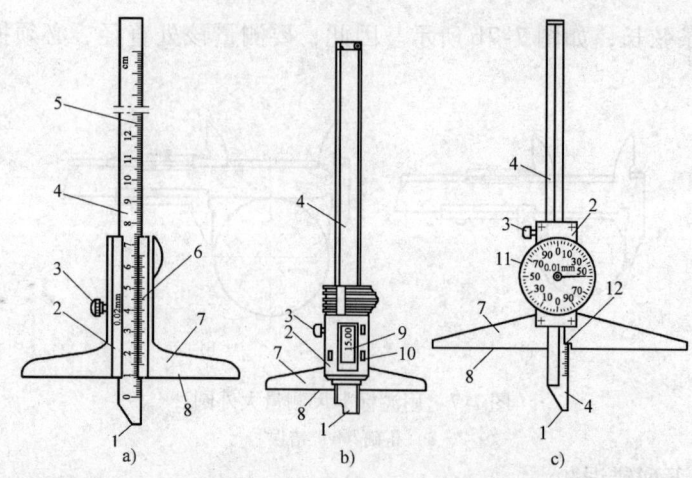

图 7-11 深度游标卡尺的结构
a）普通游标式 b）电子数显式 c）带表式
1—测量面 2—尺框 3—制动螺钉 4—游标 5—尺身 6—游标尺 7—基座（尺座）
8—基准面 9—数字显示器 10—功能按键 11—指示表 12—读数部位

必须注意：在测量顶面到底面的距离时，应加上卡脚的尺寸 A，其使用方法如图 7-12 所示。

7.2.4 齿厚游标卡尺

用于测量直齿、斜齿圆柱齿轮的固定弦齿厚。它由两把互相垂直的游标卡尺组成。使用时，先把垂直尺调到 h 处的高度，然后使端面靠在齿顶上，移动水平卡尺游标，使卡脚轻轻与齿侧表面接触。这时水平尺上的读数就是固定齿厚 S，如图 7-13 所示。

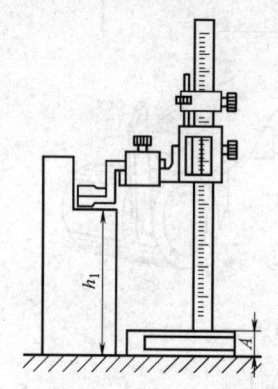

图 7-12 高度游标卡尺的使用方法

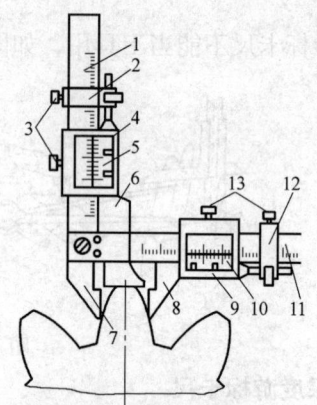

图 7-13 齿厚游标卡尺
1—齿高尺身 2，12—微动装置 3，13—制动螺钉
4，9—尺框 5，10—游标 6—齿高测量爪
7—齿厚固定测量爪 8—齿厚活动测量爪
11—齿厚尺身

7.3 千分尺类量具

千分尺类量具又称为测微螺旋量具，它是利用螺旋副的运动原理来进行测量和读数的一

种装置,它比游标类量具测量精度高,使用方便,主要用于测量中等精度的零件。

千分尺类量具主要有外径千分尺、内径千分尺、三爪内径千分尺、杠杆千分尺、深度千分尺和测孔千分尺等,如图 7-14 所示。

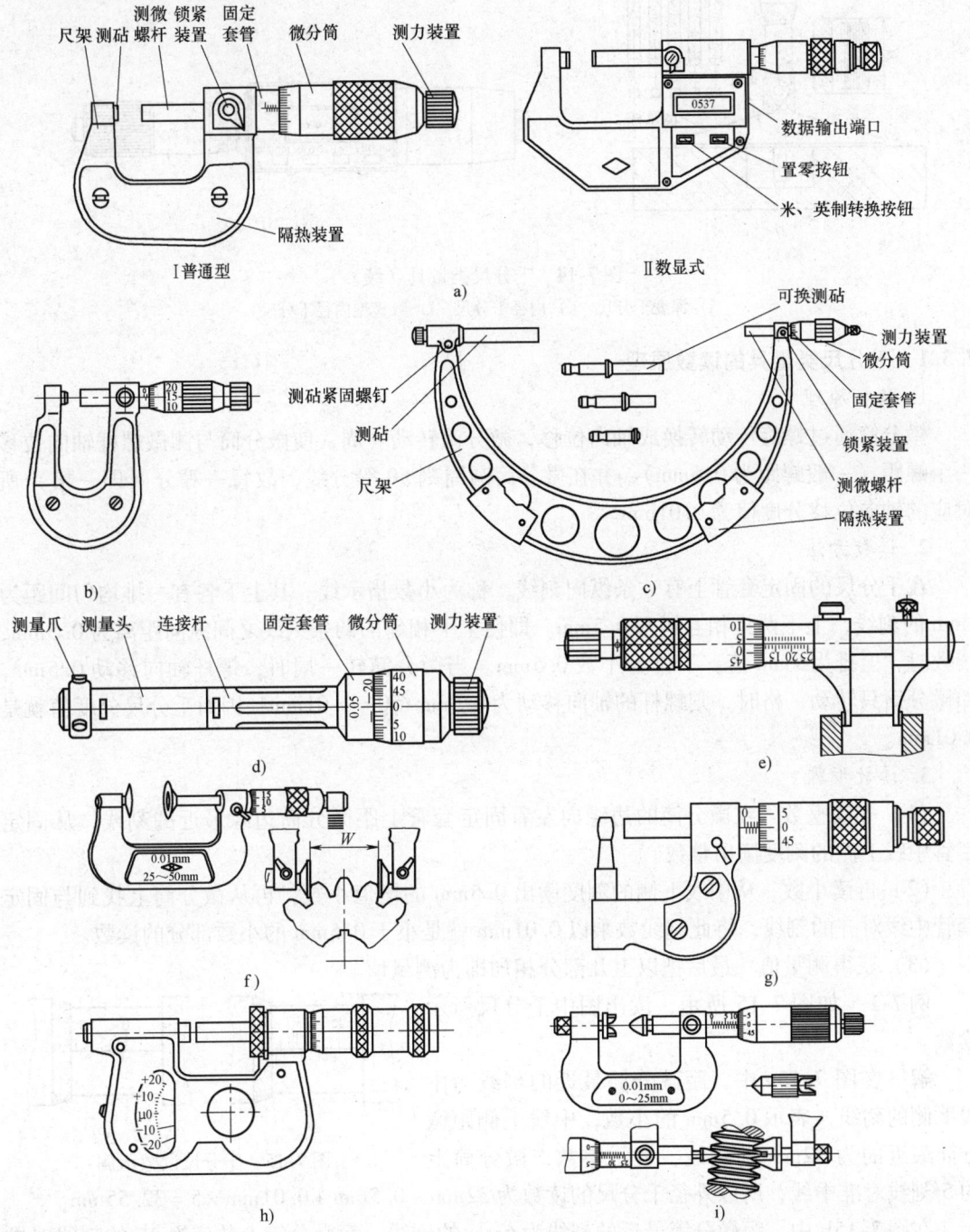

图 7-14 千分尺类量具

a) 测砧为固定式的千分尺 b) 壁厚千分尺 I 型 c) 测砧为可调式或可换式的千分尺 d) 三爪内径千分尺
e) 测孔千分尺 f) 公法线千分尺的外形结构及其应用 g) 壁厚千分尺 II 型 h) 杠杆千分尺
i) 螺纹千分尺的外形结构及其应用

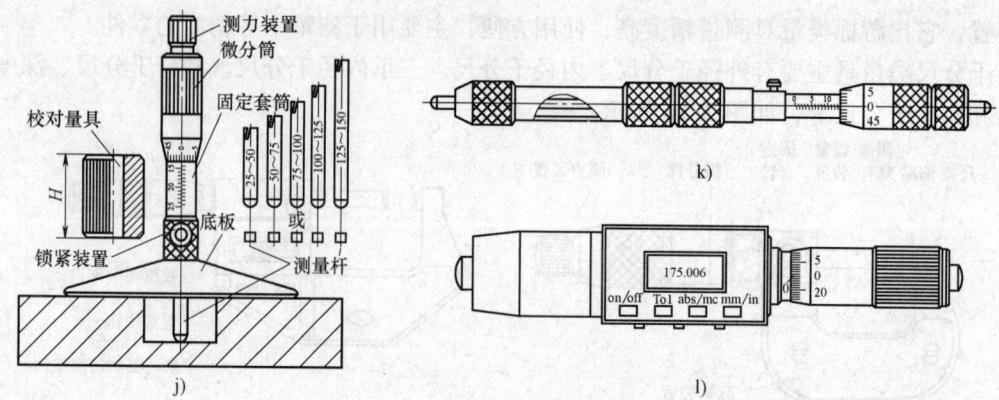

图 7-14 千分尺类量具（续）
j）深度千分尺　k）内径千分尺　l）数显型内径千分尺

7.3.1 千分尺类量具的读数原理

1. 读数原理

微分筒通过螺旋传动转换成轴向位移，微分筒转动一周，使微分筒与测微螺杆轴向位移一个螺距（一般螺距为 0.5mm），并在微分筒圆周刻 50 等分线，故每一等分（即一格）所对应的轴向位移分度值为 0.01mm。

2. 读数方法

在千分尺的固定套管上有一条纵向刻线，称为小数指示线。其上下各有一排均匀间距为 1mm 的刻线，上下两排相互错开 0.5mm。即使上下相邻的两条刻线之间纵向距离为 0.5mm，读数时，上排为 1mm 值，下排为小数 0.5mm。当微分筒转一周时，螺杆轴向移动 0.5mm。如微分筒只转动一格时，则螺杆的轴向移动为 0.5mm/50 = 0.01mm，因而千分尺分度值就是 0.01mm。

3. 读数步骤

（1）先读整数　在微分筒的边缘向左看固定套管上距微分筒边缘最近的刻线，从固定套管中线上侧的刻度读出整数。

（2）再读小数　从中线下侧的刻度读出 0.5mm 的增值小数，再从微分筒上找到与固定套管中线对齐的刻线，将此刻线数乘以 0.01mm 就是小于 0.5mm 的小数部分的读数。

（3）获得测量值　最后把以上几部分相加即为测量值。

例 7-1　如图 7-15 所示，读出图中千分尺所示读数。

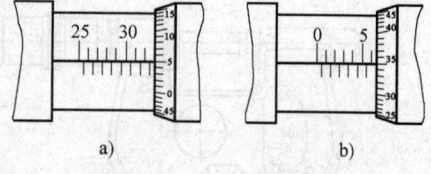

图 7-15　千分尺读数示例

解　在图 7-15a 中，距微分筒最近的刻线为中线下侧的刻线，表示 0.5mm 的小数，中线上侧距微分筒最近的为 32mm 的刻线，表示整数，微分筒上的 5 刻线对准中线，所以外径千分尺的读数为 32mm + 0.5mm + 0.01mm × 5 = 32.55mm。

在图 7-15b 中，距微分筒最近的刻线为 6mm 的刻线，而微分筒上数值为 35 的刻线对准中线，所以外径千分尺的读数为 6mm + 0.01mm × 35 = 6.35mm。

4. 千分尺的测量范围和精度

外径千分尺使用方便，读数准确，其测量精度比游标卡尺高，在生产中使用广泛；但千分尺的螺纹传动间隙和传动副的磨损会影响测量精度,因此主要用于测量中等精度的零件。因常用千分尺的测量示值范围为 25mm,所以每把尺以 25mm 分挡,常用千分尺的测量范围有 0~25mm、25~50mm 和 50~75mm 等多种,最大可达 3000mm。

千分尺的制造精度主要由它的示值误差(主要取决于螺纹精度和刻线精度)和测量面的平行度误差决定。按制造精度的不同,千分尺分 0 级和 1 级两种,0 级精度较高。

7.3.2 外径千分尺的操作方法

1. 普通外径千分尺的操作步骤

1)擦净被测工件表面。
2)调整量具零位。
3)选择被测工件装测量基准面。
4)测量并记录数据。
5)测量结束,将量具复位(若不复位,则数据重测)。
6)根据仪器的示值误差,修正测量结果。如果不用数显量具来测量,则还应注意量具的读数视差。

2. 常用操作方法(见图 7-16)

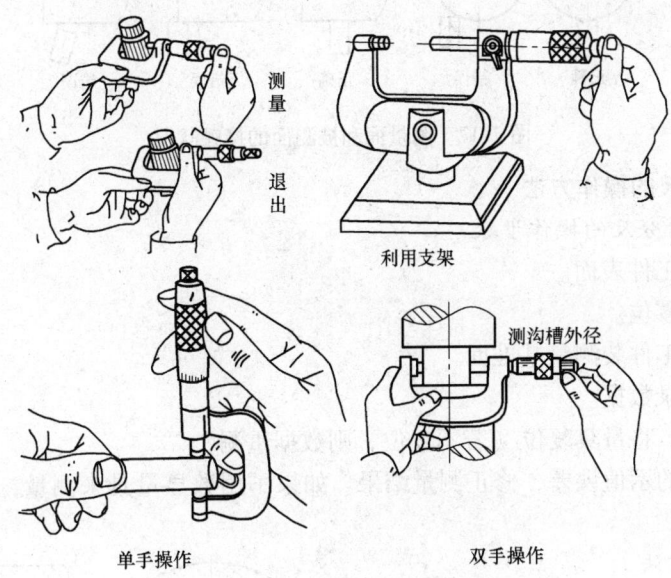

图 7-16 外径千分尺常用操作方法

3. 外径千分尺操作注意事项

1)必须使用棘轮。任何测量都必须在一定的测量力下进行,棘轮是外径千分尺的测力装置,其作用是在外径千分尺的测量面与被测面接触后控制恒定的测量力,以减小由测量力变动引起的测量误差。在测量中必须使用棘轮,在它起作用后才能进行读数。因此,在测量中,当外径千分尺的两个测量面快要与被测面接触时,就轻轻地旋转棘轮,待棘轮发出"咔咔"的爬动声,说明测量面与被测面接触后产生的力已经达到测量力的要求,这时即可进行读数。

2)注意微分筒的使用。在比较大的范围内调节外径千分尺时,应该转动微分筒而不应该旋转棘轮,这样不仅能提高测量速度,而且能避免棘轮产生不必要的磨损。只有当测量面与被测面快要接触时才旋转棘轮进行测量。退尺时，应该旋转微分筒，而不应旋转棘轮或后盖，以防后盖松动而影响"0"位。旋转微分筒或棘轮时，不得快速旋转，以防测量面与被测面发生猛烈撞击，把测微螺杆撞坏。

3）注意操作外径千分尺的方法。使用大型外径千分尺时，要由两个人同时操作。测量小型工件时，可以用两只手同时操作外径千分尺，其中一只手握住尺架的隔热装置，另一只手操作微分筒或棘轮。也可以用左手拿工件，右手的无名指和小指夹住尺架，食指和拇指旋动棘轮。也可以用右手的小指和无名指把外径千分尺的尺架压在掌心内，食指和拇指旋转微分筒（不用棘轮）进行测量。这种方法由于不用棘轮，测量力大小是凭食指和拇指的感觉来控制的，所以不容易正确操作。

4）注意测量面和被测面的接触状况，如图 7-17 所示。当两测量面与被测面接触后，要轻轻地晃动外径千分尺或晃动被测工件，使测量面和被测面紧密接触。测量时，不得只用测量面的边缘。

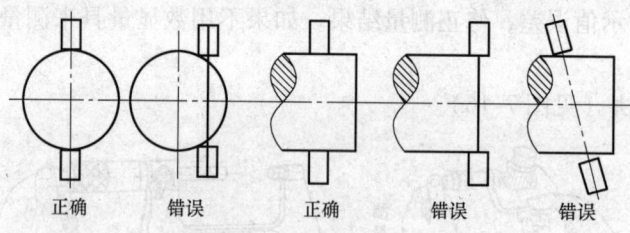

图 7-17 测量面和被测面的接触状况

7.3.3 内径千分尺的操作方法

1. 普通内径千分尺的操作步骤

1）擦净被测工件表面。
2）调整量具零位。
3）选择被测工件装测量基准面。
4）测量并记录数据。
5）测量结束，将量具复位（若不复位，则数据重测）。
6）根据仪器的示值误差，修正测量结果。如果不用数显量具来测量，则还应注意量具的读数视差。

2. 常用操作方法

常用操作方法是在圆周上找到最大点，上下找到最小点，如图 7-18 所示。

3. 内径千分尺操作注意事项

1）选取接长杆时，应尽可能选取数量最少的接长杆来组成所需的尺寸，以减少累积误差。

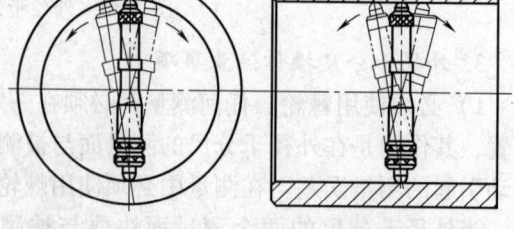

图 7-18 用内径千分尺测量圆孔的内直径

2）连接接长杆时，应按尺寸大小排列。尺寸最大的接长杆应与微分头连接，依次减小，这样可以减少弯曲，从而减少测量误差。

3）测量两平行面之间的距离时，应沿各方向摆动内径千分尺，并取最小值作为测量结果。

4）测量时间不要过长，否则升温会影响测量值。

7.3.4 深度千分尺

深度千分尺又称为测深千分尺。深度千分尺如图7-14j所示，其主要结构、读数原理和读数方法与外径千分尺基本相同，只是用底板代替了尺架和固定测砧。深度千分尺主要用来测量通孔、不通孔、阶梯孔和沟槽的深度，也可以测量台阶高度和平面的距离等。在测微螺杆的下面连接着可换测量杆，以增加量程。测量杆有四种尺寸规格，加测量杆后的测量范围分别为0～25mm、25～50mm、50～75mm和75～10mm。深度千分尺测量工件的最高公差等级为IT10。

用深度千分尺测量孔深时，应把底板的测量面紧贴在被测孔的端面上。零件的这一端面应与孔的中心线垂直，且应当光洁平整，使深度千分尺的测量杆与被测孔的中心线平行，保证测量精度。此时，测量杆端面到底板端面的距离，就是孔的深度。

深度千分尺测量时注意事项：

1）测量前，应将底板的测量面和工件被测面擦干净，并去除飞边，被测表面应具有较小的表面粗糙度值。

2）应经常校对零位是否正确。

3）在每次更换测量杆后，必须用调整量具校正其示值，如无调整量具，可用量块校正。

4）测量时，应使测量底板与被测工件表面保持紧密接触。测量杆中心轴线与被测工件的测量面保持垂直。

5）用完之后，放在专用盒内保存。

7.3.5 杠杆千分尺

1. 杠杆千分尺的结构

杠杆千分尺是一种带有精密杠杆齿轮传动机构的指示式测微量具（见图7-14h）。它的用途与外径千分尺相同，只是尺架的刚性比外径千分尺好，可以较好地保证测量精度和测量的稳定性。其测砧可以微动调节，并与一套杠杆测微机构相连。被测尺寸的微小变化，可引起测砧的微小位移，此微小位移带动与之相连的杠杆偏转，从而在刻度盘中将微小位移显示出来。一般用于测量工件的外径尺寸和几何误差，但比外径千分尺测量精度高。

2. 杠杆千分尺的特点

杠杆千分尺的量程有0～25mm、25～50mm、50～75mm和75～100mm四种。其螺旋读数装置的分度值是0.01mm，而杠杆齿轮机构的表盘分度值有0.001mm和0.002mm两种，指示表的示值范围为±0.02mm。若使用标准量块辅助作相对测量，还可进一步提高其测量的精度。分度值为0.001mm的杠杆千分尺，可测量的尺寸公差等级为IT6；分度值为0.002mm的杠杆千分尺可测公差等级为IT7。

3. 杠杆千分尺使用时的注意事项

1）使用前应校对杠杆千分尺的零位。首先校对微分筒零位和杠杆指示表零位。0～25mm杠杆千分尺可使两测量面接触，直接进行校对；25mm以上的杠杆千分尺用0级调整量棒或用1级量块来校对零位。对于刻度盘为可调整式杠杆千分尺，调整零位时，先使微分筒对准零位，此时若杠杆指示表上的指针不对准零位，只需转动刻度盘到对准零刻度线即可。刻度盘固定式杠杆千分尺零位的调整，须先调整指示表指针零位，此时若微分筒上零位不准，应按通常千分尺调整零位的方法进行调整，即将微分筒后盖打开，紧固止动器，松开微分筒后，将微分筒对准零刻线，再紧固后盖，直至零位稳定。在上述零位调整时，均应多次拨动拨叉，示值必须稳定。

2）直接测量时，将工件正确置于两测量面之间，调节微分筒使指针有适当示值，并应拨动拨叉几次，示值必须稳定。此时，微分筒的读数加上表盘上的读数，即为工件的实测尺寸。

3）相对测量时可用量块做标准，调整杠杆千分尺，使指针位于零位，再紧固微分筒，再把被测件放在两测量面之间，按拨叉一两次并在指示表上读数，比较测量可提高测量精度。

4）成批测量时，应采用比较测量，应按工件被测尺寸，用量块组调整杠杆千分尺示值，然后根据工件公差，转动公差带指标调节螺钉，调节公差带。测量时只需观察指针是否在公差带范围内，即可确定工件是否合格，这种测量方法不但精度高且检验效率也高。

5）使用后，放在专用盒内保存。

7.4 指示表类量具

指示表类量具是带指示表的机械量仪的简称。

从测量数值的显示方式来分，有指针式和数字式两大类，由于传统的指针式显示测量数据的指示表和指针式钟表很相似，所以又被称为钟表式量具。

根据用途和机构的不同，指示表类量具一般分为百分表、千分表、杠杆百分表、杠杆千分表、内径百分表、内径千分表、杠杆比较仪及测微计等。它们在使用和维护保养方面有许多共同之处。

虽然指示表类量具的结构多种多样，但其工作原理基本相同，都是利用齿轮、齿条、杠杆或弹簧等装置的传动，把测量杆的微小直线移动转变成指针的摆动或数字显示器的模拟输入量，从而使用指针在表盘上指示出相应的数值或通过模数转换，在显示器上显示出相应的数据，如图7-19所示。

7.4.1 百分表

百分表是一种机械量仪，其外形如图7-19a所示。百分表不单独使用，通过表架将其夹持后使用。百分表还可以作为检具、专用量仪和某些机械设备的定位读数装置。百分表主要

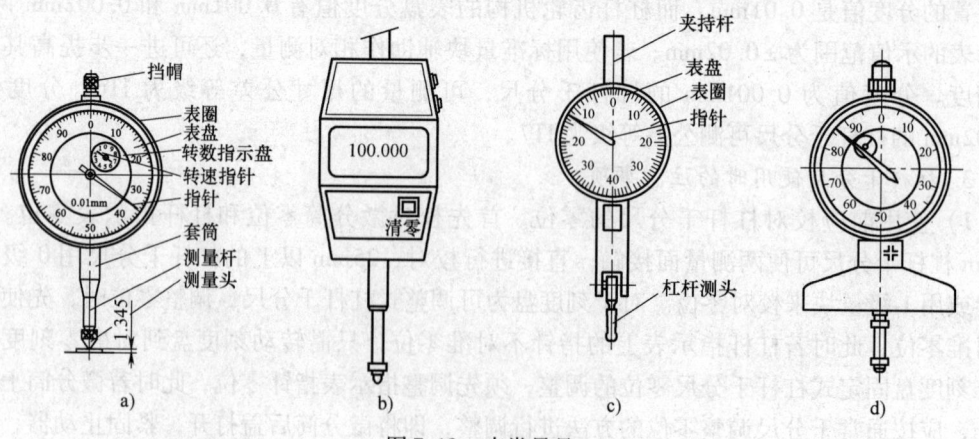

图7-19 表类量具

a）机械式百分表 b）数显式百分表 c）杠杆百分表 d）深度百分表

第7章 尺寸精度测量

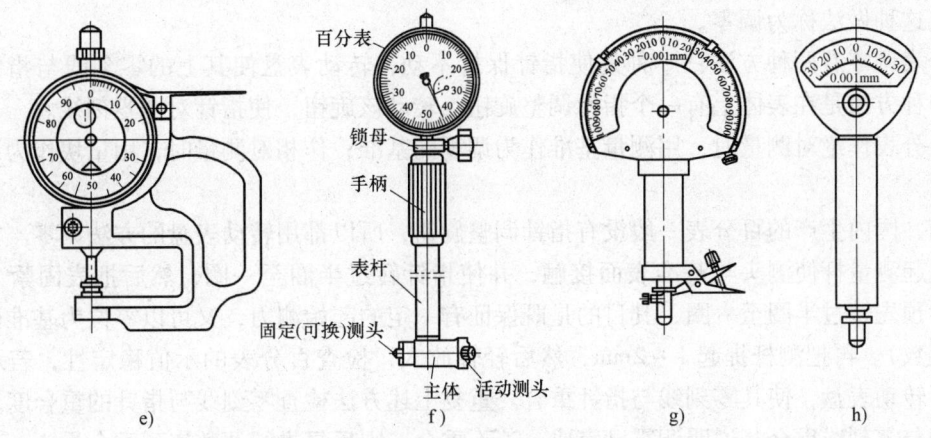

图 7-19 表类量具（续）
e）测厚百分表　f）内径百分表　g）杠杆齿轮比较仪　h）扭簧比较仪

用于相对测量，可将它安装在其他仪器中做测微表头使用。有体积小、重量轻、结构简单、造价低、不需附加电源、光源和气源等特点，也比较坚固耐用。因此，应用十分广泛。

百分表的分度值为 0.01mm。测量范围有 0～3mm、0～5mm 和 0～10mm 三种。按精度（误差）的不同划分成 0 级、1 级和 2 级，其中 0 级的精度最高。

1. 百分表的使用方法

测量时应把百分表装夹在表架或其他牢靠的支架上，否则会影响测量精度或把表摔坏。常用表架如图 7-20 所示，可根据具体情况选用。

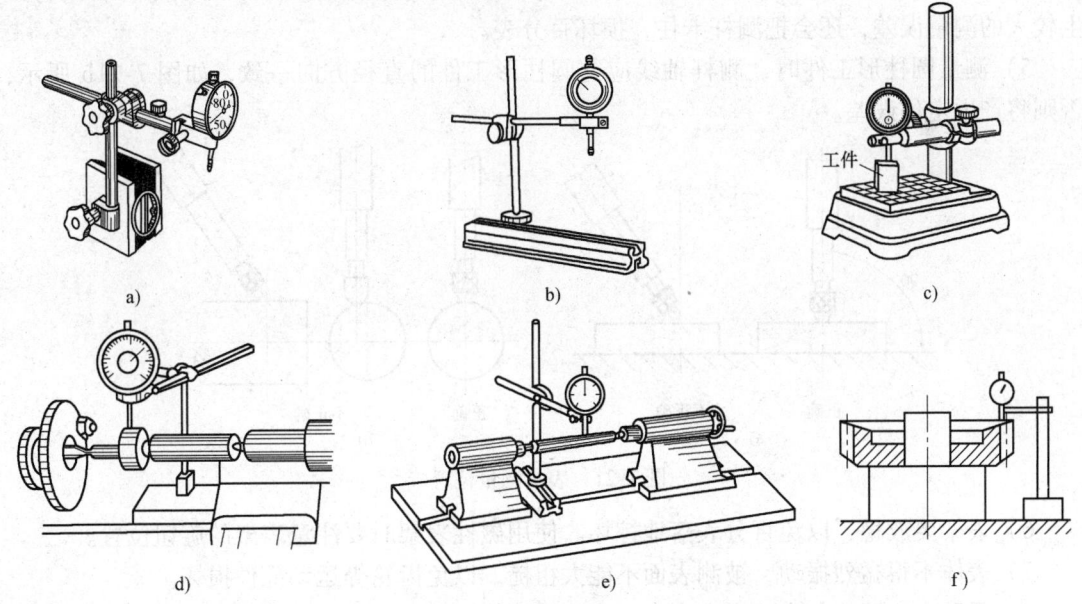

图 7-20 百分表的使用方法
a）在磁性表架上装夹　b）在万能表架上装夹　c）在百分表架上装夹
d）装夹在车床上检测　e）在专用检验工具上应用百分表　f）零件的测量

2. 百分表的调零

百分表不需要校对零位，但在测量中为了读数方便，一般都是把指针调到与零刻线重合的位置，这种做法称为调零。

百分表调零有两种方法：一种是使指针保持不动，转动表盘使其上的零刻线与指针重合；另一种方法是在表体上有一个指针调整旋钮，转动该旋钮，使指针对准零刻线。

用百分表作绝对测量时，用测量基准作为调零的基准；作相对测量时，用量块作为调零的基准。

目前，国内生产的百分表一般没有指针调整旋钮，所以都用转动表盘的方法调零。方法是：先提起测量杆使测头与基准表面接触，并使指针转过半圈至一圈，然后把表固紧（使表的指针预先转过半圈至一圈，其目的是既保证有一定的起始测力，又可以零位为基准读取正、负读数）。再把测杆提起 1 ~ 2mm，然后轻轻放入，检查百分表的示值稳定性，若示值稳定就可转动表盘，使其零刻线与指针重合。重复上述方法检查零刻线与指针的重合度。如果指针仍与零刻线重合，说明调零已完成。若不重合，则反复进行调整直到重合为止。

在测量中也可以不调零，而是把测头与基准面接触，使指针预先转过半圈至一圈，指针停的位置就作为测量的起始位置。这种方法省时，也准确，但需记住该位置的数值。

3. 使用百分表的注意事项

1）测头移动要轻缓，距离不要太大，测量杆与被测表面的相对位置要正确，提压测量杆的次数不要过多，距离不要过大，以免损坏机件及加剧零件磨损。

2）测量时不能超量程使用，以免损坏百分表内部零件。

3）应避免剧烈振动和碰撞，不要使测量头突然撞击在被测表面上，以防测量杆弯曲变形，更不能敲打表的任何部位。

4）测量平面时，百分表的测杆与被测工件表面必须垂直，如图 7-21a 所示，否则将产生较大的测量误差，还会把测杆卡住，损坏百分表。

5）测量圆柱形工件时，测杆轴线应与圆柱形工件的直径方向一致，如图 7-21b 所示，否则将产生定位误差。

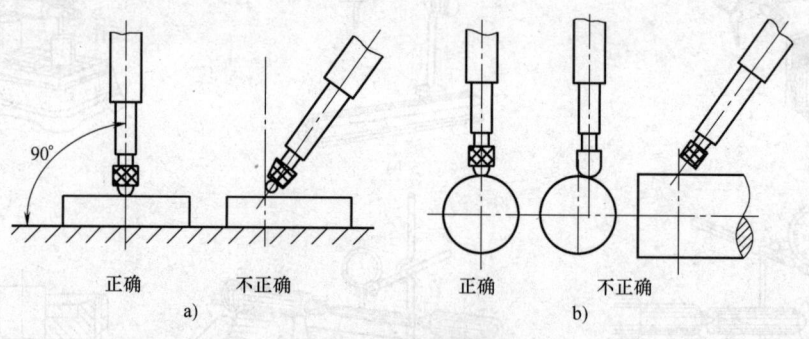

图 7-21　表头测量位置

6）表架要放稳，以免百分表落地摔坏。使用磁性表架时要注意表架的旋钮位置。

7）表体不得猛烈振动，被测表面不能太粗糙，以免齿轮等运动部件损坏。

8）严防水、油、灰尘等进入表内，不要随便拆卸表的后盖。百分表使用完毕，要擦净放回盒内，使测量杆处于自由状态。

7.4.2　内径百分表

内径百分表由百分表和专用表架组成，用于测量孔的直径和孔的形状误差，特别适合于深孔的测量。

内径百分表的构造如图 7-22 所示,百分表的测量杆与传动杆始终接触,弹簧是控制测量力的,并经过传动杆、杠杆向外顶住活动测头。测量时,活动测头的移动使杠杆回转,通过传动杆推动百分表的测量杆,使百分表指针回转。由于杠杆是等臂的,百分表测量杆、传动杆及活动测头三者的移动量是相同的,所以,活动测头的移动量可以在百分表上读出来。

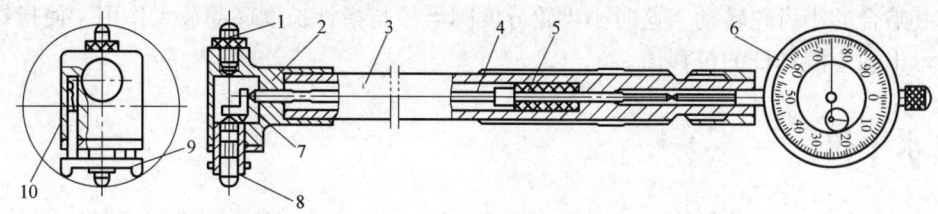

图 7-22　内径百分表

1—可换测量头　2—测量套　3—测杆　4—传动杆　5,10—弹簧
6—指示表　7—杠杆　8—活动测量头　9—定位装置

使用时的注意事项包括以下几个方面:

1) 测量前必须根据被测工件尺寸,选用相应尺寸的测头,安装在内径百分表上。

2) 使用前应调整百分表的零位。根据工件被测尺寸,选择相应精度标准环规或用量块及量块附件的组合体来调整内径百分表的零位。调整时表针应压缩 1mm 左右,表针指向正上方为宜。

3) 在调整及测量过程中,内径百分表的测头应与环规及被测孔径轴线垂直,即在径向找最大值,在轴向找最小值。

4) 测量槽宽时,在径向及轴向均找其最小值。

5) 具有定心器的内径百分表,在测量内孔时,只要将其按孔的轴线方向来回摆动,其最小值,即为孔的直径,如图 7-23 所示。

7.4.3　杠杆百分表

杠杆百分表又称靠表,是利用杠杆-齿轮传动机构或杠杆-螺旋传动机构,将尺寸变化变为指针角位移,并指示出长度尺寸数值的计量器具。杠杆百分表表盘圆周上有均匀的刻度,分度值为 0.01mm,示值范围一般为 ±0.4mm。杠杆百分表用于测量几何误差,也可用比较测量的方法测量实际尺寸,还可以测量小孔、凹槽、孔距、坐标尺寸等。

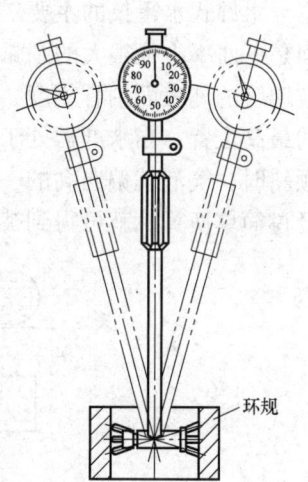

图 7-23　内径百分表调零位

杠杆百分表的外形如图 7-19c 所示,由杠杆和齿轮传动机构组成。杠杆测头位移时,带动扇形齿轮绕其轴摆动,使与其啮合的齿轮转动,从而带动与齿轮同轴的指针偏转。当杠杆测头的位移为 0.01mm 时,杠杆齿轮传动机构使指针正好偏转一格。

杠杆百分表体积较小,杠杆测头的位移方向可以改变,因而在校正工件和测量工件时都很方便。尤其是对小孔的测量和在机床上校正零件时,由于空间限制,使用杠杆百分表则十分方便。

7.4.4　杠杆齿轮比较仪

杠杆齿轮比较仪的分度值为 0.005mm、0.001mm 和 0.002mm。示值范围为 ±0.05mm 和

±0.1mm。用于测量工件的尺寸及几何误差，也可作为测量装置的读数元件。它是将测量杆的直线位移，通过杠杆齿轮传动系统变为指针在表盘上的角位移。表盘上有不满一周的均匀刻度。图7-19g为杠杆齿轮比较仪的外形图。

当测量杆移动时，使杠杆绕轴转动，并通过杠杆短臂和长臂将位移放大，同时扇形齿轮带动与其啮合的小齿轮转动，这时小齿轮分度圆半径与指针长度又起放大作用，使指针在标尺上指示出相应测量杆的位移值。

7.5 水平仪

水平仪是测量被测平面相对水平面微小倾角的一种计量器具，在机械制造中，常用来检测工件表面或设备安装的水平情况。如检测机床、仪器的底座、工作台面及机床导轨等的水平情况，还可以用水平仪检测导轨、平尺、平板等的直线度和平面度误差，以及测量两工作面的平行度和工作面相对于水平面的垂直度误差等。

7.5.1 水平仪的分类

水平仪按其工作原理可分为水准式水平仪和电子式水平仪两类。水准式水平仪又有条式水平仪、框式水平仪和合像水平仪三种结构形式。

7.5.2 水准式水平仪的工作原理

水准式水平仪的主要工作部分是管状水准器，它是一个密封的玻璃管，其内表面的纵剖面是一曲率半径很大的圆弧面。管内装有精馏乙醚或精馏乙醇，但未注满，形成一个气泡。玻璃管的外表面刻有刻度，不管水准器的位置处于何种状态，气泡总是趋向于玻璃管圆弧面的最高位置。当水准器处于水平位置时，气泡位于中央，即处于零位。水准器相对于水平面倾斜时，气泡就偏向高的一侧，倾斜程度可以从玻璃管外表面上的刻度读出（见图7-24），经过简单换算，就可得到被测表面相对水平面的倾斜度和倾斜角。

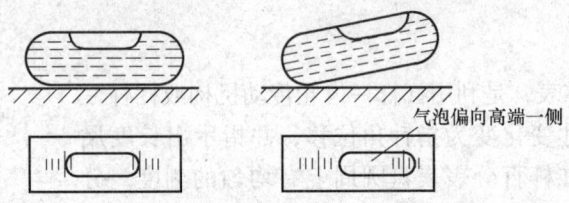

图7-24 水准式水平仪

7.5.3 水准式水平仪的结构和规格

1. 条式水平仪

条式水平仪的外形如图7-25所示。它由主体、盖板、水准器和调零装置组成。在测量面上刻有V形槽，以便放在圆柱形的被测表面上测量。图7-25a中的水平仪的调零装置在一端，而图7-25b中的调零装置在水平仪的上表面，因而使用更为方便。条式水平仪工作面的长度有200mm和300mm两种。

2. 框式水平仪

框式水平仪的外形如图7-26所示。它由横向水准器、主

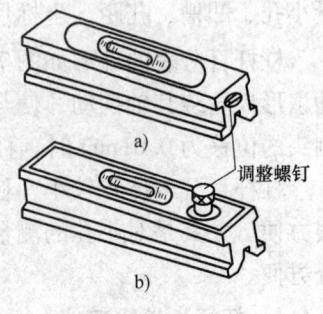

图7-25 条式水平仪

体、主水准器、盖板和调零装置组成。它与条式水平仪的不同之处在于：条式水平仪的主体为一条形，而框式水平仪的主体为一框形。框式水平仪除有安装水准器的下测量面外，还有一个与下测量面垂直的侧测量面，因此框式水平仪不仅能测量工件的水平表面，还可用它的侧测量面与工件的被测表面相靠，检测其对水平面的垂直度。框式水平仪的框架规格有 150mm × 150mm、200mm × 200mm、250mm × 250mm 和 300mm × 300mm 四种，其中 200mm × 200mm 最为常用。

3. 合像水平仪

合像水平仪主要由水准器、放大杠杆、测微螺杆和光学合像棱镜等组成，如图 7-27 所示。合像水平仪主要用于测量平面和圆柱面对水平的倾斜度，以及机床与光学机械仪器的导轨或机座等的平面度、直线度和设备安装位置的正确度等。其工作原理是利用棱镜将水准器中的气泡影像经过放大，来提高读数的瞄准精度，利用杠杆、微动螺杆等传动机构进行读数。

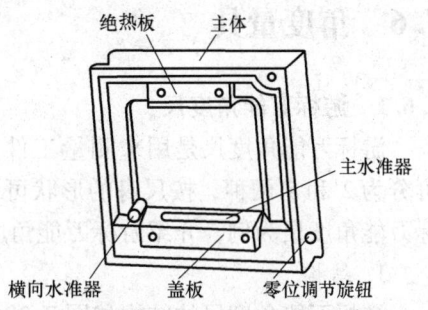

图 7-26 框式水平仪

使用方法：合像水平仪结构如图 7-27 所示，合像水平仪的水准器安装在杠杆架的底板上，它的位置可用微动旋钮通过测微螺杆与杠杆系统进行调整。水准器内的气泡，经两个不同位置的棱镜反射至观察窗放大观察（分成两半合像）。当水准器不在水平位置时，气泡 A、B 两半不对齐；当水准器在水平位置时，气泡 A、B 两半就对齐，如图 7-27c 所示。

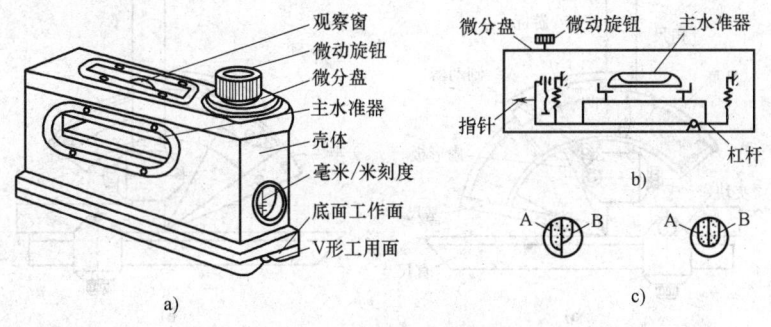

图 7-27 合像水平仪及结构

使用读数值为 0.01mm/1000mm 的光学合像水平仪时，先将水平仪放在工件被测表面上，此时气泡 A、B 一般不对齐，用手转动微分盘的旋钮，直到两半气泡完全对齐为止。此时表示水准器平行水平面，而被测表面相对水平面的倾斜程度就等于水平仪底面对水准器的倾斜程度，这个数值可从水平仪的读数装置中读出。读数时，先从刻度窗口读出 mm 数，此 1 格表示 1000mm 长度上的高度差为 1mm，再看微分盘刻度上的格数，每 1 格表示 1000mm 长度上的高度差为 0.01mm，将两者相加就得所需的数值。例如，窗口刻度中的示值为 1mm，微分盘刻度的格数是 16 格，其读数就是 1.16mm，即在 1000mm 长度上的高度差为 1.16mm。

如果工件的长度不是 1000mm，而是 l mm，则在 l mm 长度上的高度差为

$$1000\text{mm 长度上的高度差} \times \frac{l}{1000} \tag{7-1}$$

合像水平仪主要用于精密机械制造中，其最大特点是使用范围广、测量精度较高、读数

方便准确。

4. 水准式水平仪的使用注意事项
1) 使用前工作面要清洁干净。
2) 湿度变化对仪器中的水准器位置影响很大,必须隔离热源。
3) 测量时旋转度盘要平稳,必须等两气泡像完全符合后方可读数。

7.6 角度量具

7.6.1 游标万能角度尺

游标万能角度尺是用来测量工件 0°~320°内外角度的量具。按最小刻度（即分度值）可分为 2′和 5′两种,按尺身的形状可分为圆形和扇形两种。本节以最小刻度为 2′的扇形游标万能角度尺为例,介绍游标万能角度尺的结构、刻线原理、读数方法和测量范围。

1. 结构

游标万能角度尺的结构如图 7-28 所示,游标万能角度尺由尺身、角尺、游标、制动器、扇形板、基尺、直尺、夹块、捏手、小齿轮和扇形齿轮等组成。游标固定在扇形板上,基尺和尺身连成一体。扇形板可以与尺身作相对回转运动,形成和游标卡尺相似的读数机构。角尺用夹块固定在扇形板上,直尺又用夹块固定在角尺上。根据所测角度的需要,也可拆下角尺,将直尺直接固定在扇形板上。制动器可将扇形板和尺身锁紧,便于读数。

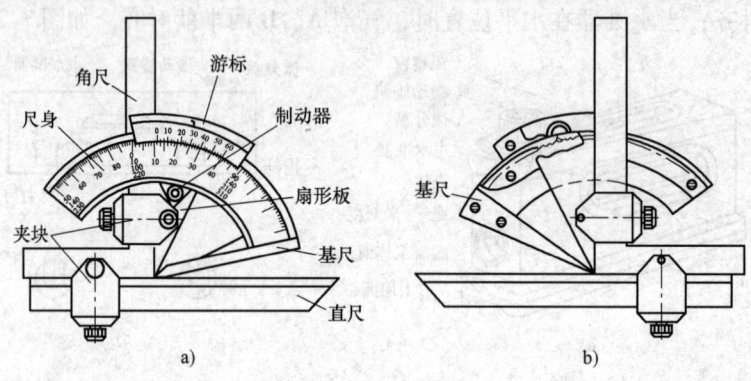

图 7-28 游标万能角度尺的结构
a) 正面　b) 背面

2. 读数原理

其读数原理与其他游标量具相同,也是利用尺身刻线间距与游标间距之差进行小数部分的读数。

游标万能角度尺尺座上的刻度线每格 1°,由于游标上刻有 30 格,所占的总角度为 29°,因此,两者每格刻线的度数差是

$$1° - \frac{29°}{30} = \frac{1°}{30} = 2' \tag{7-2}$$

即游标万能角度尺的分度值为 2′。

3. 读数方法

游标万能角度尺的读数方法和游标卡尺相同,先读出游标零线前的角度是几度,再从游

标上读出角度"分"的数值,两者相加就是被测零件的角度数值。如图7-29所示,读数值为16°18′。

4. 使用方法

1) 使用前,将游标万能角度尺的各测量面擦干净之后,应先检查零位是否正确。

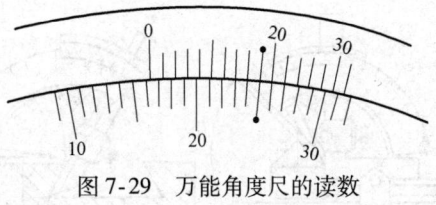

图7-29 万能角度尺的读数

2) 根据被测量角度选用游标万能角度尺的测量尺。

① 测量0°~50°之间的角度,如图7-30所示,要装上直角尺和直尺。

② 测量50°~140°之间的角度,如图7-31所示,只需装上直尺。

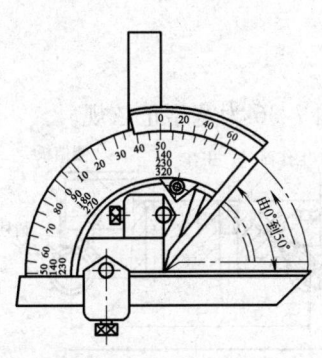

图7-30 测量0°~50°之间的角度

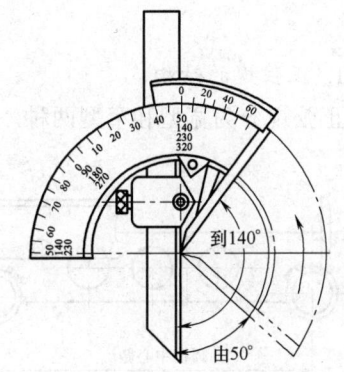

图7-31 测量50°~140°之间的角度

③ 测量140°~230°之间的角度,如图7-32所示,只需装上直角尺。装直角尺时,应注意使直角尺短边与长边的交点与基尺尖端对齐。

④ 测量230°~320°之间的角度,如图7-33所示,不装直角尺和直尺,只使用基尺和扇形板的测量面进行测量。

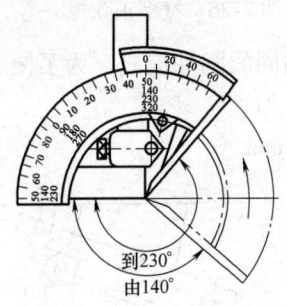

图7-32 测量140°~230°之间的角度

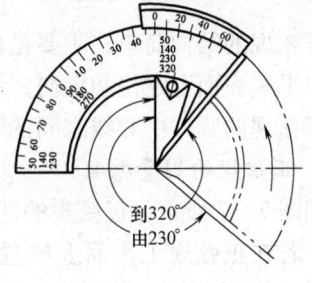

图7-33 测量230°~320°之间的角度

3) 游标万能角度尺示例,如图7-34所示。

4) 根据被测角度选择并装好测量尺,调整游标万能角度尺的角度稍大于被测角度,将工件放在基尺与测量尺测量面之间,使工件的一个被测量面与基尺测量面接触,利用捏手(微动装置)使测量尺与工件另一被测量面充分接触好,紧固制动器之后即可进行读数。

5) 用完游标万能角度尺之后,应擦干净,涂上防锈油,然后装入盒内。

7.6.2 正弦规

正弦规是利用正弦原理,测量锥度的常用量具,它具有结构简单、使用方便、测量精度高的特点。

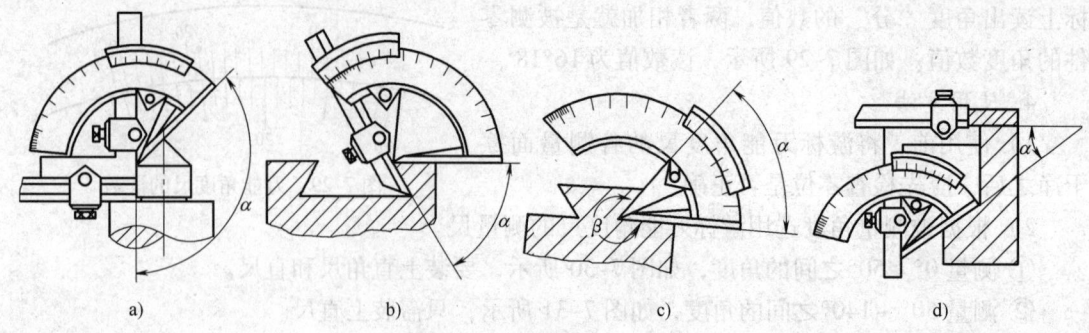

图 7-34 万能角度尺示例

1. 正弦规的结构

正弦规分为宽型和窄型两种。图 7-35 为窄型正弦规，图 7-36 为宽型正弦规。

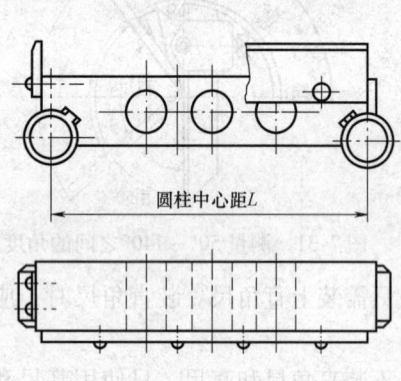

图 7-35 窄型正弦规

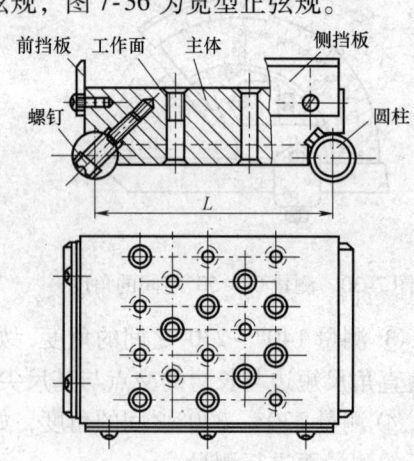

图 7-36 宽型正弦规

正弦规的结构简单，主要是由主体工作平板和两个直径相同的圆柱组成，为了便于被检工件在平板表面上定位和定向，装有侧挡板和前挡板。

正弦规两圆柱中心线之间的距离 L，分别为 100mm 和 200mm。

2. 正弦规的测量原理

如图 7-37 所示，正弦规的两个圆柱平行且直径相等，若在正弦规工作面上放置一圆锥工件，其圆锥角为 α，并使圆锥中心线与正弦规两圆柱的中心线垂直。通过调整量块尺寸 H，使圆锥上素线与平板平行。

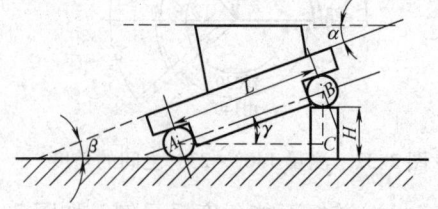

图 7-37 正弦规的测量原理

由于直角三角形 ABC 中

$$\sin\gamma = \frac{BC}{AB} = \frac{H}{L} \tag{7-3}$$

因为 $\beta = \gamma$ 且 $\alpha = \beta$，所以

$$\sin\alpha = \frac{H}{L} \tag{7-4}$$

这样，被测圆锥角 α，就可以根据已知的正弦规两圆柱之间距离 L 和所垫量块尺寸 H 计

算出来。

3. 正弦规的使用方法

使用正弦规检测外锥体圆锥角 α 时,如图7-38所示,将外锥体装夹在正弦工作台上,并注意使锥体的中心线垂直于正弦规两圆柱的中心线。根据被测工件的理论圆锥角 α,计算出应垫量块的尺寸数值 H,即 $H = L \times \sin\alpha$,在距离锥体边缘 $2 \sim 5\mathrm{mm}$ 处,用百分表或杠杆千分表测量出 a、b 两点的读数差 ΔN(ΔN 的单位为 $\mu\mathrm{m}$)和 a、b 两点之间的距离 M(M 的单位为 mm),两者之比为锥度偏差 Δc,即

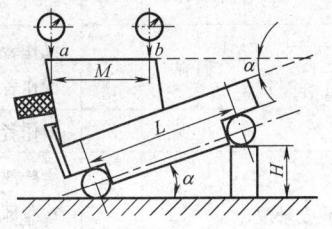

图7-38 正弦规的使用方法

$$\Delta c = \frac{\Delta N \times 10^{-3}}{M} \tag{7-5}$$

锥度偏差乘以弧度对秒的换算关系后,可求得圆锥角偏差,即

$$\Delta\alpha \approx 2\Delta c \times 10^5 \tag{7-6}$$

式中 $\Delta\alpha$——圆锥角偏差,单位为(″)。

当指示表在锥体大端 a 点测得的读数 N_1 大于在小端 b 点测得的读数 N_2 时,$\Delta\alpha$ 取正号,反之取负号。

被测锥体实际圆锥角

$$\alpha_{实} = \alpha_{理} + \Delta\alpha \tag{7-7}$$

式中 $\alpha_{理}$——被测工件的理论圆锥角;
$\alpha_{实}$——被测锥体实际圆锥角。

7.7 量规

量规检验就是使用量规这种专用量具定性检测几何要素精度的合格性。在大批量生产中,使用量规检验能够提高检测效率、保证产品质量。

量规检验技术在生产实际中得到了广泛的应用,如检验高度、深度等长度尺寸采用高度、深度量规,检验角度采用角度量规,检验锥度采用锥度量规,检验孔轴尺寸采用光滑极限量规,检验几何误差采用功能量规,检验螺纹采用螺纹量规,此外还有花键量规、弹簧量规、齿轮量规等。用量规检验工件时,只能判断工件合格与否,而不能获得工件实际尺寸的数值。本节仅介绍光滑极限量规。

7.7.1 光滑极限量规的用途

光滑极限量规是没有刻度的专用计量器具,是检验孔、轴尺寸的量规。

光滑极限量规分为成对使用的通规("T")和止规("Z"),通规模拟最大实体实效边界,检验孔、轴的体外作用尺寸是否超越最大实体实效尺寸;止规模拟最小实体尺寸,检验孔、轴的提取要素的局部尺寸是否超越最小实体尺寸。用光滑极限量规检验工件时,若通规能通过、而止规不能通过,则工件合格;否则为不合格。

根据量规的用途可以分为:工作量规、验收量规和校对量规。

光滑极限量规的种类、名称、代号及用途见表 7-1。

表 7-1 光滑极限量规的种类、名称、代号及用途

种类	名称	代号	用 途	合格标志
工作量规	通规	T	操作者检查工件的体外作用尺寸是否超出其最大实体（实效）尺寸 操作者检查工件的提取要素的局部尺寸是否超出其最大实体尺寸	通过
	止规	Z	操作者检查工件的提取要素的局部尺寸是否超出其最小实体尺寸	不通过
验收量规	验-通	YT	检验部门检查工件的体外作用尺寸是否超出其最大实体（实效）尺寸 检验部门检查工件的提取要素的局部尺寸是否超出其最大实体尺寸	通过
	验-止	YZ	检验部门检查工件的提取要素的局部尺寸是否超出其最小实体尺寸	不通过
校对量规	校-通	TT	检查轴用通规的实际尺寸是否超出其下极限尺寸	通过
	校-止	ZT	检查轴用止规的实际尺寸是否超出其下极限尺寸	通过
	校-损	TS	检查轴用通规的实际尺寸是否超出其磨损极限尺寸	不通过

7.7.2 光滑极限量规的结构

体现最大实体边界（或最大实体实效边界）的量规（通规），应有完整的表面及配合长度，尺寸应等于被测工件的最大实体尺寸（或最大实体实效尺寸），以控制工件的作用尺寸，称为全形量规。

体现极限尺寸的量规（通规或止规）应是两点状的，以控制工件的提取要素的局部尺寸，其尺寸应等于工件的最大或最小实体尺寸，称为非全形量规。

检验孔的全形量规称为塞规，其形状应与该孔的边界相同。

检验轴的全形量规称为环规，其形状应与该轴的边界相同。

检验孔的非全形量规理论上应是杆状，与被检孔成点接触。

检验轴的非全形量规称为卡规，与被检轴成点接触。

在实际应用中，量规的制造和使用不方便时，允许使用非全形量规代替全形量规。例如，检验大尺寸孔和轴常用非全形通规（杆规或卡规）代替全形通规，检验曲轴轴颈只能用非全形的卡规代替全形的环规。实践证明，用非全形量规检验时一般不会发生大量误收的现象。为减少使用非全形量规代替全形量规时发生的误检，必要时非全形通规应在工件的多方位上进行检验。

常用光滑极限量规的结构形式见表 7-2。

表 7-2 常用光滑极限量规的结构形式

量规名称	结构简图	量规名称	结构简图
针式双头塞规		单头圆柱塞规 单头非全形塞规	
锥柄双头塞规 套式双头圆柱塞规		球端杆规	

（续）

量规名称	结构简图	量规名称	结构简图
环规		双头组合卡规 单头组合卡规	
片形单头卡规 片形双头卡规		单头双极限卡规	

7.8　数字式立式光学计及其操作步骤

7.8.1　量仪介绍

数字式立式光学计是一种可以用于测量长度的仪器，图 7-39 所示为 LG–1 型立式光学计的外形结构。

7.8.2　工作原理

立式光学计光学系统如图 7-40 所示。

立式光学计是利用光学杠杆放大原理进行测量的仪器。如图 7-40b 所示，照明光线经反射镜 1 照射到刻度尺 8 上，再经直角棱镜 2、物镜 3，照射到反射镜 4 上。由于刻度尺 8 位于物镜 3 的焦平面上，故从刻度尺 8 上发出的光线经物镜 3 后成为平行光束。若反射镜 4 与物镜 3 之间相互平行，则反射光线折回到焦平面，刻度尺像 7 与刻度尺 8 对称。若被测尺寸变动使测杆 5 推动反射镜 4 绕支点转动某一角度 α（图 7-40a），则反射光线相对于入射光线偏转 2α 角度，从而使刻度尺像 7 产生位移 t（图 7-40c），它代表被测尺寸的变动量。物镜 3 至刻度尺 8 间的距离为物镜焦距 f，设 b 为测杆中心至反射镜支点间的距离，S 为测杆 5 移动的距离，则仪器的放大比 K 为

$$K = \frac{t}{S} = \frac{f\tan 2\alpha}{b\tan\alpha} \tag{7-8}$$

当 α 很小时，$\tan 2\alpha \approx 2\alpha$，$\tan\alpha \approx \alpha$，因此

$$K = \frac{2f}{b} \tag{7-9}$$

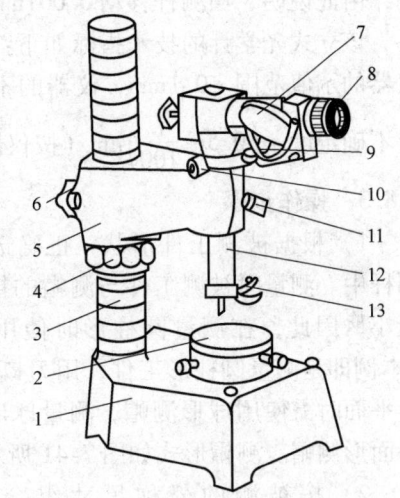

图 7-39　LG—1 型立式光学计的外形结构
1—底座　2—工作台　3—立柱　4—粗调节螺母
5—支臂　6—支臂紧固螺钉　7—平面镜
8—目镜　9—零位调节手轮　10—微调手轮
11—光管紧固螺钉　12—光学计管
13—提升器光源

如光学计的目镜放大倍数为 12，$f = 200\text{mm}$，$b = 5\text{mm}$，则仪器的总放大倍数 n 为

$$n = 12K = 12 \times \frac{2f}{b} = 12 \times \frac{2 \times 200}{5} = 960$$

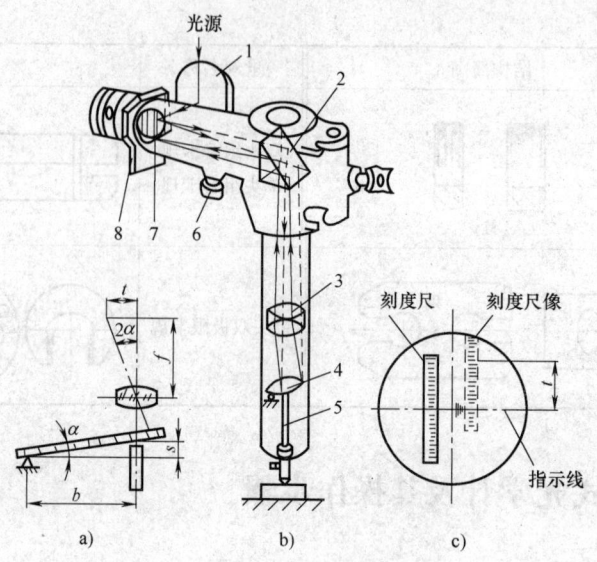

图 7-40 立式光学计光学系统图

1—反射镜 2—直角棱镜 3—物镜 4—反射镜 5—测杆 6—微调手轮 7—刻度尺像 8—刻度尺

由此说明,当测杆移动 0.001mm 时,在目镜中可见到 0.96mm 的位移量。

该立式光学计的技术指标如下:仪器的测量范围 0～180mm,仪器的分度值 0.001mm,仪器的示值范围 ±0.1mm,仪器的不确定度 ±0.25μm(按仪器的最大示值误差给出),测量不确定度 $\pm\left(0.5+\dfrac{L}{100}\right)\mu m$(按仪器的总测量误差给出)。

7.8.3 操作步骤

1)根据被测工件形状,正确选择测帽装入测杆中。测量时被测工件与测帽的接触面积必须最小,因此,在测量圆柱形时使用刀口形测帽(本例即是测量圆柱形工件,用刀口形测帽),测量平面时需使用球形测帽,测量球形时,则使用平面形测帽。测帽形式如图 7-41 所示。

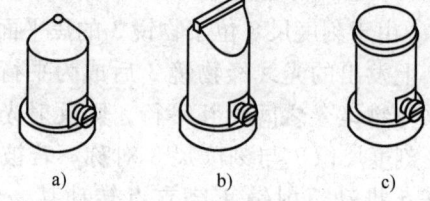

图 7-41 测帽形式
a)球形 b)刀口形 c)平面形

2)按被测的公称尺寸组合量块。如测 $\phi 25^{\ \ 0}_{-0.021}$mm 时,量块取 25mm。

3)调整仪器零位。

① 选好量块组后,将下测量面置于工作台 2(见图 7-39)的中央,并使测头对准上测量面中央。

② 粗调节:松开支臂紧固螺钉 6,转动粗调节螺母 4,使支臂 5 缓慢下降,直到测头与量块上测量面轻微接触,并能看到数显刻度有变化(压表现象),再将支臂紧固螺钉 6 锁紧。

③ 细调节:松开光管紧固螺钉 11,转动微调手轮 10,直至从目镜 8 中看到零位置指示线为止。然后拧紧光管紧固螺钉 11。

④ 将测头抬起,回放零位观察是否稳定。

第 7 章　尺寸精度测量

4）抬起提升杠杆，取出量块，轻轻地将被测工件放在工作台上，并在测帽下来回移动，其最高转折点即为测得值。

5）在靠近轴的两端和轴的中间部位共取三个截面，并在互相垂直的两个方向上共测量六次。

6）填写轴径测量与误差分析报告，并按是否超出工件设计公差带所限定的上极限尺寸与下极限尺寸，判断其合格性。

7.9　万能测长仪及其操作步骤

7.9.1　量仪介绍

万能测长仪主要由底座、万能工作台、测量座、尾座及各种测量附件组成，如图 7-42 所示。

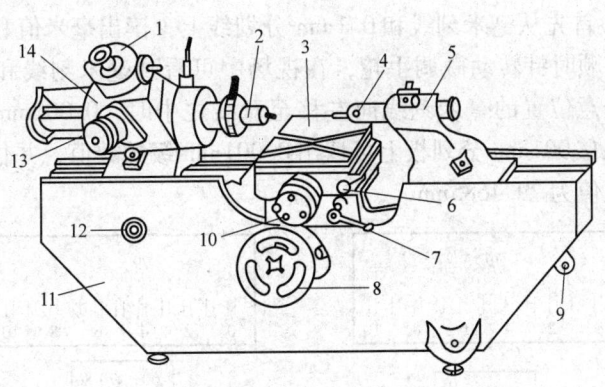

图 7-42　万能测长仪
1—读数显微镜　2—测量轴　3—万能工作台　4—微调螺钉　5—尾座　6—工作台转动手柄
7—工作台摆动手柄　8—工作台升降手轮　9—平衡手轮　10—工作台横向移动手轮
11—底座　12—电源开关　13—微动手柄　14—测量座

7.9.2　工作原理

万能测长仪是按照阿贝原则设计制造的，被测工件在标准件（玻璃尺）的延长线上，以保证仪器的高精度测量。在万能测长仪上进行测量，是直接把被测工件与精密玻璃尺作比较，然后利用补偿式读数显微镜观察刻度尺，进行读数。玻璃刻度尺被固定在测量轴 2 上，因其在纵向轴线上，故刻度尺在纵向上的移动量完全与被测工件长度一致，而此移动量可在显微镜中读出。万能测长仪测量原理如图 7-43 所示。

（1）读数显微镜中的示值　在读数显微镜的绿色视场中，可看到三种不同的刻线，分置在两个不同的窗框中。在中间大的

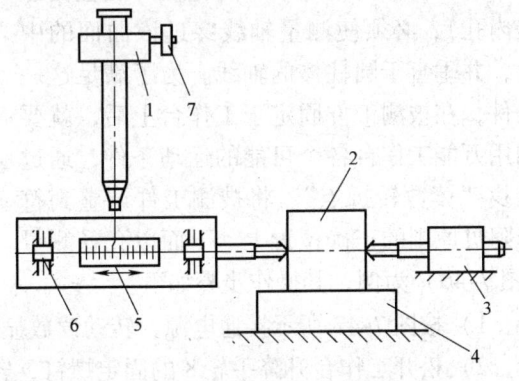

图 7-43　万能测长仪测量原理
1—读数显微镜　2—被测工件　3—尾座　4—万能工作台
5—玻璃刻度尺　6—滚珠轴承　7—微调手轮

窗框中有两种刻线，一种是水平方向固定的双刻线，从左端开始标有 0~10 的数字，这是分度值为 0.1mm 的分划板。另一种是一根长的并在垂直方向标有数字的刻线，这是毫米分划尺。在下面较小的窗框中，可看到一水平方向可移动的刻线，其上标有 0~100 的数字，这是分度值为 0.001mm 的移动分划板。起始读数方法如图 7-44 所示。

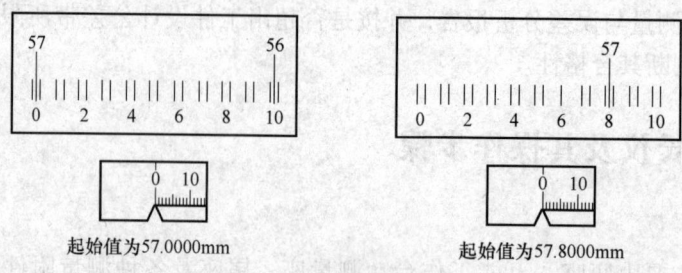

图 7-44 起始读数方法

（2）读数方法　首先从毫米刻线和 0.1mm 分划线上，读出毫米值和 0.1mm 的数值，如图 7-45a 所示，然后顺时针转动微调手轮，在视场中可看到毫米刻线和 0.001mm 分划线均向左移动，当处于任意位置的毫米刻线向左移至双线之中时，0.001mm 分划线也相应移动至某一位置。此时从 0.001mm 分划板上可读出 0.001mm 级的数值，并估读到 0.1μm 级，如图 7-45b 所示，其数值为 79.4685mm。

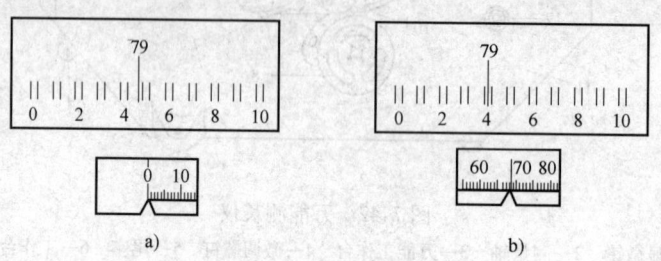

图 7-45 读数方法

7.9.3 操作步骤

在圆柱体的测定中（无论是外圆柱面还是内孔），必须使测量轴线穿过该曲面的中心，并垂直于圆柱体的轴线。为了满足这一条件，在被测工件固定于工作台上后，就要利用万能工作台各个可能的运动条件，通过寻找"读数转折点"，将被测工件调整到符合阿贝原则的正确位置上。下面以孔径测量（图 7-46）为例，其操作步骤如下。

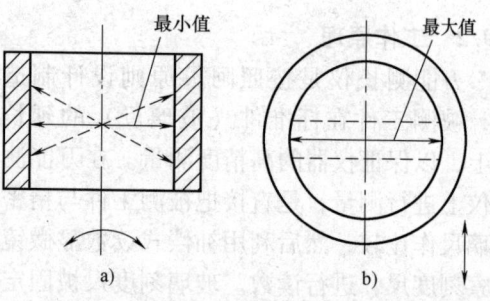

图 7-46 孔径测量

1）按图 7-42 所示接通电源，转动读数显微镜 1 的目镜的调节环来调节视度。

2）松开工作台升降手轮 8 的固定螺钉，转动手轮，使万能工作台 3 下降到最低位置。

3）将一对测钩分别安装在测量轴 2 和尾座 5 上。沿轴向移动测量轴 2 和尾座 5，使这一对测钩头部的凸楔、凹楔对齐。然后，旋紧两个测钩上的螺钉，将它们分别固定。将具有被测孔径的组合量块夹或标准环，安放在万能工作台上。

4) 转动工作台升降手轮8，使万能工作台3上升，使两个测钩伸入标准环或具有被测孔径的组合量块夹之中，然后将工作台升降手轮8的固定螺钉拧紧。调整仪器的零位或某一位置（取整数），并记下读数。

5) 取下测块组，将被测工件安装在工作台上，使两个测钩伸入被测工件之内，并用压板固定，如图7-47所示。调整仪器至某一正确位置（取转折点），并记下读数。此时测长仪的读数与调零位时的读数之差，即为被测工件的尺寸偏差（使用标准环时，被测工件的实际尺寸 = 读数之差 + 标准环直径）。

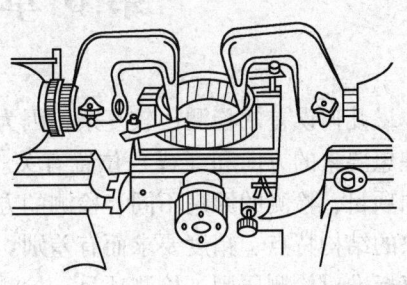

图7-47 被测工件的安装

6) 注意事项
① 调整仪器至某一正确位置一定要取转折点。
② 根据工件情况确定测量力的大小。
③ 安装工件要用压板固定。

思 考 题

1. 试叙述轴的常用测量方法及其使用的计量器具。
2. 轴径和孔径测量的注意事项有哪些?
3. 试简述游标卡尺的读数方法及使用注意事项。
4. 举例说明千分尺的读数方法，并说明其使用注意事项。
5. 试举例说明内径千分尺和深度千分尺的应用场合。
6. 简述百分表的使用方法及使用注意事项。
7. 游标万能角度尺的读数原理和使用方法是什么?
8. 简述水平仪的用途及分类。
9. 简述万能测长仪的测量原理及测量步骤。

第8章 几何误差检测

几何误差的检测比较复杂，因为几何误差值的大小不仅与实际被测要素有关，而且与其理想要素的方向和（或）位置有关。几何误差的项目较多，检测方法各不相同，即使对相同项目，检测的原理不同，检测的方法也不同；即使检测的原理和方法相同，也会随被测对象的结构特点、精度要求而有差别。为了统一概念，取得准确性和经济性相统一的效果，国家标准对检测原则、检测项目、检测仪器及检测方法、数据处理与误差的评定等都做了原则性规定。

8.1 一般规则

几何误差检测时，应排除表面缺陷、表面粗糙度、表面波纹度的影响，以测得要素代替实际要素进行评定。

选择测量方案时，应对测量方案的测量精度进行估计，测量总误差允许占给定几何公差值的 10%～30%。

根据国家标准，几何误差检测中规定了五种原则：

（1）与理想要素比较原则　将实际被测要素与相应的理想要素作比较，在比较过程中获得数据，根据这些数据来评定几何误差。如将实际被测直线与模拟理想直线的刀口尺的刀刃相比较，根据光隙的大小来确定该直线的直线度误差值。

（2）测量坐标值原则　通过测量被测要素上各点的坐标值来评定被测要素的几何误差。如利用直角坐标系测量孔中心的横纵坐标以确定其位置度误差值。

（3）测量特征参数原则　通过测量实际被测要素上的特征参数，评定有关的几何误差。特征参数是指能近似反映有关几何误差的参数。例如，用两点法测量回转表面的横截面的提取要素的局部尺寸，并以其最大差值的一半作为该截面的圆度误差。

（4）测量跳动原则　按照跳动的定义进行检测，主要用于检测圆跳动和全跳动。例如，测量实际被测要素对基准轴线的径向圆跳动以确定其同轴度误差。

（5）控制边界原则　检测实际被测要素是否超越边界，以判断零件是否合格。该原则常用于采用相关要求的场合。一般用光滑极限量规或功能量规来检验。例如，按最大实体要求设计的、公称尺寸等于孔的最大实体实效尺寸的垂直度量规，检验孔中心线对端面的垂直度误差。

8.2 形状误差的检测与评定

8.2.1 直线度误差的检测与评定

直线度误差是实际线对理想直线的变动量。

1. 检测原理

直线度误差的检测一般可以采用与理想要素比较原理、测量特征参数原理和控制实效边界原理等。

2. 检测方法

直线度误差的检测方法可分为直接法、间接法和组合法。

(1) 直接法 通过直接评定直线度误差或通过直接测量实际线上各点的坐标值,以获得直线度误差的方法。有间隙法、指示表法、干涉法、光轴法和钢丝法,如图 8-1 所示。

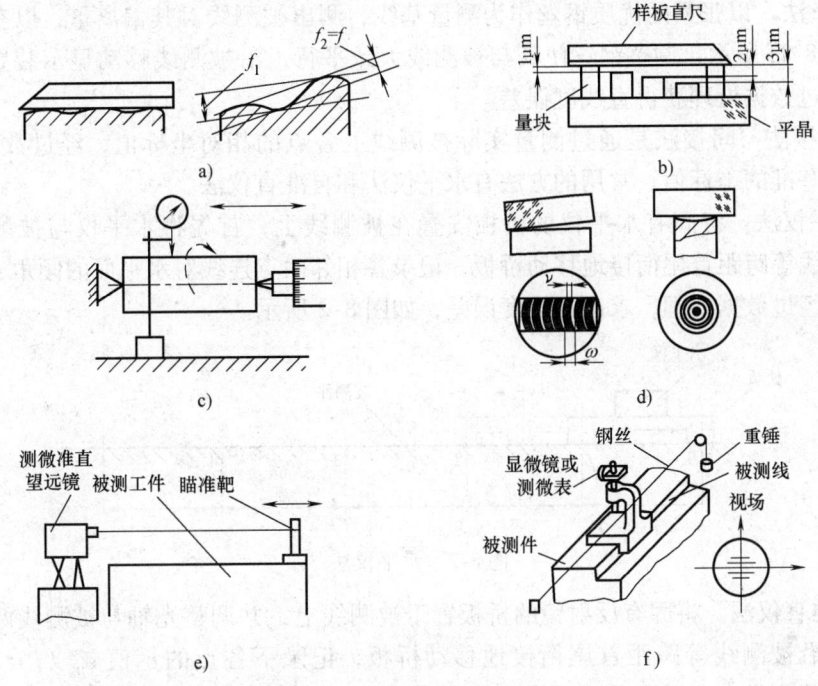

图 8-1 直接法检测直线度误差

a) 间隙法 b) 标准光隙 c) 指示表法 d) 干涉法 e) 光轴法 f) 钢丝法

1) 间隙法。将被测线与作为理想直线的刀口尺或样板之间形成的光隙与标准光隙进行比较,评定直线度误差。如图 8-1a 所示,将刀口尺或平尺与实际被测线相接触,调整刀口尺或平尺使最大光隙为最小。直线度误差值由光隙的大小决定。

2) 指示表法。用带指示表的测量装置测出被测线相对于测量基线的偏离量,以获得直线度误差。如图 8-1c 所示,零件用等高顶尖支承,以平板上某一方向为评定基线,直线度误差由测得值变动量决定。

3) 干涉法。利用光波干涉原理,根据干涉条纹的形状或干涉条纹的数目评定直线度误差。如图 8-1d 所示,将平晶与被测表面接触,对均匀弯曲干涉带

$$f = \frac{\nu}{\omega} \cdot \frac{\lambda}{2}$$

对环形干涉带

$$f = \frac{\lambda}{2} \cdot n$$

式中 ν——干涉带弯曲量;
 ω——干涉带间距;
 λ——波长;
 n——干涉条纹数。

4)光轴法。测出被测线相对于几何光轴的偏离量,从而获得直线度误差。如图 8-1e 所示,将被测线的两端点连线与光轴大致调平行,沿被测线移动瞄准靶,并记录各点示值,通过数据处理获得直线度误差。

5)钢丝法。以张紧的优质钢丝作为测量基线,测出被测线对其偏离量,以获得直线度误差。如图 8-1f 所示,调整钢丝使其与被测线大致平行,沿被测线移动显示装置,记录各点示值,通过数据处理获得直线度误差。

(2)间接法　间接法是通过测量实际被测线上各点的相对坐标值,经过数据处理后,获得对同一基准的坐标值。常用的方法有水平仪法和自准直仪法。

1)水平仪法。将固有水平仪的桥板安置在被测线上,首先将水平仪与被测线大致调平,沿被测线等跨距首尾衔接地移动桥板,记录各相邻两点连线对水平面的倾角,求出各点的坐标值,经过数据处理,求出直线度误差,如图 8-2 所示。

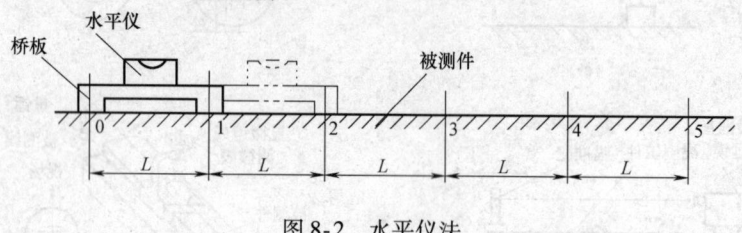

图 8-2　水平仪法

2)自准直仪法。将固有反射镜的桥板置于被测线上,并调整光轴与被测线两端点连线大致平行,沿被测线等跨距首尾衔接地移动桥板,记录下各点的示值 α_i($i = 1, 2, \cdots, n$)。按水平仪测量中所示方法求出各点坐标值,经过数据处理得到直线度误差,如图 8-3 所示。

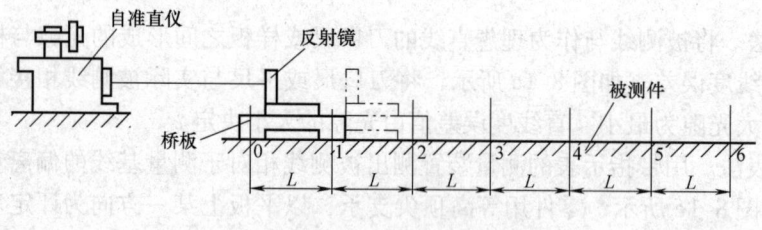

图 8-3　自准直仪法

(3)组合法　用组合法测量直线度误差是通过两次测量,利用误差分离技术,消除测量基线本身的直线度误差,从而提高测量精度。

3. 评定方法

直线度误差的评定方法分为最小包容区域法、最小二乘法和两端点连线法三种。其中用最小包容区域法评定所得的结果小于或等于其他两种方法所得的结果。

(1)最小包容区域的判别准则

1)给定平面内。由两平行直线包容实际被测线时,成高—低—高或低—高—低相间接触,如图 8-4a 所示。

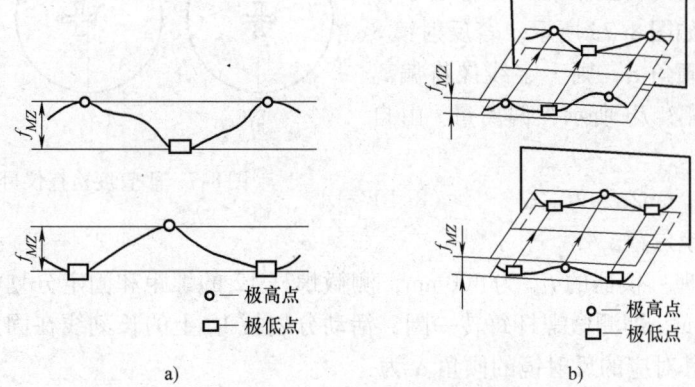

图 8-4 直线度最小包容区域判别准则

2) 给定方向上。由两平行平面包容实际被测线时,在与给定方向和被测线的长度方向平行平面上的投影实现高—低—高或低—高—低相间接触,如图 8-4b 所示。

（2）最小二乘法　以测得线的最小二乘中线作为评定基线。在给定平面内或给定方向上,直线度误差为测量基线上相对于最小二乘中线的最大、最小偏差之差。

（3）两端点连线法　以测得线的两端点的连线作为评定基线。在给定平面内或给定方向上,直线度误差为相对于测得值两端点连线的最大、最小偏差之差。

例 8-1　用光学平直度检测仪（自准直仪）测机床导轨直线度误差。

1. 仪器介绍

光学平直度检测仪如图 8-5 所示。其技术指标如下：常用规格 5m、10m,分度值 0.0025mm/m、0.005mm/m,测量范围 ±0.5mm。

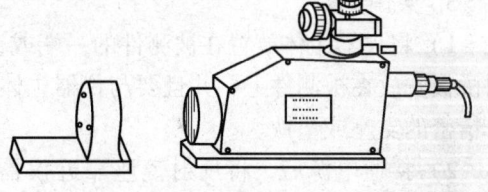

图 8-5　HYQ—03 光学平直度检测仪外形图

2. 工作原理

（1）光路原理　图 8-6 为平直度检查仪光学系统,该系统属于双分划板型。由光源 1 发出的光,经绿色滤光片 2 后照亮分划板 3 上的十字线。此十字线经立方直角棱镜 4,再经两个反射镜 5 和 6 进入物镜 7 成平行光束射出,由反射镜 8 反射回来,再经物镜 7 成像于活动分划板 10 上。分划板 10 的正中有一长刻线（见图 8-7）,转动测微鼓轮 13,通过测微螺杆 12 可使活动分划板 10 平移。在紧靠活动分划板 10 的下方,有一固定分划板 9,其上有标为 5、10、15 一组数字的等分刻线,其中字标 "10" 为中心原点。刻线的刻划方向与活动分划板上的长刻线平行。两块分划板的刻划面靠得很近,其间距小于 0.1mm,从目镜 11 中观察时看不出视差来。

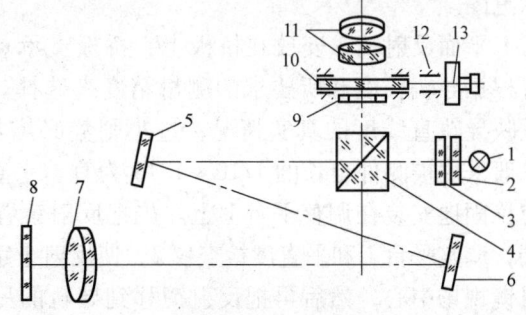

图 8-6　平直度检查仪光学系统
1—光源　2—滤光片　3—分划板　4—立方直角棱镜
5、6—反射镜　7—物镜　8—体外反射镜　9—固定分划板
10—活动分划板　11—目镜　12—测微螺杆　13—测微鼓轮

当反射镜 8 严格垂直于光轴时，十字线成像在固定分划板 9 的正中央，对称于字标"10"，目镜视场如图 8-7a 所示。若反射镜 8 对光轴有一微小倾角 α，则十字线像将偏离字标"10"，如图 8-7b 所示，偏离量 t 由自准直原理可得

$$t = f_{物} \tan 2\alpha \approx 2f_{物} \alpha \quad (8-1)$$

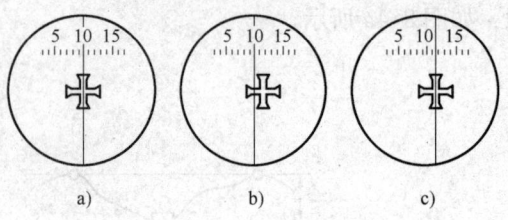

图 8-7 平直度检查仪目镜视场

式中 $f_{物}$——物镜焦距。

（2）测微原理　仪器的 $f_{物}$ 为 400mm，测微螺杆 12 的螺距和固定分划板 9 上刻线的分度间隔都是 0.4mm，即测微螺杆每转一圈，活动分划板 10 上的长刻线在固定分划板 9 的刻度上移动一格，其对应的反射镜的倾角 α 为

$$\alpha = \frac{t}{2f_{物}} = \frac{0.4}{2 \times 400} = \frac{1}{2000} \text{弧度} \quad (8-2)$$

与测微螺杆 12 同轴相连的测微鼓轮 13 上有 100 格圆周刻度，每格代表反射镜的倾角 α 为 0.005/1000 弧度。

当十字线像偏离刻度"10"时，如图 8-7b 所示，可转动测微鼓轮 13，使长刻线再次夹在十字线像的正中，如图 8-7c 所示。长刻线移动的距离，即十字线像的偏离量，其数值可以从视场中的刻度（每格 0.5/1000 弧度）及测微鼓轮 13 上的刻度（每格 0.005/1000 弧度）读出。

3. 操作步骤

1）将仪器主体放置在被测件的一端或被测件以外稳固的调整平台上，体外反射镜座连同桥板安放在被测件上，并且要与仪器主体在同一水平面内，必要时可在仪器主体下面配一个精密的支座或垫铁。

2）接通电源后，将反射镜座靠近仪器的主体，使反射镜正对物镜，左右转动反射镜座，使十字线像出现在目镜视场的正中或附近。

3）仔细地沿测量方向移动反射镜座，在各预定测量位置上读数，并进行数据处理。

4. 直线度测量

图 8-8 是用平直度检查仪测量机床导轨直线度的安装示意图。

平面反射镜 3 安放在桥板上，桥板支承点间的跨距 L 应根据导轨长度和所要求的测量精度来选择。L 过大不易反映导轨直线度的真实情况，过小则势必增加测量次数。一般采用被测件全长的 1/10～1/15 为宜。平直度检查仪 2 应稳固地安装在调整平台 1 上。先把反射镜置于导轨的一端，调整平台 1 和平直度检查仪 2，使反射十字线影像位于目镜视场中心，然后再把反射镜移到导轨的另一端，在目镜视场中仍能观察到十字线影像。否则应调节仪器或反射镜，直至导轨两端十字线影像均在视场中心，并同时成像清晰为止。测量时，反射镜依次由近到远移动一个跨距 L 并首尾衔接，逐点进行读数。然后将反射镜返回移动，重新在各个位

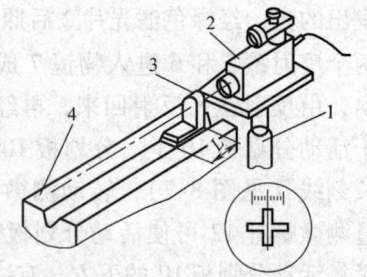

图 8-8 检测导轨直线度
1—测整平台　2—平直度检查仪
3—反射镜　4—机床导轨

置上读数,反射镜返回移动的位置应与前者一致,取两次读数的平均值作为该次测量结果,再对数据进行处理,便可求得导轨的直线度。

对于超过仪器工作距离的长导轨,可采用将导轨分成若干段的分段测量方法。例如,长度为 30m 的导轨,可以分成四段进行测量。当第一段测得最后一个位置时,反射镜不动,而把平直度检查仪连同调整平台一起移近反射镜,通过调整,使仪器的读数与未移动前的读数相同,这时再重复第一段的测量方法,依次移动反射镜……由于采用这种方法,平直度检查仪虽然移动,但测量基准不变,这样分段测量的数据就可以与不分段测量的数据采用同样的方法进行处理。

5. 直线度误差的计算方法

(1) 计算法(桥板支承点间的跨距长为 250mm)

1) 简化原始读数:0、+2、+4、+8、+4、+2、+8、+12。

2) 计算各段简化读数的平均值

$$n = \frac{0+2+4+8+4+2+8+12}{8} = 5$$

3) 各段简化读数减去平均值:-5、-3、-1、+3、-1、-3、+3、+7。

4) 将减去后的各段读数都换成各段测量坐标值:-5、-8、-9、-6、-7、-10、-7、0。

5) 求出导轨的最大格数误差

$$N_{max} = |(0) - (-10)| 格 = 10 格$$

根据公式将角值误差换算成线值误差

$$\Delta = nil = 10 \times \frac{0.005mm}{1000mm} \times 250mm = 0.0125mm$$

(2) 图解法(见图 8-9)

1) 将被测工件的长度分成若干段。

2) 将各段的示值误差在坐标中画出。

3) 用端点连线法求出最大误差值格数。

4) 根据公式 $\Delta = nil$ 将角值误差换算成线值误差。

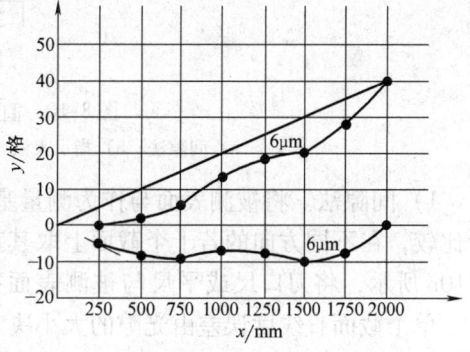

图 8-9 端点连线法

6. 测量直线度误差的注意事项

1) 测量前将被测导轨面大致调平(调节机床底座螺钉)。

2) 测量前反射镜与平直仪本体的底平面应清洁干净。

3) 测量中,不同型号的光学平直度测量仪的技术规格是不同的。HYQ—03 型光学平直度测量仪的分度值为 1″,能测导轨长度约 5m,不要超过测量范围。

4) 测量中,弄清仪器分度值与测量桥板跨距的关系。

5) 测量中,记住仪器读数"+""-"号。

6) 测量中,物镜与平面镜间应保证光线畅通。

7) 测量后,应将反射镜、垫板等擦净放入箱内。

8.2.2 平面度误差的检测与评定

平面度误差是实际面对理想平面的变动量。

1. 检测方法

平面度误差的检测方法可分为直接法、间接法和组合法。

(1) 直接法 通过直接评定平面度误差或通过直接测量实际表面上各点的坐标值,以获得平面度误差值的方法。有间隙法、指示表法、光轴法、干涉法和液面法,如图 8-10 所示。

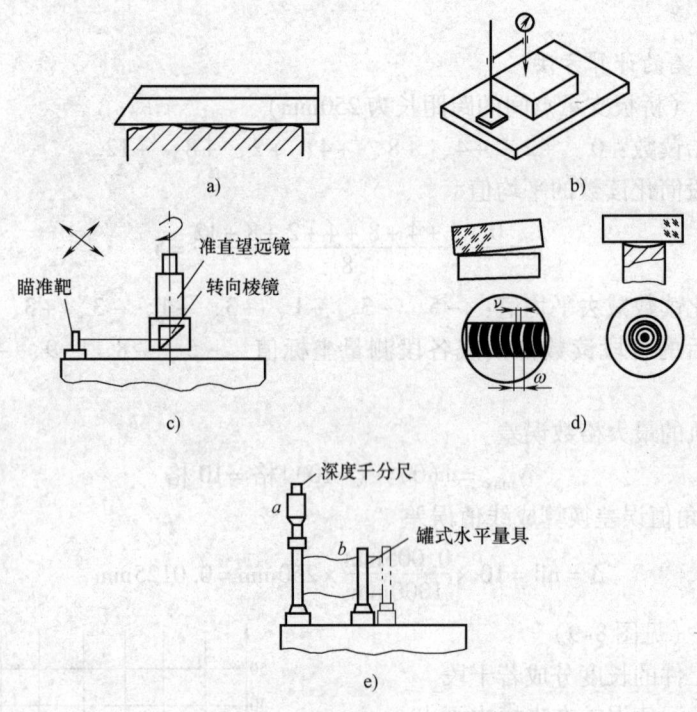

图 8-10 直接法检测平面度误差
a) 间隙法 b) 指示表法 c) 光轴法 d) 干涉法 e) 液面法

1) 间隙法。将被测表面与作为测量基线的刀口尺或样板之间形成的光隙与标准光隙进行比较,在不同方向的若干个截面上取其直线度误差最大者作为平面度误差的近似值。如图 8-10a 所示,将刀口尺或平尺与被测表面接触,调整刀口尺或平尺的方向使最大光隙为最小。单个截面直线度误差由光隙的大小决定。

2) 指示表法。用带指示表的测量装置测出被测表面相对于测量基面(通常以平板体现)的偏离量,以获得平面度误差值。如图 8-10b 所示,被测表面支承于测量基准上,按一定方法进行调整,使被测表面上三远点相对于基准等高(或分别使两对角点相对于基准等高),按一定布线方式移动测量装置,并逐点记录各测点示值 h_i,则平面度误差值 $f = h_{max} - h_{min}$。

3) 光轴法。测出被测表面相对于作为测量基准的几何光轴的偏离量,以获得平面度误差值。如图 8-10c 所示,按一定方法调整被测表面,使两对角点相对于测量基面等高或使三远点相对于测量基面等高;按一定布线方式移动瞄准靶,并逐点记录各测点的坐标值 h_i,则平面度误差值 $f = h_{max} - h_{min}$。

4) 干涉法。利用光波干涉原理，根据干涉条纹的形状或数目获得平面度误差值。如图 8-10d 所示，将平晶工作面以微小角度与被测表面逐渐贴合；若出现环形干涉带，调整平晶位置，使干涉带数为最少，则平面度误差值为

$$f = \frac{\lambda}{2} \cdot n$$

若出现一个方向弯曲干涉带，调整平晶使其数目为 3~5 条，则平面度误差值为

$$f = \frac{\nu\lambda}{2\omega}$$

式中　λ——光波波长；
　　　n——同色干涉带数；
　　　ν——干涉带弯曲量；
　　　ω——干涉带间距。

5) 液面法。测出被测表面与作为测量基面的由液体构成的水平面的偏离量，从而获得平面度误差值。如图 8-10e 所示，取罐式水平量具 a、b 在同一位置的示值为零位；固定量具 a，按一定布线方式移动量具 b，逐点记录各测点上测得值与零位示值之差 h_i，则平面度误差值 $f = 2(h_{max} - h_{min})$。

(2) 间接法　测量平面度误差，不能直接获得被测表面上各测点的坐标值，需经数据处理才能获得各测点相对测量基面或某一坐标系的坐标值。方法有：水平仪法、自准直仪法、跨步仪法和表桥法。

1) 水平仪法。将固有水平仪的桥板安置在被测表面上，将被测表面大致调平（与自然水平面倾角≤10′）。按一定的布线方式依测量顺序首尾相接地顺次进行测量，记下各点示值 α_i，将 α_i 换算成线值，按前述方法再转换为对统一基准平面的坐标值，经数据处理后获得平面度误差值。如图 8-11 所示。

2) 自准直仪法。将固有自准直仪反射镜的桥板置于被测表面上，将被测表面大致调水平。通常按对角线式布点拖动桥板，测出被测表面上相邻两点连线对测量基面的倾角。按测量顺序依次测量并记下各点示值 α_i，如图 8-12 所示。然后将 α_i 转换为线值，按前述方法再转换为对统一基准平面的坐标值，经数据处理后获得平面度误差值。

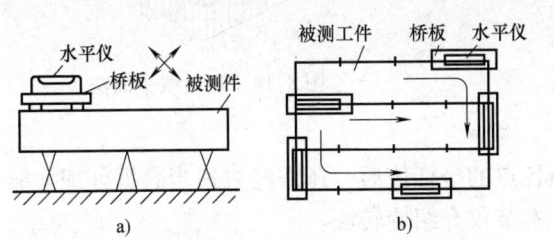

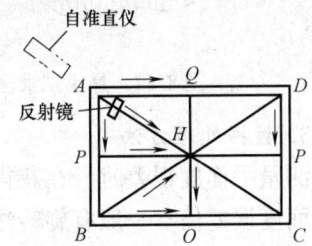

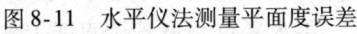

图 8-11　水平仪法测量平面度误差　　　　图 8-12　自准直仪法测量平面度误差

(3) 组合法　测量平面度误差通过两次测量，利用误差分离技术，消除测量基面（或基线）本身的平面度（或直线度）误差，从而提高测量精度。

通常均应用反向消差法，即通过正反两个方向（翻转180°）测量，消除测量基线的直线度误差，获得被测表面各个测量线上的测得值，求出其平面度误差。

2. 评定方法

平面度误差的评定方法有最小包容区域法、最小二乘法、对角线平面法和三远点平面法四种。其中最小包容区域法的评定结果小于或等于其他三种方法的评定结果。

（1）最小包容区域法（最小条件的判别准则） 用最小包容区域法评定平面度误差，是以最小包容区域的包容平面 S_{MZ} 作为评定基面（见图 8-13）。在两平行平面包容实际面时，实际面与两平行平面至少应有四点或三点接触。

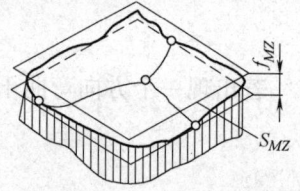

图 8-13 最小包容区域法

1）三角形准则。一个极低点在上包容平面上的投影位于三个极高点所形成的三角形内；或一个极高点在下包容平面上的投影位于三个极低点所形成的三角形内，如图 8-14 所示。

2）交叉准则。两个极高点的连线与两个极低点的连线在包容平面上的投影相交，如图 8-15 所示。

3）直线准则。两平行包容平面与实际表面接触高低相间的三点，且它们在包容平面上的投影位于同一直线上，如图 8-16 所示。

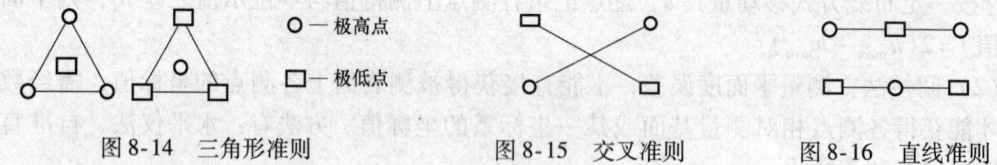

图 8-14 三角形准则　　图 8-15 交叉准则　　图 8-16 直线准则

（2）最小二乘法 用最小二乘法评定平面度误差，是以最小二乘中心平面 S_{LS} 作为评定基面，如图 8-17 所示。

（3）对角线平面法 用对角线平面法评定平面度误差，是以通过实际表面上的一条对角线的两个对角点且平行于另一条对角线的理想平面 S_{DL} 作为评定基面，如图 8-18 所示。用该方法评定平面度误差可以获得唯一值。

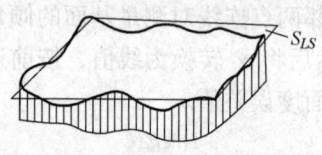 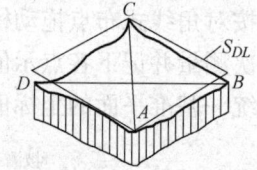

图 8-17 最小二乘法　　图 8-18 对角线平面法

3. 数据处理方法

测量平面度误差时，在获得了被测表面各点的坐标值后，还需经过适当数据处理才能获得平面度误差值。一般有旋转法和电算法。本节仅介绍旋转法。

在测量过程中，要调平被测量平面往往很费时间，特别当工件较大时，测量面不易调整，生产中也常采用下述的方法，即按一定布线方式，用水平仪测量若干直线上各点，经过适当的坐标转换，将测量数据统一转换为对选定基准平面的坐标值，然后，按一定的评定方法确定其误差值，直至其极高点和极低点的分布形式符合最小条件的判别准则之一，求出平面度误差值。

旋转法的步骤如下：

1) 初步判断被测表面的类型，以便选择相应的最小区域判断准则。
2) 拟订极高点和极低点，选定旋转轴的位置。
3) 计算各点的旋转量。
4) 进行旋转，即对各测点作坐标换算。
5) 检查旋转后各测点的新坐标是否符合最小区域判断准则。如不符合，则应作第二次旋转，重复上述步骤。

例 8-2 在基准平面上，用千分表测量一块 400mm×400mm 平板的平面度误差，测得数据如图 8-19a 所示。

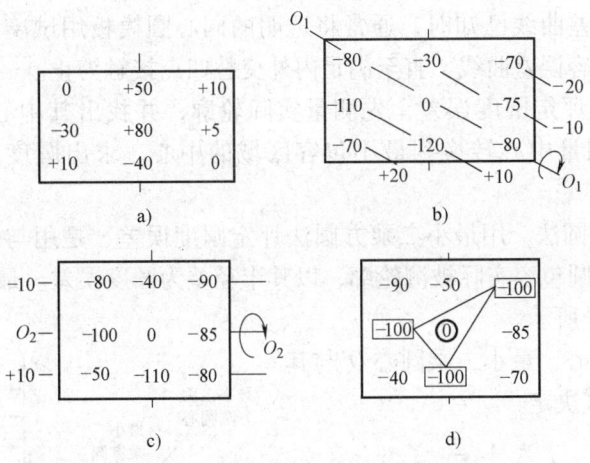

图 8-19 例 8-2 旋转变换法

解 根据原始数据建立上包容面，即将测量 9 点的原始数值各减去最大值 80，使最高点为 0，得到各点数据如图 8-19b 所示。

旋移上包容面之一。以 O_1O_1 为旋转轴，各点按比例减去（或加上）相应的数值不能出现正值，得到各点数值如图 8-19c 所示。

旋移上包容面之二。以 O_2O_2 为旋转轴，各点按比例减去（或加上）相应的数值不能出现正值，得到各点数值如图 8-19d 所示。

图 8-19d 符合三角形准则（即三低一高），故 $f = 0\mu m - (-100\mu m) = 100\mu m$。

8.2.3 圆度误差的检测与评定

圆度误差是实际圆对理想圆的变动量。

1. 圆度误差的检测方法

圆度误差常用测量方法有半径测量法、两点或三点测量法和坐标测量法。

(1) 半径测量法 用半径测量法测圆度误差的专用仪器是圆度仪。将被测工件横截面的实际轮廓与理想圆相比较，得到被测轮廓的半径变动量，由此评定圆度误差值。理想圆由圆度仪测头动点轨迹体现。

(2) 两点、三点测量法 对一些圆度精度不高的工件和不能用圆度仪测量的大型工件，常用两点、三点法测量其圆度误差。

两点、三点法测量圆度误差是以被测轮廓的某些特征参数评定其误差值。圆度误差 f 为

$$f = \Delta / F \tag{8-3}$$

式中　Δ ——指示装置的最大读数差值，也称特征参数；
　　　F ——反映系数，它表示圆度误差反映在特征参数上的明显程度，其值大小取决于被测轮廓的几何特征、指示表的安装方式及测量装置的结构。

2. 圆度误差的评定方法

圆度误差的评定方法分为四种：最小区域圆法，最小二乘方圆法，最大内接圆法和最小外接圆法。其中最小区域圆法评定所得结果小于或等于其他方法所得结果。

（1）最小区域圆法　用最小区域圆法评定圆度误差是由两同心圆包容实际被测轮廓，至少应有内外交替四点接触，如图8-20所示。

当被测轮廓的误差曲线已知时，通常将透明的同心圆模板用试凑的方法，用两同心圆包容误差曲线，直至满足内外交替四点接触为止。

也可用计算方法评定圆度误差，先测量实际轮廓，并找出其中心，按一定优化方法将测量中心转换到最小包容区域的中心，求出圆度误差值。

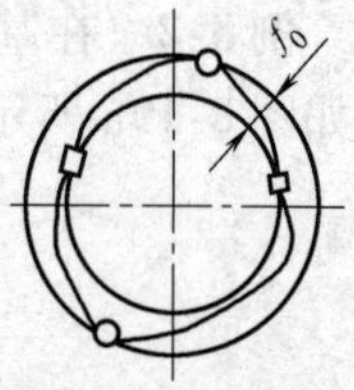

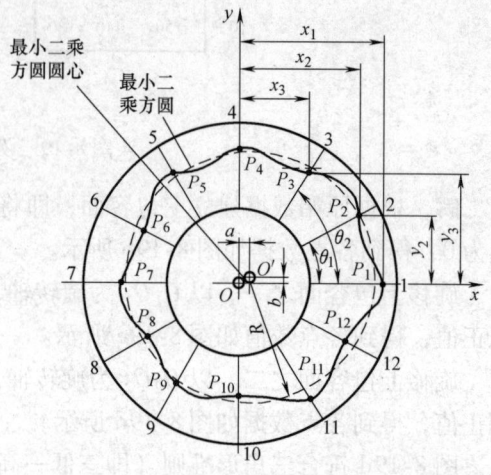

图 8-20　圆度误差的最小包容区域

（2）最小二乘方圆法　用最小二乘方圆法评定圆度误差，是用与最小二乘方圆同心的两圆包容实际被测轮廓，以其半径差为圆度误差。最小二乘方圆及其圆心位置的确定如图8-21所示。

图中 O 为测量圆心，最小二乘圆心 O' 与其偏心量值 a、b 由下式决定

$$a = \frac{1}{n}\sum_{i=1}^{n} x_i ; b = \frac{1}{n}\sum_{i=1}^{n} y_i \qquad (8-4)$$

式中　n ——圆周上测点数。

最小二乘方圆半径

$$R = \frac{1}{n}\sum_{i=1}^{n} r_i$$

式中　r_i ——各测点的半径测得值。

误差曲线上各点至最小二乘方圆的距离为

$$\Delta R_i = r_i - (R + a\cos\theta_i + b\sin\theta_i) \qquad (8-5)$$

则圆度误差值为

$$f_{LS} = \Delta R_{\max} - \Delta R_{\min} \qquad (8-6)$$

图 8-21　最小二乘方圆

（3）最大内接圆法　最大内接圆是指内接于实际被测轮廓或内接于其误差曲线，且半径为最大的圆，如图8-22所示。误差曲线上某点至该圆的最大距离即为被测轮廓的圆度误差。

最大内接圆的判别条件可分为两种：一种为两点接触，即误差曲线上有两点与内接圆接触，且两点连线即为该圆的直径，如图8-22a所示；另一种为误差曲线上有三点与内接圆接触，且三点连线构成锐角三角形，如图8-22b所示。

最大内接圆法只用于评定内表面的圆度误差。

（4）最小外接圆法　最小外接圆指外接于实际被测轮廓或外接于其误差曲线，且半径为最小的圆，如图8-23所示。误差曲线上某点至该圆的最大距离即为被测轮廓的圆度误差。

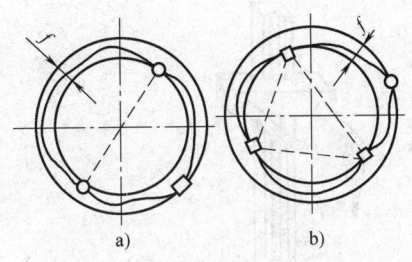
图8-22 最大内接圆

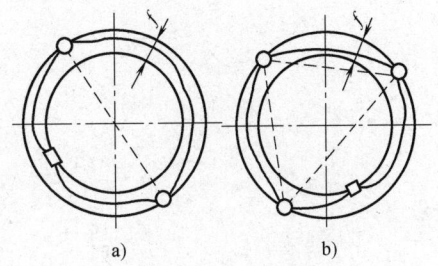
图8-23 最小外接圆

最小外接圆的判别条件也可分为两种：一种为两点接触，即误差曲线上有两点与外接圆接触，且两点连线即为该圆的直径，如图8-23a所示；另一种为三点接触，即误差曲线上有三点与外接圆接触，且三点连线构成锐角三角形，如图8-23b所示。

最小外接圆法只用于评定外表面的圆度误差。

例8-3 圆度仪测量圆度误差。

1. 量具与测量仪器的选用

1）圆度仪。
2）刻有同心圆的透明样板（见图8-24）。
3）被测量件如图8-25所示。

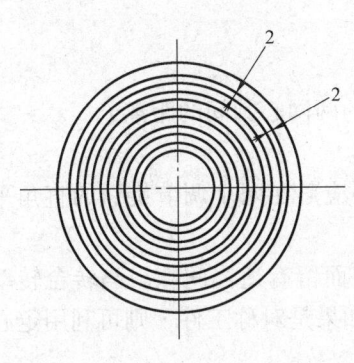
图8-24 同心圆透明样板

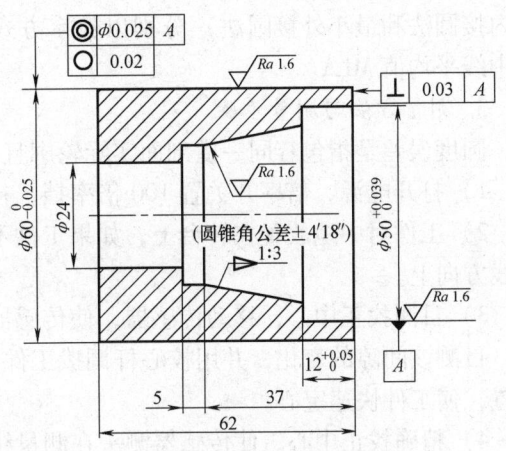
图8-25 圆度误差测量件

2. 仪器介绍

用精密回转轴系统上一个动点（测量装置的测头）所产生的理想圆与被测轮廓进行比较，就可求得圆度误差值。这种具有精密回转轴系统的测量圆度误差的仪器称为圆度仪。YD200A型圆度仪如图8-26所示。

圆度仪的工作原理：YD200A型圆度仪是以高精度的转台旋转轴线为基准测量工件的径向变化，转台台面可调至倾斜以使其与旋转轴线垂直，被测工件放置在该转台上，并使工件与转台旋转中心精确地对正。测量时，传感器测头与被测工件截面接触，被测工件截面实际轮廓引起的径向尺寸的变化由传感器转换成电信号，此信号通过放大、检波、波度滤波后驱动记录器表头，用电感方式将轮廓的径向变化记录在与转台同步转动的记录纸上。用刻有同心圆的透明样板可评定出圆度误差，该记录图形为被测轮廓的径向变化量的放大图，而与工

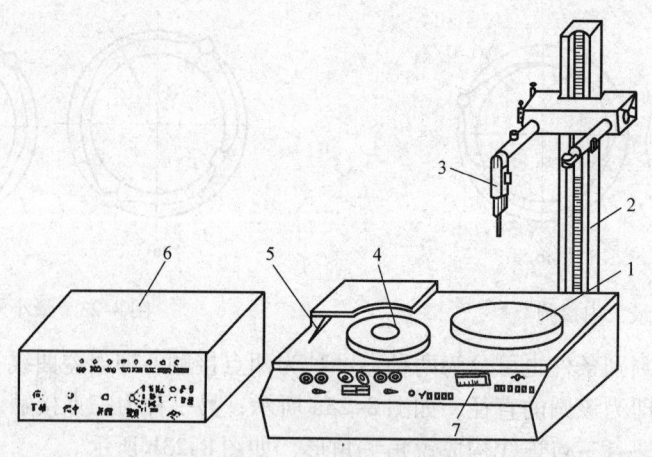

图 8-26 YD200A 型圆度仪
1—转台台面 2—立柱 3—传感器 4—记录器 5—记录笔 6—放大器 7—对心表

件的直径大小无关。与此同时,波度滤波后的信号又输入到专用微型计算机,每圈采样 600 点,按应用程序进行圆度分析。其结果信号通过功放再驱动记录器表头,将参考圆叠画在轮廓记录图上,直接显示测量结果。其最大峰值为 P,最大谷值为 V,圆度值即为 $P+V$,图形偏心分量 X、Y 值,可由微型计算机按四种评定方法(最小区域圆法、最小二乘方圆法、最大内接圆法和最小外接圆法)分别以数字方式显示出来。此外,对最小二乘方圆法还可显示中线平均值 MLA。

3. 测量方法与测量步骤

圆度误差是指包容同一横剖面实际轮廓且半径差为最小的两同心圆间的距离 f。

1)打开电源,倍率开关置 100 倍率挡,补偿电位器置 1。

2)工件对中地放置在转台上,如果工件不对称,其重心应落在两个调节旋钮的直角平分线方向上。

3)目测找正中心,移动传感器,使传感器测头与被测表面留有适当间隙。当转台转动时,目测该间隙的变化,并用校心杆调拨工件,使其对正。如果是对称工件,则可利用定心装置,使工件快速定心。

4)精确找正中心,使传感器测头在测量线方向上(即法线方向)接触工件表面,并使对心表 7 的指针在两条边线范围内摆动。当指针处在转折点时,在测头所处的径向方向上用校心杆调拨工件,以使摆幅最小,找正中心应从最低放大倍率挡 100 倍率开始,直至 2000 倍率(粗糙零件)、4000 倍率(较精密的零件)。

5)放入记录纸,记录轮廓图线。如果记录图线的头尾有径向偏离,则需重新记录。

6)借助透明的刻有一组等间距(如 2mm)的同心圆透明样板(见图 8-24),使其复合在记录纸上。

7)用最小区域圆法,读圆度值。在被测轮廓内每点都可作两个同心圆,其中一个外接圆,另一个内切圆,以包含实际轮廓,并且以半径差最小的两个同心圆的圆心为理想圆心,但是至少应有四个实测点内外相间在内、外两个圆周上,如图 8-27 所示(a、c 与 b、d 分别与外圆和内圆交替接触)。

8)两包容圆半径差即为圆度误差值。

4. 注意事项

1) 如果将一个被测零件横截面上的轮廓（微观几何形状和宏观几何形状）全部在记录图上反映出来，则记录轮廓表面高频波动的图模糊不清，如图 8-28a 所示。而对圆度测量来说，反映出表面宏观几何形状才是主要的，所以在圆度仪上采用了低通滤波器，将被测零件表面高频的波动滤掉，将宏观几何形状在记录图上显示出来，如图 8-28b 所示。

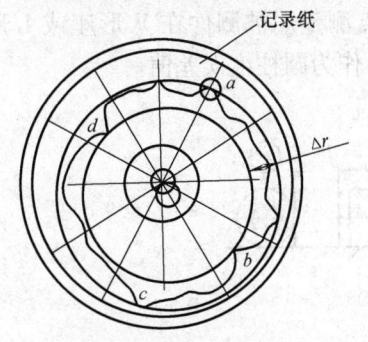

图 8-27　最小区域圆法

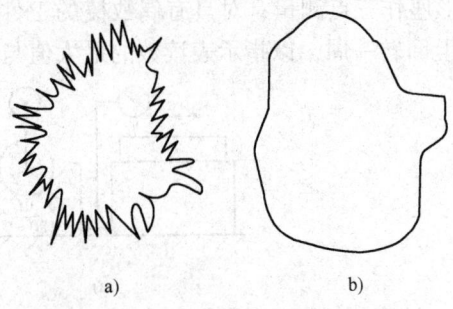

图 8-28　被测零件横截面的几何形状

2) 从图 8-29a 可以看出，一个被精车加工的零件，放大后其表面的加工痕迹呈螺旋状。若圆度很好，用尖测头沿被测工件表面测量一周时，测头会越过峰、谷各一次，记录图形将呈椭圆形，如图 8-29b 所示。为了减小刀痕对测量的影响，宜采用斧形测头测量。

3) 在圆度误差测量中，测头对被测表面的压力，一般不超过 0.25N，选择测量力的原则是使被测工件表面不产生塑性变形，同时又有适当的力，克服测量过程中测头的径向加速运动，不致使测头离开被测表面。

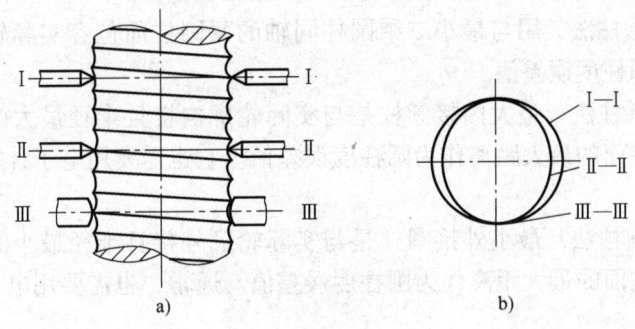

图 8-29　圆度测量

8.2.4　圆柱度误差的检测与评定

圆柱度误差是实际轮廓对理想圆柱的变动量。

1. 检测方法

圆柱度误差的测量方法分为半径测量法、坐标测量法和两点、三点测量法三种。

(1) 半径测量法　圆柱度误差的半径测量法一般在圆柱度仪或圆度仪上实现。被测工件置于量仪工作台上，将其轴线调整到与量仪回转轴线大致重合，测量记录被测工件分截面上或沿螺旋线被测轮廓的半径变动量。

(2) 直角坐标测量法　圆柱度误差的直角坐标测量法一般在三坐标测量机上实现。测量时，在被测轮廓上划分若干等距的横向测量截面，在每个截面内测量轮廓的各点坐标值(x,y,z)，经计算机数据处理后，获得圆柱度误差值。

（3）两点、三点测量法 用两点、三点法测量被测轮廓上某些特征参数可获得圆柱度误差的近似值。如图8-30所示，其中图a为在V形座上用三点法测量圆柱度误差，图b为在L形座上用两点法测量圆柱度误差。通常对具有奇数棱的工件用两个夹角为90°和120°的V形座作三点测量；对具有偶数棱的工件在L形座上作两点测量。被测件在V形座或L形座上回转一周，以指示表读数的最大值与最小值之差的一半作为圆柱度误差值。

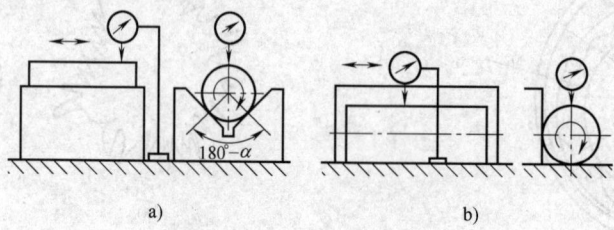

图8-30 两点、三点测量法

2. 评定方法

圆柱度误差的评定方法分为最小包容区域法、最小二乘圆柱法、最大内接圆柱法和最小外接圆柱法。

（1）最小包容区域法 最小包容区域法评定圆柱度误差是由两同轴的理想圆柱面包容实际轮廓，当该两同轴圆柱面的半径差为最小时，其半径差即为圆柱度误差值。用最小包容区域法评定圆柱度误差，标志最小包容区域的接触形式很多，目前尚无统一的判别准则。通常需要用电子计算机采用优化方法计算才能求出圆柱度误差值。

（2）最小二乘圆柱法 用与最小二乘圆柱同轴的两圆柱面包容实际轮廓，该两包容圆柱面的半径差即为圆柱度误差值。

（3）最大内接圆柱法 最大内接圆柱是与实际轮廓内接且半径最大的圆柱面，以实际轮廓上某点至该圆柱面的最大距离作为圆柱度误差值。它也需要用电子计算机才能获得圆柱度误差值。

（4）最小外接圆柱法 最小外接圆柱是与实际轮廓外接且半径最小的圆柱面，以实际轮廓上某点至该圆柱面的最大距离作为圆柱度误差值。通常，也需要用电子计算机才能获得圆柱度误差值。

例8-4 用圆度仪测量圆柱度误差。

圆柱度误差是包容实际表面且半径差为最小的两个同轴圆柱面的半径差f。如果圆柱度测量结果不经计算机进行数据处理，很难做到精确和符合定义要求。但是在实际中，用简便的近似方法来评定圆柱度误差仍是一种常用的方法。圆柱度误差测量如图8-31所示。

将被测工件的轴线调整到与仪器同轴，记录被测工件回转一周过程中测量截面上各点的半径差。在测头没有径向偏移的情况下，按需要重复上述方法测量

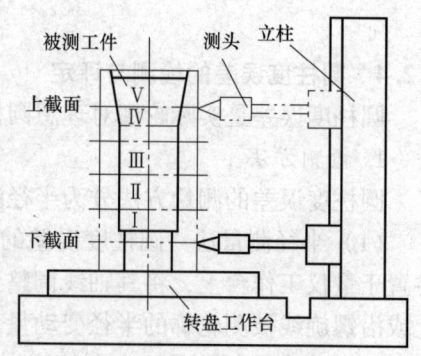

图8-31 圆柱度误差测量

若干个横截面。电子计算机按最小条件确定圆柱度误差,也可用极坐标图近似求出圆柱度误差。

(1) 测量步骤

1) 打开电源,倍率开关置 100 倍率挡,补偿电位器置 1。

2) 工件对中地放置在转台上,如果工件不对称,其重心应落在两个调节旋钮的直角平分线方向上。

3) 目测找正中心,移动传感器,使传感器测头与被测表面留有适当间隙。当转台转动时,目测该间隙的变化,并用校心杆调拨工件,使其对正。如果是对称工件,则可利用定心装置,使工件快速定心。

4) 精确找正中心,使传感器测头在测量线方向上(即法线方向)接触工件表面,并使对心表 7 (见图 8-26) 的指针在两条边线范围内摆动。当指针处在转折点时,在测头所处的径向方向上用校心杆调拨工件,以使摆幅最小,找正中心应从最低放大倍率挡 100 倍率开始,直至 2000 倍率(粗糙零件)、4000 倍率(较精密的零件)。

5) 放入记录纸,记录截面轮廓上的图线。如果记录图线的头尾有径向偏离,则需重新记录。

6) 在测头没有径向偏移的情况下,按需要重复上述方法测量若干个横截面。

7) 把在圆度仪上测量的每个截面的图形,描绘在一张记录纸上,如图 8-32 所示,然后用同心圆透明样板,按最小条件圆度的判别准则,求出包容这一组记录图形的两同心圆半径差 Δ,再除以放大倍数 M,即为此零件的圆柱度误差 $f = \dfrac{\Delta}{M}$。

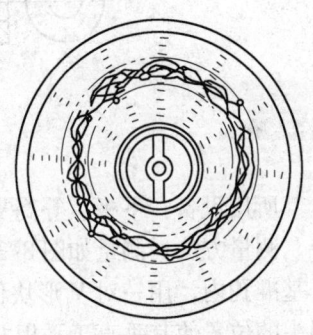

图 8-32 圆柱度误差测量

(2) 注意事项

1) 在圆柱度误差测量中,除圆度测量中所述的注意事项外,还应注意测量力所产生的力矩。

2) 要注意经常校正工作台水平。

8.3 方向误差的测量

方向误差包括平行度、垂直度和倾斜度三个项目。其误差值均以定向最小包容区域的宽度或直径表示。

8.3.1 平行度误差的测量

根据面与线几何要素的相互关系,平行度误差有四种情况:面对基准平面、线对基准平面、面对基准直线和线对基准直线的平行度。

1. 面对面平行度误差的测量

平行度误差测量件如图 8-33a 所示。

所用设备:平板、测量架、指示表。

测量方法:如图 8-33b 所示,测量零件上表面对底面的平行度误差时,将被测件的基准面放置在平板上,并将带指示器的测量架也放在平板上,平板就是测量基准。调整测量架的高度，使指示器的测头垂直地与被测面接触，调整表的零位。然后前后左右移动测量架，并观察指示器的示值变化，指示器的最大与最小读数之差即为被测件的平行度误差值。

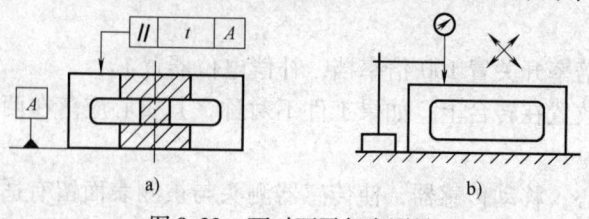

图 8-33　面对面平行度测量

2. 面对线平行度误差的测量

平行度误差测量件如图 8-34a 所示。

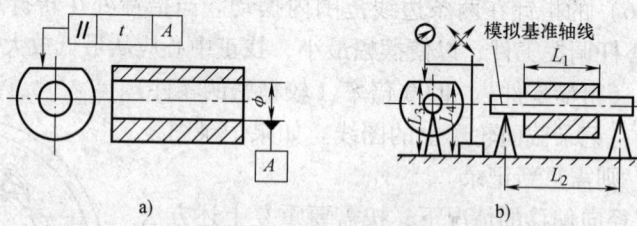

图 8-34　面对线平行度测量

所用设备：平板、等高支承、心轴、带指示器的测量架。

测量方法：测量如图 8-34b 所示零件上表面对孔中心线的平行度误差时，将标准心轴插入基准孔内，用一对 V 形块作等高支承，将带指示器的测量架也放在平板上，调整指示器测头的位置使其垂直于平板并与被测平面接触，在垂直于心轴的方向移动测量架，并使被测平面绕心轴转动，使 $L_3 = L_4$，然后移动测量架，在整个被测表面测量并记录读数。最后取整个测量过程中指示器的最大与最小读数之差，作为被测件的平行度误差值。也可在取得全部测点的测量数据后，用最小条件评定平行度。

注意：测量时应选用可胀式（或与孔成无间隙配合的）心轴。

3. 线对线平行度误差的测量

平行度误差测量件如图 8-35a 所示。

所用设备：平板、等高支承、心轴、指示表、表架。

测量方法：测量如图 8-35b 所示零件孔中心线对孔中心线的平行度误差时，先将标准心轴分别插入基准孔和被测孔内，并置于等高支承上。在测量距离为 L_2 的两个位置上测得的数值分别为 M_1 和 M_2，则平行度误差

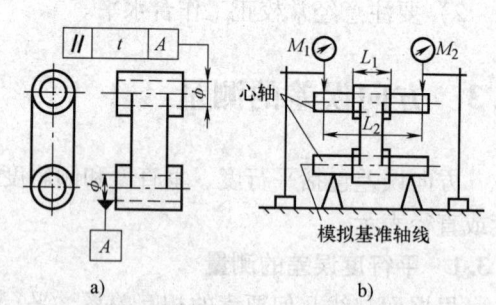

图 8-35　线对线平行度测量

$$f = \frac{L_1}{L_2}|M_1 - M_2| \tag{8-7}$$

式中　L_1——被测轴线的长度。

当被测工件在互相垂直的两个方向上给定公差要求时，则可按上述方法在两个方向上分别测量。

当被测工件在任意方向上给定公差要求时，则应在 0°~180° 范围内按上述方法测量若干个不同角度位置，取各测量位置所对应的 f 值中最大值，作为该工件的平行度误差。

8.3.2 垂直度误差的测量

1. 面对面垂直度误差的测量

测量件如图 8-36a 所示。

所用设备：平板、直角座、带指示器的测量架。

测量方法：如图 8-36b 所示，将被测件的基准面固定在直角座（或其他垂直量具）上，使指示器测头与被测面接触，在垂直面方向移动测量架，同时调整被测件的位置，使指示器在前后两点的读数相等，然后再测量其他全部被测点，最后取指示器在整个被测表面各点测得的最大与最小读数之差，作为该件的垂直度误差值。

2. 面对线垂直度误差的测量

测量件如图 8-37a 所示。

所用设备：平板、导向块、固定支承、指示表、表架。

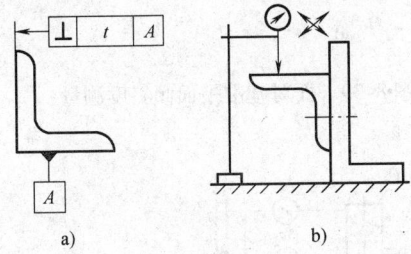

图 8-36 面对面垂直度测量

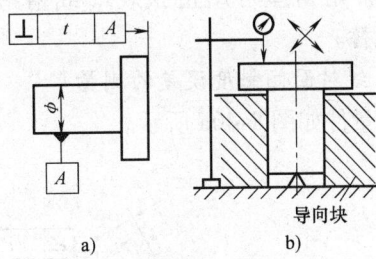

图 8-37 面对线垂直度测量

测量方法：图 8-37b 为打表测量面对线垂直度误差的方法，这种方法是以导向块来模拟体现基准轴线。先将导向块放置在平板上，并调整导向块使其轴线与平板工作面垂直，导向块内置固定支承，再将被测件放置在导向块内，使被测件上相隔 90° 的两条母线与导向块的工作面紧密接触，然后将带指示器的测量架放在平板上，使指示器测头与被测平面接触，移动测量架，在整个被测平面内进行读数，取最大与最小读数差作为该零件的垂直度误差值。

3. 线对线垂直度误差的测量

测量件如图 8-38a 所示。

所用设备：平板、直角尺、心轴、固定和可调支承、指示表、表架。

测量方法：首先将被测件通过固定和可调支承在平面上，并使基准轴线处于垂直于平板工作面的位置（见图 8-38b）。在基准孔和被测孔内分别插入合适的标准心轴以模拟两轴线。将直角尺置于平板上，并推动使其长边工作面与基准心轴的一条素线接触，调整可调支承，使直角尺工作面与基准心轴的素线间无间隙出现，再将直角尺工作面与相隔 90° 的另一条素线接触，重复上述操作，直到两条素线均垂直于平板为止。

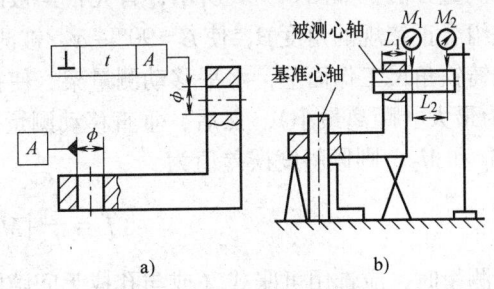

图 8-38 线对线垂直度测量

然后以平板为测量基准,用指示器在被测心轴上距离为 L_2 的两个位置上测得的数值分别为 M_1 和 M_2,则该件的垂直度误差值为

$$f = \frac{L_1}{L_2}|M_1 - M_2| \tag{8-8}$$

式中　L_1——被测轴线的长度。

8.3.3　倾斜度误差的测量

1. 面对基准平面倾斜度误差的测量

测量件如图 8-39a 所示。

所用设备:平板、定角座、固定支承、指示表、表架。

测量方法:如图 8-39b 所示,将被测工件放置在定角座上。调整被测工件,使整个被测表面的读数差为最小。取指示器的最大与最小读数之差作为该工件的倾斜度误差。定角座可用正弦规(或精密转台)代替。

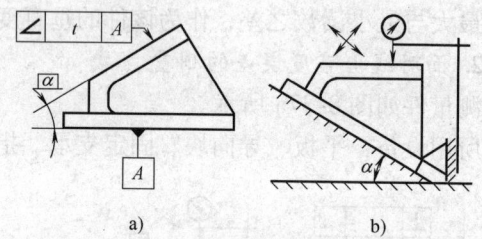

图 8-39　面对基准平面倾斜度测量

2. 线对面倾斜度误差的测量

测量件如图 8-40a 所示。

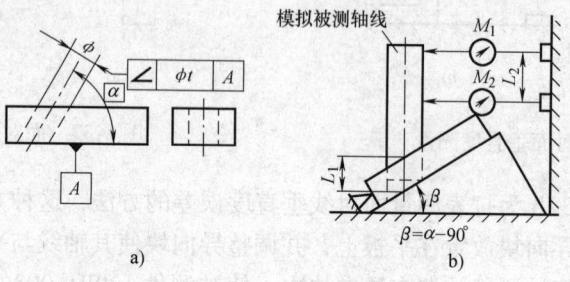

图 8-40　线对面的倾斜度测量

所用设备:平板、直角座、定角垫块、固定支承、心轴、指示表、表架。

测量方法:如图 8-40b 所示,首先根据被测件轴心线对基准平面的理论角度 α 选择定角座或组合正弦规的角度 β,使 $\beta = 90° - \alpha$。被测轴线由心轴模拟。将带指示器的测量底座贴附在铸铁角尺工作面上,水平移动测量架,使指示器测头与心轴素线接触,调整被测件示值 M_1 为最大(距离最小)。然后,垂直移动测量架,在距离为 L_2 的两个位置上测得数值分别为 M_1 和 M_2,则倾斜度误差值为

$$f = \frac{L_1}{L_2}|M_1 - M_2| \tag{8-9}$$

测量时,应选用可胀式(或与孔成无间隙配合的)心轴。

3. 面对线倾斜度误差的测量

测量件如图 8-41a 所示。

所用设备:平板、定角座、等高支承、心轴、指示表、表架。

测量方法:图 8-41b 为测量平面对基准轴线倾斜度误差的方法。首先在基准孔内插入合

第 8 章 几何误差检测

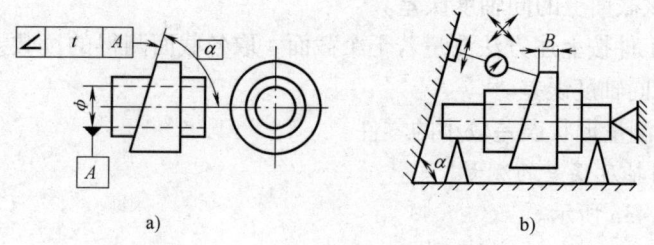

a) b)

图 8-41 面对线的倾斜度测量

适的轴以模拟基准轴线,通过等高支承将被测件放在定角座的基准面上,定角座的另一工作面为测量基准。再转动被测件使其最小长度 B 的位置处在顶部,此时被测表面与测量基准平行。然后将测量架的底座贴附在测量基准上,指示器测头与被测表面接触,测量整个被测表面与测量基准之间各点的距离,取指示器最大与最小读数之差,作为该件的倾斜度误差值。

8.4 位置误差的测量

位置误差包括同轴(同心)度、对称度和位置度三个项目。其误差值均以定位最小包容区域的宽度或直径表示。

8.4.1 同轴(同心)度误差的测量

同轴度误差的测量根据被测零件的形状不同,有三种形式:孔与孔、轴与轴和孔与轴的同轴度误差。

1. 同类零件同轴度误差的测量

测量件如图 8-42a 所示。

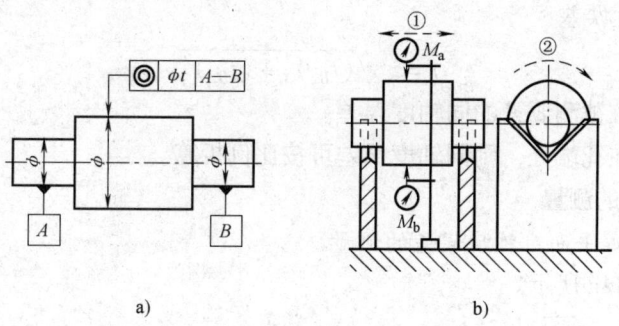

a) b)

图 8-42 轴类零件同轴度测量

所用设备:平板、刃口状 V 形架、带两块指示器的测量架。

测量方法:图 8-42b 为测量轴类零件同轴度误差的方法。将被测工件基准组成要素的中截面放置在两个等高的刃口状 V 形架上(公共基准轴线由 V 形架体现)。将两指示器分别在铅垂轴截面调零。

1) 在轴向测量,取指示器在垂直基准轴线的正截面上测得各对应点的读数差值

$|M_a - M_b|$ 作为在该截面上的同轴度误差。

2）转动被测工件按上述方法测量若干个截面，取各截面测得的读数差中的最大值（绝对值）作为工件的同轴度误差。

此方法适用于测量形状误差较小的零件。

2. 孔类零件同轴度误差的测量

测量件如图 8-43a 所示。

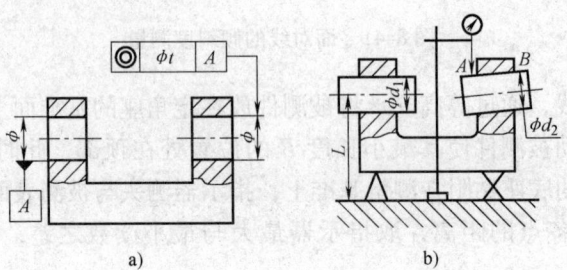

图 8-43 孔类零件同轴度测量

所用设备：平板、心轴、固定和可调支承、带指示器的测量架。

测量方法：图 8-43b 为测量孔类零件同轴度误差的方法。将心轴与孔成无间隙配合地插入孔内，并调整被测工件使其基准轴线与平板平行。在靠近被测孔端 A、B 两点测量，并求出该两点分别与高度 $(L+\dfrac{d_2}{2})$ 的差值 f_{Ax} 和 f_{Bx}。然后把被测工件翻转 90°，按上述方法测取 f_{Ay} 和 f_{By}，则

A 点处的同轴度误差

$$f = 2\sqrt{(f_{Ax})^2 + (f_{Ay})^2} \tag{8-10}$$

B 点处的同轴度误差

$$f = 2\sqrt{(f_{Bx})^2 + (f_{By})^2} \tag{8-11}$$

取其中较大值作为该被测要素的同轴度误差。

如测点不能取在孔端处，则同轴度误差可按比例折算。

8.4.2 对称度误差的测量

1. 面对基准中心平面对称度误差的测量

测量件如图 8-44a 所示。

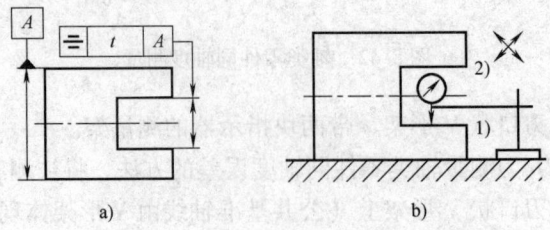

图 8-44 面对基准中心平面对称度测量

所用设备：平板和带指示器的测量架。

测量方法：如图 8-44b 所示，将被测工件放置在平板上。

1）测量被测表面与平板之间的距离。

2）将被测工件翻转后，测量另一被测表面与平板之间的距离。

3）取测量截面内对应两测点的最大差值作为对称度误差。

2. 面对线对称度误差的测量

测量件如图 8-45a 所示。

所用设备：平板、V 形块、定位块、指示表、表架。

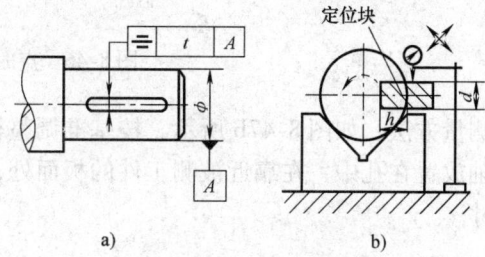

图 8-45 面对线对称度测量

测量方法：图 8-45b 为测量键槽对称中心面对基准轴线对称度误差的方法。首先用外径千分尺测出键槽处轴的实际直径 d，将 V 形块放在平板上，基准轴线由 V 形块模拟，被测中心平面由定位块模拟，分两步测量。

（1）截面测量　调整被测工件使定位块沿径向与平板平行，测量定位块至平板的距离，再将被测工件旋转 180°后重复上述测量，得到该截面上下两对应点的读数差 a，则该截面的对称度误差

$$f_{截} = \frac{a \cdot \frac{h}{2}}{R - \frac{h}{2}} = \frac{ah}{d - h} \tag{8-12}$$

式中　R——轴的半径（$d/2$）；

　　　h——槽深。

（2）长向测量　沿键槽长度方向测量，取长向两点的最大读数差为长向对称度误差 $f_长 = a_高 - a_低$。

取以上两个方向测得误差的最大值作为工件的对称度误差。

8.4.3　位置度误差的测量

1. 点的位置度误差的测量

测量件如图 8-46a 所示。

所用设备：标准零件、测量钢球、回转定心夹头、平板、带指示器的测量架。

测量方法：如图 8-46b 所示，被测工件由回转定心夹头定位，选择适当直径的钢球，放置在被测工件的球面内，以钢球球心模拟被测球面的中心。在被测工件回转一周过程中，径向指示器最大读数差的一半为相对于基准轴线 A 的径向误差 f_x，垂直方向指示器直接读取相对于基准 B 的轴向误差 f_y。该指示器应先按标准零件调零。被测点位置度误差

$$f = 2\sqrt{f_x^2 + f_y^2} \tag{8-13}$$

2. 线的位置度误差的测量

测量件如图 8-47a 所示。

所用设备：三坐标测量机和心轴。

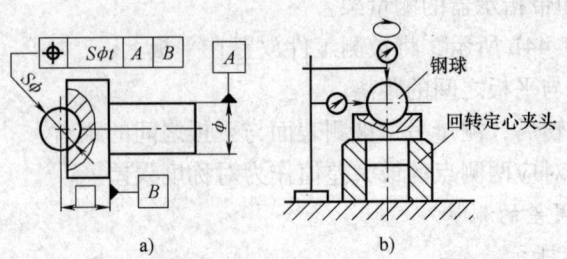

图 8-46　点的位置度测量

测量方法：如图 8-47b 所示，按基准调整被测工件，使其与测量装置的坐标方向一致。将心轴放置在孔中，在靠近被测工件的板面处，测量 x_1、x_2、y_1、y_2。按下式分别计算出坐标尺寸 x、y

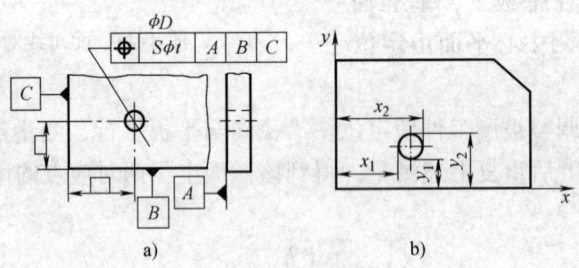

图 8-47　线的位置度测量

x 方向坐标尺寸 $x = \dfrac{x_1 + x_2}{2}$

y 方向坐标尺寸 $y = \dfrac{y_1 + y_2}{2}$

将 x、y 分别与相应的理论正确尺寸比较，得到 f_x 和 f_y，则位置度误差为

$$f = 2\sqrt{f_x^2 + f_y^2} \tag{8-14}$$

然后把被测工件翻转，对其背面按上述方法重复测量，取其中的误差较大值作为工件的位置度误差。

对于多孔孔组，则按上述方法逐孔测量和计算。若位置度公差带为给定两个方向的两组平行平面，则直接取 $2f_x$、$2f_y$ 分别作为该零件在两个方向上的位置度误差。测量时，应选用可胀式（或与孔成无间隙配合的）心轴。

若孔的形状误差对测量结果的影响可以忽略时，则可直接在实际孔壁上测量。

8.5　跳动误差的测量

跳动包括圆跳动和全跳动两种。测量跳动时，应使被测要素绕其基准轴线回转。基准轴线的体现方法有两顶尖连线法、V 形座法及圆孔支承座法等。

8.5.1 圆跳动误差的测量

1. 径向圆跳动误差的测量

测量件如图 8-48a 所示。

所用设备：一对同轴圆柱导向套筒和带指示器的测量架。

测量方法一：如图 8-48b 所示，将被测工件支承在两个同轴圆柱导向套筒内，并在轴向定位。

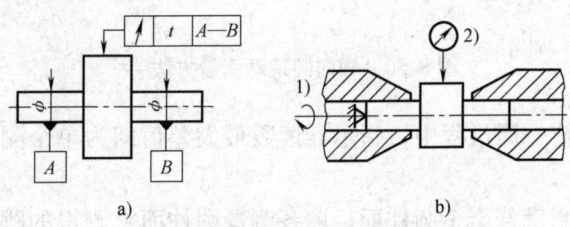

图 8-48 径向圆跳动测量

1) 在被测工件回转一周过程中，指示器读数最大差值即为单个测量平面上的径向圆跳动。

2) 按上述方法在若干个截面上进行测量。取各截面上测得的跳动的最大值，作为工件的径向圆跳动。

此方法在满足功能要求，即基准要素与两个同轴轴承相配时，是一种有用方法，但是具有一定直径（最小外接圆柱面）的同轴导向套筒通常不易获得。

测量方法二：若被测件有顶尖孔，并以此顶尖孔定位加工出的被测表面，则可用两顶尖的连线来模拟体现基准轴线。测量时，将被测件安装在两顶尖之间（见图 8-49a），其测量方法同测量方法一。

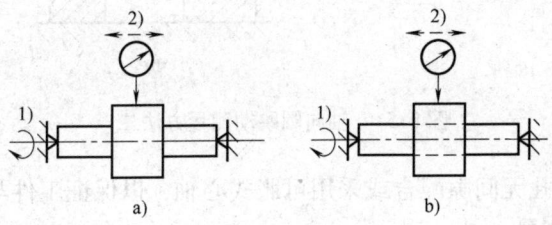

图 8-49 径向圆跳动测量方法

测量方法三：对于以孔心线为基准轴线的径向圆跳动误差，可用如图 8-49b 所示的方法测量。

1) 将导向心轴插入基准孔内，同时安装在两顶尖（或 V 形块）之间，指示器在被测表面的法线方向与被测表面接触。

2) 转动被测件，在一周过程中指示器读数最大差值，即为单个测量截面上的径向圆跳动。

2. 轴向圆跳动误差的测量

测量件如图 8-50a 所示。

所用设备：平板、带指示器的测量架、V形块。

测量方法一：如图8-50b所示，将被测工件支承在V形块上，并在轴向上固定。

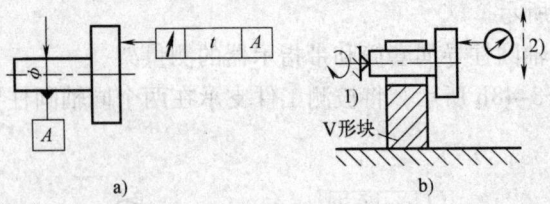

图8-50　轴向圆跳动测量方法一

1）在被测工件回转一周过程中，指示器读数最大差值即为单个测量圆柱面上的轴向圆跳动。

2）按上述方法，测量若干个圆柱面，取各测量圆柱面上测得的跳动中的最大值作为该零件的轴向圆跳动。

该测量方法受V形块角度和实际基准要素形状误差的综合影响。

测量方法二：如图8-51b所示，将被测工件固定在导向心轴上，并安装在V形架上（或顶尖上）。

1）在被测零件回转一周过程中，指示器读数最大差值即为单个测量圆柱面上的轴向圆跳动。

2）按上述方法，测量若干个圆柱面，取各测量圆柱面上测得的跳动中最大值，作为工件的轴向圆跳动。

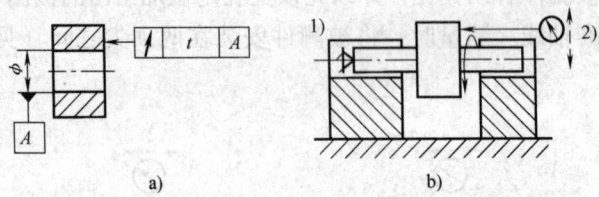

图8-51　轴向圆跳动测量方法二

导向心轴应与基准孔无间隙配合或采用可胀式心轴，以保证工件与心轴间无相对运动。

8.5.2　全跳动误差的测量

1. 径向全跳动误差的测量

测量件如图8-52a所示。

所用设备：平板、一对同轴导向套筒、支承、指示表、表架。

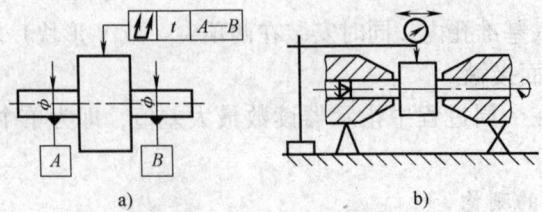

图8-52　径向全跳动测量

测量方法：如图 8-52b 所示，基准轴线用一对同轴导向套筒的轴线模拟（也可由一对顶尖的连线或 V 形块来模拟）。

将被测件固定在同轴导向套筒内，并在轴向上固定，通过固定和可调支承将同轴导向套筒置于平板上，调整可调支承，使导向套筒的轴线与平板平行。

使指示器的测头在法线方向上与被测表面接触，连续转动被测件的同时，使指示器测头沿基准轴线的方向作直线运动，在整个测量过程中指示器读数的最大差值，即为该件的径向全跳动误差值。

2. 轴向全跳动误差的测量

测量件如图 8-53a 所示。

所用设备：平板、支承、导向套筒、指示表、表架。

测量方法：如图 8-53b 所示，将被测件支承在导向套筒内（基准轴线由导向套筒的轴线来模拟，也可用 V 形块来模拟），并在轴向固定，调整导向套筒，使其轴线垂直于平板工作面。使指示器测头平行于轴线与被测端面接触，连续转动被测件，并使指示器沿被测端面的直径方向作直线移动，在整个测量过程中指示器读数的最大差值，即为该件的轴向全跳动误差值。

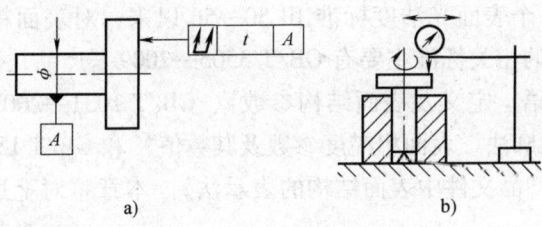

图 8-53 轴向全跳动测量

思 考 题

1. 在评定直线度时，什么是"最小条件"？符合"最小条件"的直线度判别准则是什么？
2. 平面度的定义是什么？在评定平面度时符合"最小条件"的判别准则是什么？
3. 几何量测量包括形状测量与相互位置测量，请指出直线度、平行度、平面度、垂直度、圆度、同轴度、位置度、倾斜度和圆柱度等测量中，哪些属于几何形状测量？哪些属于相互位置测量？
4. 位置误差的测量包括哪几项？
5. 国家标准对检测原则有哪几项规定？
6. 如何检测键槽对称度误差？
7. 测中心轴起什么作用？

第9章 表面结构要求及其检测

经机械加工的零件表面会留有许多高低不平的凸峰和凹谷，零件加工表面上具有的较小间距和峰谷所组成的这种微观几何形状特征，称为表面结构要求。表面结构要求是表面粗糙度、表面波纹度和表面几何形状的总称。其中微观几何形状误差即微小的峰谷高低程度称为表面粗糙度（零件表面所具有的较小间距和微小峰谷的不平程度）。零件表面的粗糙，不仅影响美观，而且对接触面的摩擦、运动面的磨损、贴合面的密封、配合面的可靠、旋转件的疲劳强度，以及抗腐蚀性能等都有影响。对于已完工的零件，只有在满足尺寸精度、形状精度和位置精度的同时，满足表面粗糙度的要求，才能保证零件几何参数的互换性。表面粗糙度是零件几何精度设计中必不可少的，是零件质量评定十分重要的指标。为了正确地测量和评定零件表面粗糙度，除表面粗糙度外，还有在机械加工过程中，由于机床、工件和刀具系统的振动，在工件表面所形成的间距比粗糙度大得多的表面不平度，即波纹度的影响。我国自从1956年颁布了第一个表面光洁度标准JB 50—56以来，对表面粗糙度国家标准已进行了多次修订，现在实施的相关标准主要有GB/T 3505—2009《产品几何技术规范（GPS） 表面结构 轮廓法 术语、定义及表面结构参数》、GB/T 1031—2009《产品几何技术规范（GPS） 表面结构 轮廓法 表面粗糙度参数及其数值》和GB/T 131—2006《产品几何技术规范（GPS） 技术产品文件中表面结构的表示法》。本章将对上述标准的主要内容进行介绍。

9.1 有关表面结构的术语和定义

1. 表面轮廓

物体与周围介质分离的表面称为实际表面。为了研究零件的表面结构，通常把一个平面与实际表面垂直相交所得到的轮廓作为评估对象。该轮廓称为表面轮廓，它是一条轮廓曲线，如图9-1所示。

2. 实际轮廓

实际轮廓是平面与实际表面垂直相交所得的轮廓线，可分为横向实际轮廓和纵向实际轮廓。通常指横向实际轮廓（见图9-1）。

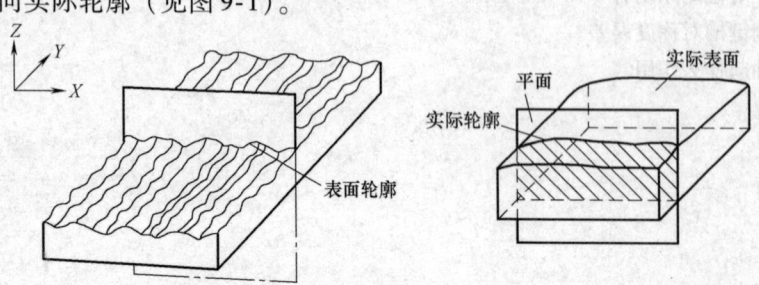

图9-1 实际表面与实际轮廓

3. 表面结构

表面结构是由实际表面的重复或偶然的偏差所形成的表面三维形貌,包括表面粗糙度、表面波纹度、形状误差、纹理方向和表面缺陷,如图9-2所示。

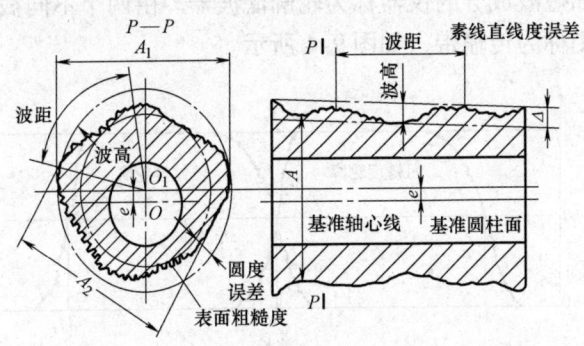

图9-2　零件表面的形貌

(1) 表面粗糙度　零件表面所具有的微小峰谷的不平程度,其波长和波高之比一般小于50,则属于微观几何形状误差。

(2) 表面波纹度　零件表面中峰谷的波长和波高之比等于50~1000的不平程度称为波纹度。会引起零件运转时的振动、噪声,特别是对旋转零件(如轴承)的影响是相当大的,目前表面波纹度还没有制定国家标准。国际标准化组织第57技术委员会正在制定表面波纹度有关国际标准。

(3) 形状误差　零件表面中峰谷的波长和波高之比大于1000的不平程度属于形状误差。

表面形状误差、表面粗糙度、表面波纹度之间的界定,通常按表面轮廓上相邻两波峰或波谷之间的距离,即按波距的大小来划分,或按波距与峰谷高度的比值来划分。一般来说,波距小于1mm,大体呈周期性变化的属于表面粗糙度范围;波距在1~10mm之间呈周期性变化的属于表面波纹度范围;波距大于10mm的属于表面宏观形状误差范围,如图9-3所示。

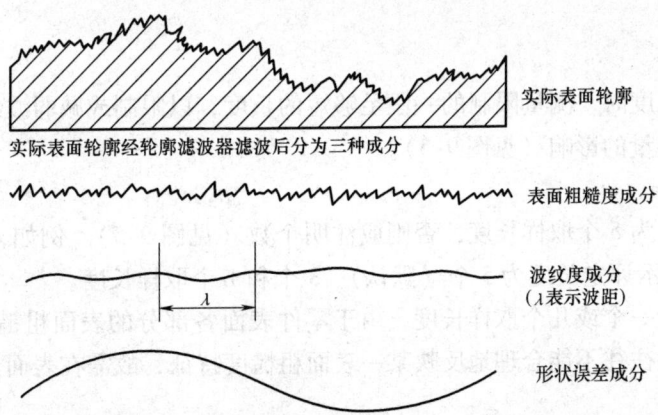

图9-3　完工零件实际表面轮廓的形状和组成部分

粗糙度的三类轮廓各有不同的波长范围，它们又同时叠加在同一表面轮廓上，因此，在测量评定三类轮廓上的参数时，必须先将表面轮廓在特定仪器上进行滤波，以便分离获得所需波长范围的轮廓。

将轮廓分成长波和短波成分的仪器称为轮廓滤波器。由两个不同截止波长的滤波器分离获得的轮廓波长范围则称为传输带，如图 9-4 所示。

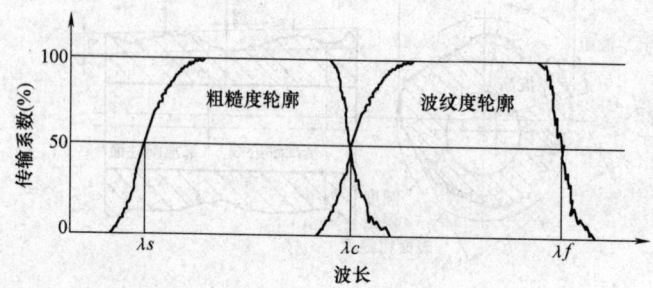

图 9-4　表面粗糙度和波纹度轮廓的传输特性

按滤波器的不同截止波长值，由小到大顺次分为 λs、λc 和 λf 三种。

应用 λs 滤波器修正后的轮廓称为原始轮廓（P 轮廓）；在 P 轮廓上再应用 λc 滤波器修正后形成的轮廓即为粗糙度轮廓（R 轮廓）；对 P 轮廓连续应用 λf 和 λc 滤波器后形成的轮廓则称为波纹度轮廓（W 轮廓）。

4. 中线

具有几何轮廓形状并划分轮廓的基准线称为中线，如图 9-5 所示。

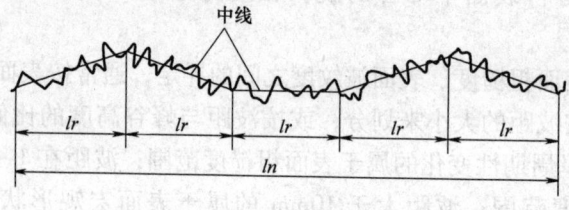

图 9-5　中线

5. 取样长度 lr

测量表面粗糙度时，测量限制的一段足够短的长度，以限制或减弱波纹度、排除形状误差对表面粗糙度测量的影响（见图 9-5）。

6. 评定长度 ln

评定长度默认为 5 个取样长度，否则应注明个数（见图 9-5）。例如，Rz 0.8、Ra 31.6 和 Rz 13.2 分别表示评定长度为 5 个（默认）、3 个和 1 个取样长度。

评定长度包括一个或几个取样长度，由于零件表面各部分的表面粗糙度不一定很均匀，在一个取样长度上往往不能合理地反映某一表面粗糙度特征，故需在表面上取几个取样长度来评定表面粗糙度。

7. 轮廓中线 m

轮廓中线 m 是评定表面粗糙度数值大小的基准线。轮廓中线有两种：即轮廓最小二乘中线和轮廓算术平均中线。

(1) 轮廓最小二乘中线 轮廓最小二乘中线是指在取样长度范围内,实际被测轮廓线上的各点至该线的距离平方和为最小的基准线,如图9-6所示,即

$$\int_0^{lr} y(x)^2 dx = \min \tag{9-1}$$

(2) 轮廓算术平均中线 轮廓算术平均中线是指在取样长度范围内,将实际轮廓划分为上、下两部分,且使上部分面积之和等于下部分面积之和的基准线,如图9-7所示,即

$$\sum_{i=1}^n F_i = \sum_{i=1}^n F'_i \tag{9-2}$$

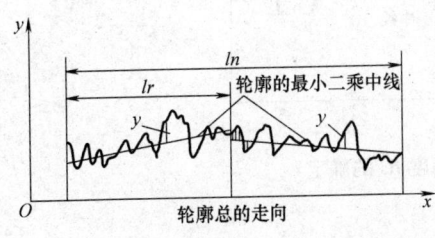

图9-6 轮廓最小二乘中线图

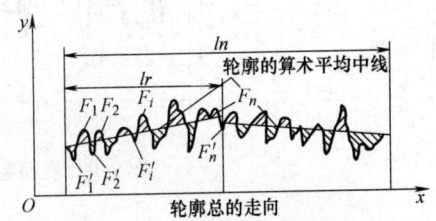

图9-7 轮廓算术平均中线图

9.2 表面粗糙度的评定参数

国家标准规定采用中线制来评定表面粗糙度,为了定量地评定表面粗糙度,必须用参数及其数值来表示表面粗糙度的特征。由于表面轮廓上的微小峰、谷的幅度、间距和形状是构成表面结构的基本特征,因此在评定表面粗糙度时,可采用幅度参数、间距参数和混合参数。其中幅度参数是基本参数,间距参数和混合参数是附加参数。

9.2.1 评定参数的定义

1. 轮廓算术平均偏差 Ra(幅度参数)

轮廓算术平均偏差 Ra 是指在取样长度 lr 内,被测实际轮廓上各点至轮廓中线距离绝对值的算术平均值(见图9-8),即

$$Ra = \frac{1}{lr} \int_0^{lr} |y(x)| dx \tag{9-3}$$

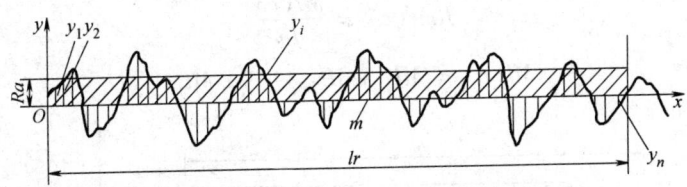

图9-8 轮廓算术平均偏差 Ra 的确定

Ra 能充分反映表面微观几何形状高度方面的特性,但因受计量器具功能的限制,不用作过于粗糙或太光滑的表面的评定参数。

2. 轮廓最大高度 Rz（幅度参数）

轮廓最大高度 Rz 是指在一个取样长度 lr 范围内，被评定轮廓上各个极点至中线的距离中，最大轮廓峰高 Rp 与最大轮廓谷深 Rv 之和的高度（见图9-9），即

$$Rz = Rp + Rv \tag{9-4}$$

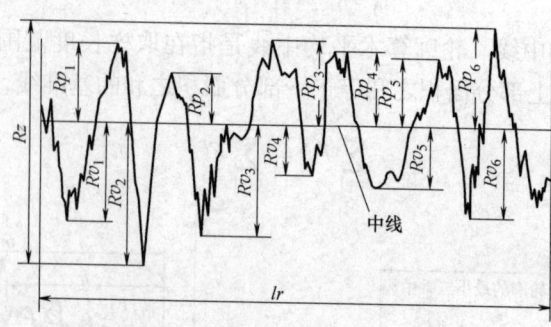

图9-9　表面粗糙度最大高度 Rz 的确定

3. 轮廓单元的平均宽度 Rsm（间距参数）

一个轮廓峰与相邻的轮廓谷的组合称为轮廓单元。轮廓单元的平均宽度 Rsm 是指在一个取样长度 lr 范围内，中线与各个轮廓单元相交线段的宽度（轮廓单元宽度 Xs）的平均值（见图9-10），即

$$Rsm = \frac{1}{n}\sum_{i=1}^{n} X_{si} \tag{9-5}$$

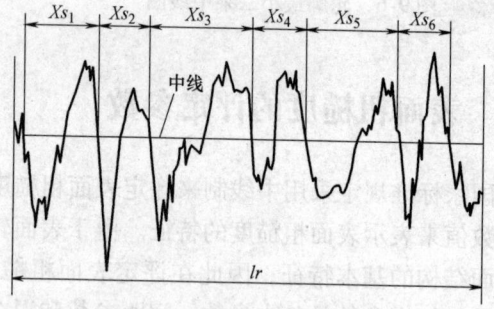

图9-10　轮廓单元的平均宽度

注意：在零件图上，对零件某一表面的表面结构要求，按需要选择 Ra 或 Rz 标注。Rsm 属于附加评定参数，只能与 Ra 或 Rz 同时选用，不能独立采用。

4. 轮廓支承长度率 $Rmr(c)$

轮廓支承长度率 $Rmr(c)$ 是指在给定截面高度 c 上轮廓的实体材料长度 $Ml(c)$ 与评定长度 ln 的比率，如图9-11所示。用公式表示为

$$Rmr(c) = \frac{Ml(c)}{ln} \tag{9-6}$$

$$Ml(c) = Ml_1 + Ml_2 + \cdots + Ml_n \tag{9-7}$$

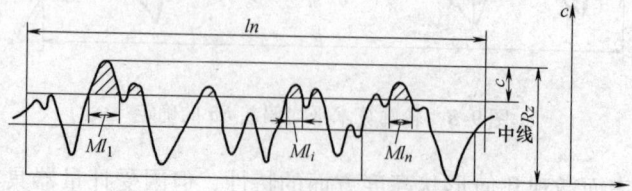

图9-11　轮廓的支承长度率

幅度参数中轮廓的算术平均偏差 Ra 和轮廓最大高度 Rz 是标准中规定必须标注的参数，应优先选用 Ra。当对表面粗糙度除了有高度要求外，还有密封性和耐磨性要求时，就要考虑选择附加参数 Rsm 或 $Rmr(c)$。

9.2.2 表面粗糙度参数值的选择

表面粗糙度参数允许值应按国家标准 GB/T 1031—2009 规定的参数值系列选取。轮廓算术平均偏差 Ra、轮廓最大高度 Rz、轮廓单元平均宽度 Rsm 和轮廓支承长度率 $Rmr(c)$ 的参数值系列见表 9-1 ~ 表 9-4。

表 9-1 轮廓算术平均偏差 Ra 的数值（摘自 GB/T 1031—2009）

$Ra/\mu m$	0.012	0.2	3.2	50
	0.025	0.4	6.3	100
	0.05	0.8	12.5	
	0.1	1.6	25	

表 9-2 轮廓最大高度 Rz 的数值（摘自 GB/T 1031—2009）

$Rz/\mu m$	0.025	0.4	6.3	100	1600
	0.05	0.8	12.5	200	
	0.1	1.6	25	400	
	0.2	3.2	50	800	

表 9-3 轮廓单元平均宽度 Rsm 的数值（摘自 GB/T 1031—2009）

Rsm/mm	0.006	0.1	1.6
	0.0125	0.2	3.2
	0.025	0.4	6.3
	0.05	0.8	12.5

表 9-4 轮廓支承长度率 $Rmr(c)$ 的数值（摘自 GB/T 1031—2009）

| $Rmr(c)(\%)$ | 10 | 15 | 20 | 25 | 30 | 40 | 50 | 60 | 70 | 80 | 90 |

注：选用轮廓支承长度率 $Rmr(c)$ 时，应同时给出轮廓截面高度 c 值。c 值可用微米或 Rz 的百分数表示，Rz 的百分数系列如下：5%、10%、15%、20%、25%、30%、40%、50%、60%、70%、80%、90%。

根据表面功能和生产的经济合理性，当选用表 9-1 ~ 9-4 系列值不能满足要求时，可选取补充系列值，补充系列值见 GB/T 1031—2009 附录 A。

9.3 表面结构代号及标注

GB/T 131—2006 规定了技术产品文件（图样、说明书、合同和报告等）中表面结构的表示方法。确定零件表面粗糙度评定参数及允许值和其他技术要求后，应按照 GB/T 131—2006 的规定，把表面结构要求正确地标注在零件图上。

9.3.1 表面结构的图形符号

为了标注表面结构各种不同的技术要求，GB/T 131—2006 规定了一个基本图形符号、两个扩展图形符号和三个完整图形符号，见表 9-5。

基本图形符号由两条不等长的与标注表面成60°夹角的直线构成。基本图形符号仅用于简化标注，没有补充说明时不能单独使用。

扩展图形符号是指对表面结构有指定要求的图形符号。扩展图形符号是在基本图形符号上加一短横或加一个圆圈。

完整图形符号是对基本图形符号或扩展图形符号扩充后的图形符号。在基本图形符号和扩展图形符号的长边加一横线就构成用于任何工艺方法（在文本中用APA表示）、去除材料的方法（在文本中用MRR表示）、不去除材料的方法（在文本中用NMR表示）三种不同工艺要求的完整图形符号。

表9-5　表面结构的图形符号

符号	含　义
∨	基本图形符号，未指定工艺方法的表面。当通过一个注释解释时可单独使用
∇	扩展图形符号，用去除材料的方法获得的表面，仅当其含义是"被加工表面"时可单独使用
∨○	扩展图形符号，不去除材料的方法获得的表面，也可用于表示保持上道工序形成的表面，不管它是通过去除材料或不去除材料形成的
∨̄ ∇̄ ∨̄○	完整图形符号，分别比上面三个图形符号多一条横线用于标注有关参数和说明

9.3.2　表面结构要求在完整图形符号上的注写

1. 在完整图形符号上的注写位置

在完整图形符号中，对表面粗糙度评定参数的符号及极限值和其他技术要求应标注在图9-12所示的指定位置。此图为在去除材料的完整图形符号上的标注。在允许任何工艺和不去除材料的完整图形符号上，也按照图9-12所示的指定位置标注。

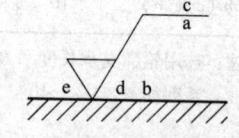

图9-12　表面结构技术要求的标注位置

在完整图形符号各个指定位置上分别注写下列技术要求。

（1）位置a　注写幅度参数符号（Ra 或 Rz）及极限值（单位为 μm）和有关技术要求。

（2）位置b　注写附加评定参数的符号及相关数值（如 Rsm，其单位为 μm）。

（3）位置c　注写加工方法、表面处理、涂层或其他加工工艺要求等，如车、磨、镀等。

（4）位置d　注写要求的表面纹理和纹理的方向。

（5）位置e　注写加工余量（以 mm 为单位给出数值）。

2. 表面粗糙度幅度参数的标注

在完整图形符号上，幅度参数的符号及极限值应一起标注。按GB/T 131—2006的规定，在完整图形符号上标注极限值，其给定数值分为下列两种情况。

（1）标注极限值中的一个数值且默认为上限值　当只单向标注一个数值时，则默认为它是幅度参数的上限值。标注示例如图 9-13 所示（默认传输带，默认评定长度 $ln = 5 \times lr$，默认为 16% 规则）。

（2）同时标注上、下限值　需要在完整图形符号上同时标注幅度参数上、下限值时，则应分成两行标注幅度参数符号和上、下限值。上限值标注在上方，并在传输带的前面加注符号"U"。下限值标注在下方，并在传输带的前面加注符号"L"。当传输带采用默认的标准化值而省略标注时，则在上方和下方幅度参数符号的前面分别加注符号"U"和"L"，标注示例如图 9-14 所示（去除材料，默认传输带，默认评定长度 $ln = 5 \times lr$，默认为 16% 规则）。

对某一表面标注幅度参数的上、下限值时，在不引起歧义的情况下，可以不加写"U"、"L"。

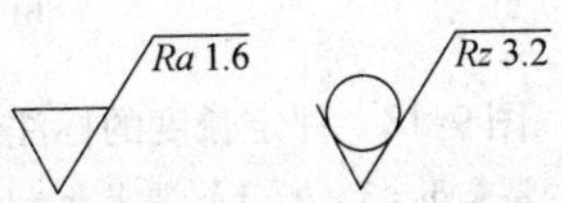

图 9-13　幅度参数值默认为上限值的标注 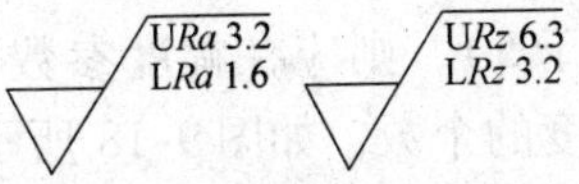　　　　图 9-14　同时标注幅度参数上、下限值的标注

3. 极限值判断规则的标注

根据表面粗糙度参数代号上给定的极限值，对实际表面进行检测后判断其合格性时，按 GB/T 10610—2009 的规定，可以采用下列两种判断规则。

（1）16% 规则　16% 规则是指在同一评定长度范围内幅度参数所有的实测值中，大于上限值的个数少于总数的 16%，小于下限值的个数少于总数的 16%，则认为合格。16% 规则是表面结构要求标注中的默认规则，如图 9-13、9-14 所示。

（2）最大规则　在幅度参数符号的后面增加标注一个"max"的标记，则表示检测时合格性的判断采用最大规则。它是指整个被测表面上幅度参数所有的实测值都不大于上限值，才认为合格。标注示例如图 9-15、9-16 所示（去除材料，默认传输带，默认 $ln = 5 \times lr$）。

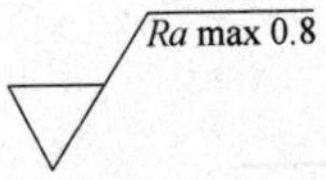

图 9-15　应用最大规则且默认为上限值的标注 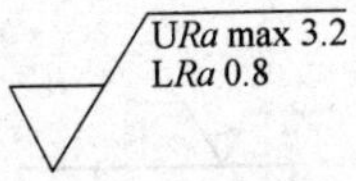　　　　图 9-16　应用最大规则的上限值和
默认 16% 规则的下限值的标注

4. 传输带和取样长度、评定长度的标注

如果表面结构完整图形符号上没有标注传输带，如图 9-13 ~ 图 9-16 所示，则表示采用默认传输带，即默认短波滤波器和长波滤波器的截止波长（λs 和 λc）均为标准化值。

需要指定传输带时，传输带标注在幅度参数符号的前面，并用斜线"/"隔开。传输带用短波和长波滤波器的截止波长（mm）进行标注，短波滤波器 λs 在前，长波滤波器 λc 在后（$\lambda c = lr$），它们之间用连字号"–"隔开，标注示例如图 9-17 所示（去除材料，默认 $ln = 5 \times lr$，幅度参数值默认为上限值，默认 16% 规则）。

图 9-17a 的标注中，传输带 $\lambda s = 0.0025$mm，$\lambda c = lr = 0.8$mm。在某些情况下，对传输带只标注两个滤波器中的一个，另一个滤波器则采用默认的截止波长标准化值。如只标注一个

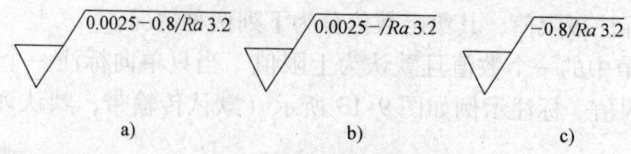

图 9-17　确认传输带的标注

a) 同时标注短波和长波滤波器　b) 只标注短波滤波器　c) 只标注长波滤波器

滤波器，应保留连字号"-"来区分是短波滤波器还是长波滤波器，如图 9-17b 所示的标注中，传输带 $\lambda s = 0.0025$ mm，λc 默认为标准化值；图 9-17c 的标注中，传输带 $\lambda c = 0.8$ mm，λs 默认为标准化值。

设计时若采用标准评定长度，即采用默认的取样长度个数 5 可省略标注（见图 9-17）。需要指定评定长度时（在评定长度范围内的取样长度个数不等于 5），则应在幅度参数符号的后面注写取样长度的个数，如图 9-18 所示（去除材料，评定长度 $ln \neq 5 \times lr$，幅度参数值默认为上限值）。

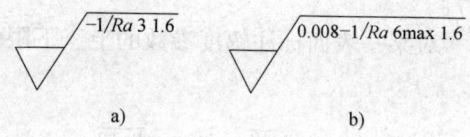

图 9-18　评定长度的标注

a) 要求 $ln = 3 \times lr$　b) 要求 $ln = 6 \times lr$

图 9-18a 的标注中，$ln = 3 \times lr$，$\lambda c = lr = 1$ mm，λs 默认为标准化值，判断规则默认为 "16% 规则"。图 9-18b 的标注中，$ln = 6 \times lr$，传输带 $\lambda s = 0.008$ mm，$\lambda c = lr = 1$ mm，判断规则采用最大规则。

5. 表面纹理的标注

纹理方向是指表面纹理的主要方向，通常由加工工艺决定。典型的表面纹理及其方向用规定的符号（图 9-19）标注在完整符号中（见图 9-12 位置 d 处）。如果这些符号不能清楚

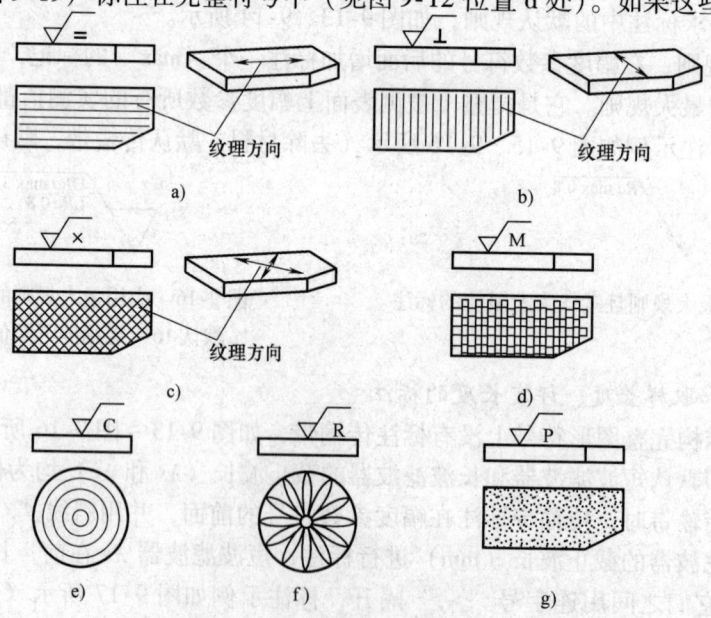

图 9-19　表面纹理方向符合及标注图例

a) 纹理平行于视图所在的投影面　b) 纹理垂直于视图所在的投影面　c) 纹理呈两斜向交叉方向　d) 纹理呈多方向
e) 纹理呈近似同心圆且圆心与表面中心相关　f) 纹理呈近似放射状且与表面中心相关　g) 纹理呈微粒、凸起，无方向

地表示表面纹理要求,可以在零件图上加注说明。采用定义的符号标注表面纹理不适用于文本标注。

6. 附加评定参数和加工方法的标注

加工工艺用文字在完整图形符号中(见图9-12位置c处)注明。附加评定参数和加工方法的标注示例如图9-20所示。该图也为上述各项技术要求在完整图形符号上标注的示例。用磨削加工的方法获得的表面,其幅度参数 Ra 上限值为 $1.6\mu m$(采用最大规则),下限值为 $0.2\mu m$(默认16%规则),传输带均采用 $\lambda s = 0.008mm$,$\lambda c = lr = 1mm$,评定长度值采用默认的标准化值5;附加了间距参数 $Rsm 0.05$(mm),加工纹理垂直于视图所在的投影面。

7. 加工余量的标注

在同一图样中,有多个加工工序的表面可标注加工余量,如图9-21所示车削工序直径方向的加工余量为 $0.4mm$,其余技术要求均采用默认。

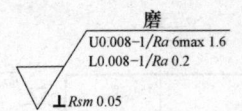

图9-20 各项技术要求标注示例

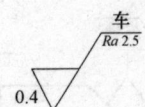

图9-21 加工余量的标注

8. 表面结构要求代号及其含义

表面结构要求代号是指在周围注写了技术要求的完整图形符号,简称粗糙度代号,其含义/解释见表9-6。

表9-6 表面结构要求代号的含义/解释

表面结构要求代号	含义/解释
$Rz\ 0.4$	表示不允许去除材料,单向上限值,默认传输带,粗糙度的最大高度 $0.4\mu m$,评定长度为5个取样长度(默认),"16%规则"(默认)
$Rz\ max\ 0.2$	表示去除材料,单向上限值,默认传输带,粗糙度的最大高度 $0.2\mu m$,评定长度为5个取样长度(默认),"最大规则"
$0.008-0.8/Ra\ 3.2$	表示去除材料,单向上限值,传输带 $0.008-0.8mm$,算术平均偏差 $3.2\mu m$,评定长度为5个取样长度(默认),"16%规则"(默认)
$-0.8/Ra3\ 3.2$	表示去除材料,单向上限值,传输带根据GB/T 6062,取样长度 $0.8\mu m$,算术平均偏差 $3.2\mu m$,评定长度包含3个取样长度,"16%规则"(默认)
U $Ra\ max\ 3.2$ L $Ra\ 0.8$	表示去除材料,双向极限值,两极限值均使用默认传输带,上限值:算术平均偏差 $3.2\mu m$,评定长度为5个取样长度(默认),"最大规则"。下限值:算术平均偏差 $0.8\mu m$,评定长度为5个取样长度(默认),"16%规则"(默认)

9.3.3 表面结构要求在零件图上的标注

1. 一般规定

对零件任何一个表面结构要求一般只标注一次,并且用表面结构要求尽可能标注在相应的尺寸及其公差的同一视图上。除非另有说明，所标注的表面结构要求是对完工零件表面的要求。此外，表面结构要求上的各种符号、数字的注写以及读取方向应与尺寸的注写和读取方向一致，并且表面结构要求的尖端必须从材料外指向并接触零件表面。在报告和合同的文本中可以用文字"APA"、"MRR"、"NMR"分别表示允许用任何工艺获得表面、允许用去除材料的方法获得表面以及允许用不去除材料的方法获得表面。

为了使图例简单，下述各个图例中的表面结构要求上都只标注了幅度参数符号及上限值，其余的技术要求均采用默认的标准化值。

2. 表面结构要求的常规标注方法

（1）标注在轮廓线上或指引线上　表面结构要求可标注在轮廓线上或其延长线、尺寸界线上，其符号应从材料外指向并接触表面，如图9-22所示。必要时，表面结构符号也可用带黑点（它位于可见表面上）的指引线引出标注，如图9-23所示。

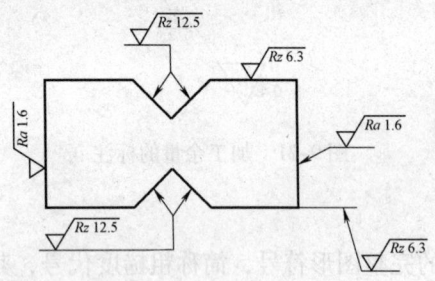

图9-22　在轮廓线上的标注

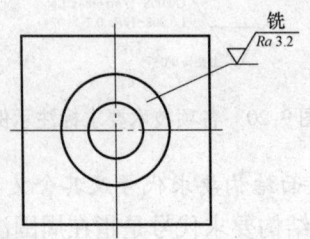

图9-23　带黑点的指引线引出标注

（2）标注在特征尺寸的尺寸线上　在不致引起误解时，表面结构要求可以标注在给定的尺寸线上，如图9-24所示。

（3）标注在几何公差的框格上　表面结构要求可标注在几何公差框格的上方，如图9-25所示。

（4）标注在圆柱和棱柱表面上　圆柱和棱柱表面的表面结构要求只标注一次（见图9-26）。如果每个棱柱表面有不同的表面结构要求，则应分别单独标注（见图9-27）。

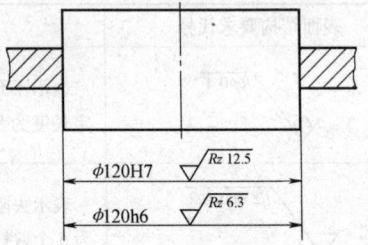

图9-24　标注在尺寸线上

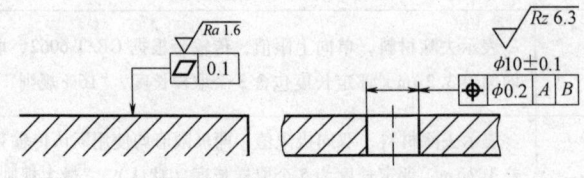

图9-25　标注在几何公差框格的上方

3. 表面结构要求的简化标注方法

（1）有相同表面结构要求的简化注法　如果在工件的多数（包括全部）表面有相同的表面结构要求，则其相同的技术要求可统一标注在图样的标题栏附近，省略对这些表面进行

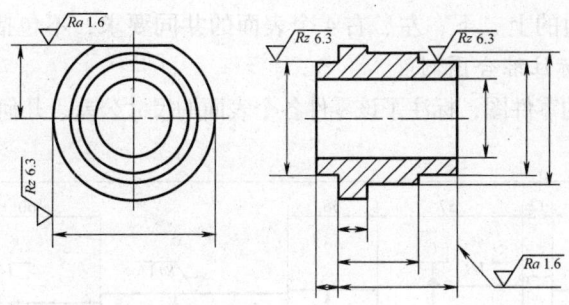

图 9-26 表面结构要求标注在圆柱特征的延长线上

分别标注。此时（除全部表面有相同要求的情况外），除了需要标注相关表面统一技术要求的粗糙度代号以外，还需要在其右侧画一个圆括号，在括号内给出一个无任何其他标注的基本图形符号。标注示例如图 9-28 的右下角标注，它表示除了两个已标注粗糙度代号的表面以外的其余表面结构要求。

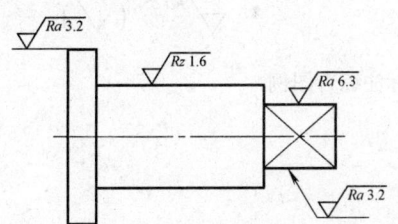

图 9-27 圆柱和棱柱的表面结构要求的注法

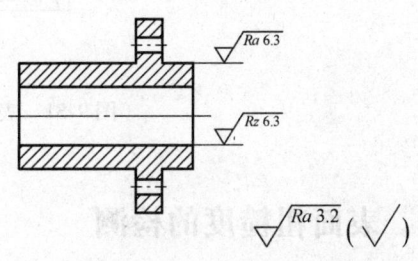

图 9-28 多数表面有相同要求的简化注法

（2）多个表面有共同要求或图样空间有限的注法 当零件的多个表面具有相同的表面结构要求或粗糙度代号直接标注在零件某表面上受到空间限制时，可以用基本图形符号、扩展图形符号或带一个字母的完整图形符号标注在零件的这些表面上，而在图形或标题栏附近，以等式的形式标注相应的粗糙度代号，如图 9-29 所示。

（3）视图上构成封闭轮廓的各个表面具有相同要求时的标注 当图样某个视图上构成封闭轮廓的各个表面具有相同的表面结构要求时，可以采用表面粗糙度特殊符号（即在完整图形符号的长边与横线的拐角处加画一个小圆）进行标注，标注示例如图 9-30 所示，特殊符号表示

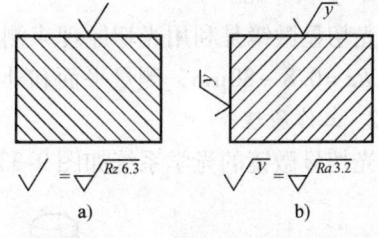

图 9-29 用等式形式简化标注的示例
a）用基本图形符号标注 b）用完整图形符号标注

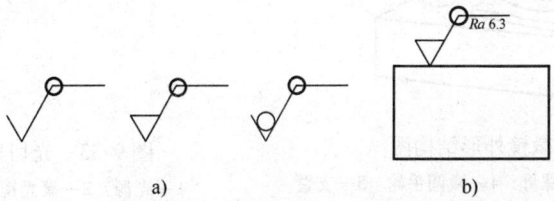

图 9-30 封闭轮廓各表面具有相同要求时的简化注法
a）表面粗糙度特殊符号 b）标注示例

对视图上封闭轮廓周边的上、下、左、右4个表面的共同要求，不包括前表面和后表面。

4. 表面结构要求标注综合图例

图9-31为高速轴的零件图，标注了该零件各个表面的尺寸公差、几何公差和表面结构要求。

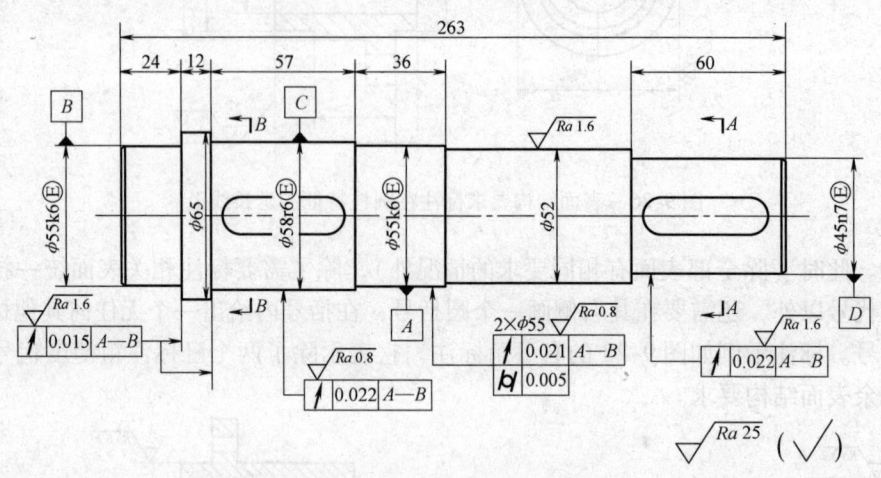

图9-31 表面结构要求标注综合图例

9.4 表面粗糙度的检测

9.4.1 用光切显微镜检测表面粗糙度

1. 量仪介绍

光切显微镜是利用光切原理来测量工件的表面粗糙度，其评定参数为 Rz，测量范围一般为 $Rz=0.8\sim80\mu m$，测量平面和外圆表面。其外形结构如图9-32所示。

2. 工作原理

光切显微镜的光学系统如图9-33所示，光线经狭缝3后成一扁平光带通过物镜4，顺着

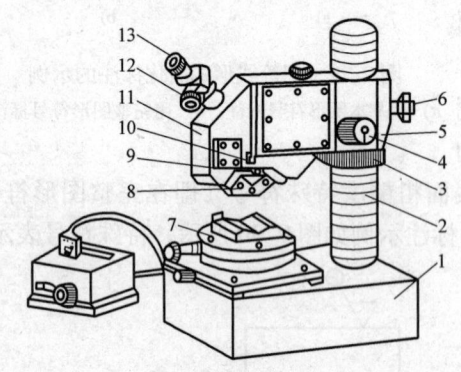

图9-32 光切显微镜外形结构图
1—底座 2—立柱 3—升降螺母 4—微调手轮 5—支臂
6—支臂锁紧螺钉 7—工作台 8—物镜组 9—物镜锁紧机构
10—遮光板手轮 11—壳体 12—目镜测微器 13—目镜

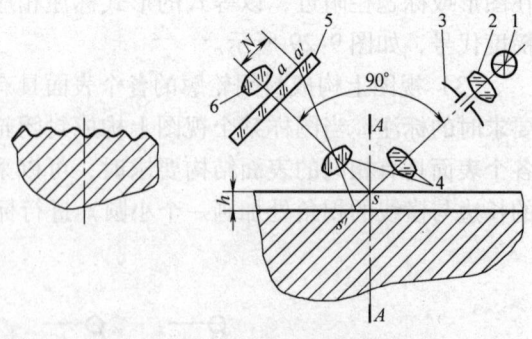

图9-33 光切显微镜光学系统
1—光源 2—聚光镜 3—狭缝 4—物镜
5—分划板 6—目镜测微器

加工痕迹以45°方向照射被测表面。具有微观不平的表面，被照射后分别在其轮廓的波峰 s 点和波谷 s' 点产生反射，通过物镜 4，它们各成像在分划板 5 上的 a 和 a'。由目镜测微器 6 测出 aa'，即可换算其波峰至波谷的高度 Y_i。

因为
$$\frac{aa'}{V} = ss' \tag{9-8}$$

所以
$$Y_i = ss'\cos45° = \frac{aa'}{V}\cos45° \tag{9-9}$$

由图 9-34 可知，测微十字线移动方向与 aa' 方向成 45°设计。

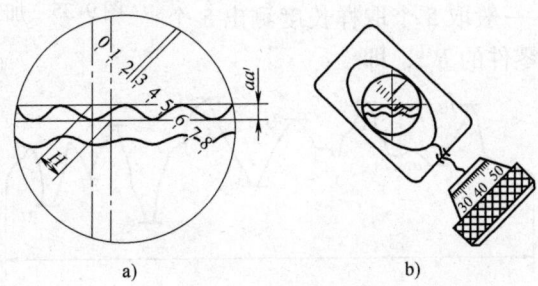

图 9-34 目镜测微器

因为
$$aa' = H\cos45° \tag{9-10}$$

而
$$H = \Delta h_i K \tag{9-11}$$

所以
$$Y_i = \frac{H\cos45°}{V}\cos45° = \frac{\Delta h_i K}{V}\cos^2 45° = \frac{\Delta h_i K}{2V} \tag{9-12}$$

令
$$E = \frac{K}{2V} \tag{9-13}$$

所以
$$Y_i = \Delta h_i E \tag{9-14}$$

式中　E——仪器的分度值；
　　　H——十字线移动距离；
　　　Δh_i——测微套筒转过的格数；
　　　K——测微套筒每转过一格十字线实际移动的距离。

E 值的理论值见表 9-7，其实际值根据仪器附件标准刻度尺检定给出。

表 9-7　E 值的理论值

物镜放大倍数 V	7×	14×	30×	60×
每转一格实际移动的距离 $K/\mu m$	17.5	17.5	17.5	17.5
仪器的分度值 $E/\mu m$	1.25	0.63	0.294	0.145

3. 操作步骤

1）根据被测零件的表面结构要求，参照仪器说明书正确选择物镜组，并装入仪器。

2）将被测零件擦净后放在工作台上，如图 9-35 所示，使加工纹路方向与光带方向垂直。

3）先粗调，看到光带后再细调，直到光带的一边非常清晰为止。

4）松开目镜上的紧固螺钉，旋转目镜，用目测法，使目镜中十字线的一根线与光带中线平行,再紧固目镜。

5) 旋转测微套筒,如图 9-36 所示,在取样长度之内,使目镜十字线分别与 5 个波峰 Rp_i 的最高点和 5 个波谷 Rv_i 的最低点相切,并记下测微套筒的 10 次读数。由此得出 5 个 Δh_i,并用下式求出 Rz,即

$$Rz = \frac{1}{5}\sum_{i=1}^{5}Y_i = \frac{1}{5}\sum_{i=1}^{5}\Delta h_i E = \frac{1}{5}\left(\sum_{i=1}^{5}Rp_i - \sum_{i=1}^{5}Rv_i\right)E$$

(9-15)

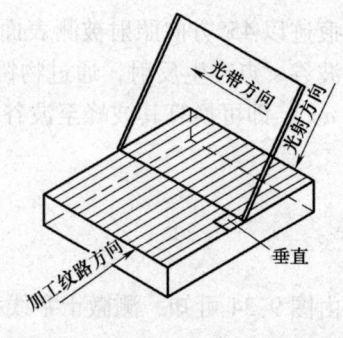

图 9-35 加工纹路方向与光带方向

6) 在评定长度内,一般取 5 个取样长度测出 5 个 Rz 值,取其平均值作为零件的 $R'z$,即

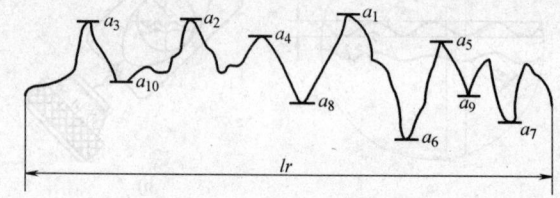

图 9-36 被测轮廓曲线

$$R'z = \frac{1}{5}Rz$$

(9-16)

7) 判断其合格性。

4. 注意事项

在检测时,应将被测工件擦净置于工作台上,使加工痕迹与光带垂直,也与工作台纵向移动方向垂直。

9.4.2 用干涉显微镜检测表面粗糙度

1. 量仪介绍

干涉显微镜用于测量轮廓最大高度 Rz,由于表面太粗糙则不能形成干涉条纹,所以测量范围一般为 $Rz = 0.05 \sim 80 \mu m$。其外形结构如图 9-37 所示。

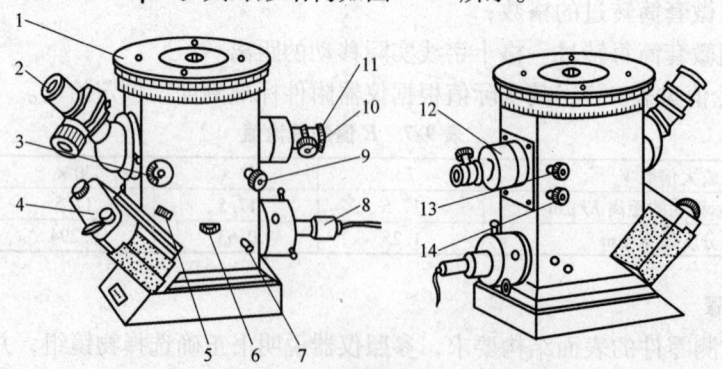

图 9-37 干涉显微镜外形结构图

1—工作台 2—目镜 3—照相与测量选择手轮 4—照相机 5—照相机锁紧螺钉
6—孔径光栏手轮 7—光源选择手轮 8—光源 9—宽度调节手轮 10—调焦手轮
11—光程调节手轮 12—物镜套筒 13—遮光板调节手轮 14—方向调节手轮

2. 工作原理

干涉显微镜是利用光波干涉原理，将具有微观不平的被测表面与标准光学镜面相比较，以光波波长为基准来测量工件表面粗糙度，其光学系统如图 9-38 所示。

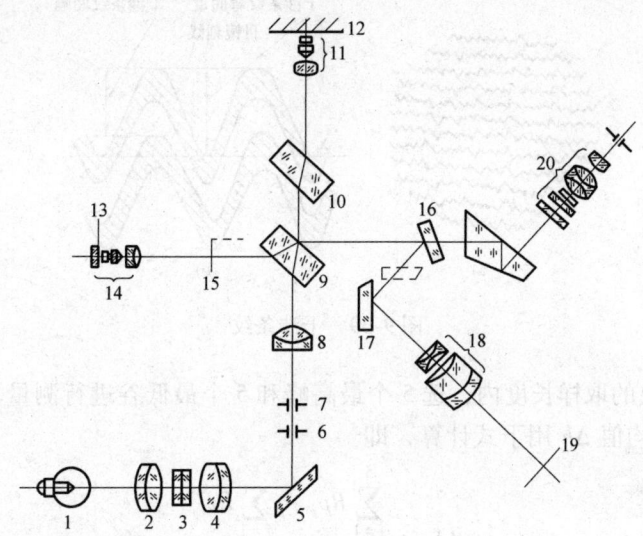

图 9-38 干涉显微镜光学系统

1—光源 2，4，8—聚光镜 3—滤光片 5—折射镜 6—视场光阑 7—孔径光阑 9—分光镜 10—补偿板 11—物镜 12—被测表面 13—标准参考镜 14—物镜组 15—遮光板 16—可调反光镜 17—折射镜 18—照相物镜 19—照相底片 20—目镜

从光源 1 发出的光束，经过分光镜 9 分为两束光。一束透过分光镜 9、补偿板 10，射向被测工件表面，由工件反射后经原路返回至分光镜 9，射向观察目镜 20。另一束光通过分光镜 9 反射到标准参考镜 13，由标准参考镜 13 反射并透过分光镜 9，也射向观察目镜 20。这两束光线间存在光程差，相遇时产生光波干涉，形成明暗相间的干涉条纹。

若工件表面为理想平面，则干涉条纹为等距离平行直纹；若工件表面存在着微观不平度，通过目镜将看到弯曲干涉条纹，如图 9-39 所示。测出干涉条纹的弯曲度 Δh_i 和间隔宽度 b_i（由光波干涉原理可知，b 对应于半波长 $\lambda/2$），通过下式可计算出波峰至波谷的实际高度 Y_i 为

$$Y_i = \frac{\Delta h_i}{b_i} \times \frac{\lambda}{2} \tag{9-17}$$

式中 λ ——光波波长。

自然光（白光），$\lambda = 0.66\mu m$；绿光（单色光），$\lambda = 0.509\mu m$；红光（单色光），$\lambda = 0.644\mu m$。

3. 操作步骤

1）将被测件表面向下，置于仪器的工作台上，如图 9-37 所示。

2）将手轮 3 转到目镜的位置，松开目镜 2 的螺钉，拔出目镜 2，并从目镜管中观察。若看到两个灯丝像，则调节光源 8，使两个灯丝像重合。然后插上目镜，锁紧螺钉。

3）旋转遮光板调节手轮 13，遮住一束光线，用手轮转动工作台滚花盘，对被测表面调

焦，直至看到清晰的表面纹路为止，再旋转遮光板调节手轮13，视场中出现干涉条纹。

4）缓慢调节手轮9、10、11，使之得到清晰的干涉条纹。再旋转方向调节手轮14，以改变干涉条纹的方向，使之垂直于加工痕迹，如图9-39所示。

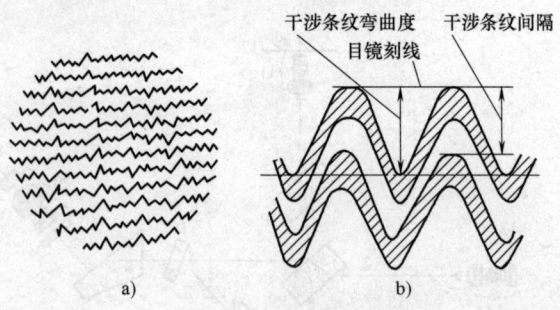

图9-39 干涉条纹

5）在干涉条纹的取样长度内，选5个最高峰和5个最低谷进行测量、读数并记录。干涉条纹弯曲度的平均值Δh用下式计算，即

$$\Delta h = \frac{\sum_{i=1}^{5} Rp_i - \sum_{i=1}^{5} Rv_i}{5b} \qquad (9-18)$$

6）干涉条纹的间隔宽度b，可取三个不同位置的平均值，即

$$b = \frac{b_1 + b_2 + b_3}{3} \qquad (9-19)$$

7）一般在5个取样长度上分别测出5个Δh值，以其平均值作为工件的表面粗糙度，即

$$Rz = \frac{\Delta h}{5} \times \frac{\lambda}{2} \qquad (9-20)$$

8）根据定义也可以测出轮廓最大高度Rz，即

$$Rz = Rp + Rv \qquad (9-21)$$

9）作合格性判断。

9.4.3 用表面粗糙度检查仪检测表面粗糙度

1. 量仪介绍

2205型表面粗糙度检查仪是评定零件表面质量的台式粗糙度仪。对平面、斜面、外圆柱面、内孔表面、深槽表面及轴承滚道等，实现了表面粗糙度的多功能精密测量。其外形结构如图9-40所示。它是由驱动箱、传感器、电器箱、支臂、底座和计算机六个基本部件组成，部分部件如图9-41～图9-43所示。

2. 工作原理

当测量工件表面粗糙度时，将传感器搭在工件被测表面上，由传感器探出的极其尖锐的棱锥形金刚石触针，沿着工件被测表面滑行，此时工件被测表面的粗糙度引起了金刚石测针的位移，该位移使线圈电感量发生变化，经过放大及电平转换之后进入数据采集系统，计算机自动地将其采集的数据进行数字滤波和计算，得出测量结果，测量结果及图形在显示器显示或打印输出。

图 9-40 表面粗糙度检查仪外形结构图

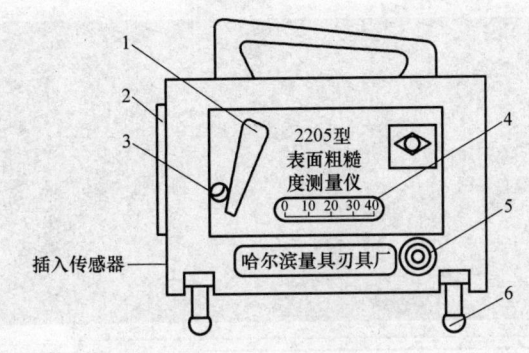

图 9-41 驱动箱

1—启动手柄 2—燕尾导轨 3—启动手柄限片 4—行程标尺 5—调整手轮 6—球形支承脚

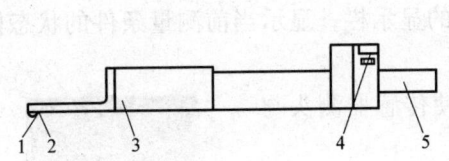

图 9-42 传感器

1—导头 2—测针 3—主体 4—锁紧手轮 5—定位杆

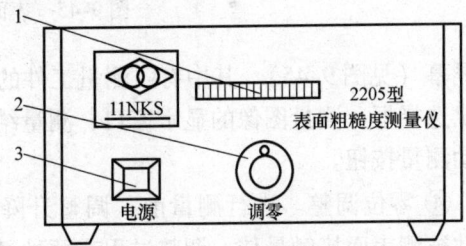

图 9-43 电器箱前面板

1—测针位移指示器 2—调零旋钮 3—电源开关

3. 操作步骤

1) 使用前准备和检查。

① 将驱动箱可靠地装在立柱横臂上,松开锁紧手轮,使横臂能沿立柱导轨自如地升降。将传感器可靠地装在驱动箱上并锁紧;并连接好仪器的全部接插件,检查接线是否正确。然后将各开关旋钮和手柄按测量要求拨至所需要的位置。最后将电源插在 220V、50Hz 的电源上,开启电器箱电源开关。接通电源的顺序是:电器箱,CRT 显示器,打印机,最后打开计算机电源。测量完成后,首先将启动手柄扳到启动手柄位置(左端),然后关闭所有电源。

② 仪器附带有一块多刻线样板（见图9-44），它是用于校验仪器的 Ra 值。在玻璃样板上面标示着工作区域和算术平均值 Ra 的鉴定值。使用样板对仪器进行校验时，应注意使传感器运动方向必须与刻线方向垂直，并需要在样板所标示的工件区域内进行，否则不能保证校验结果的可靠性。每次使用样板前，必须将样板和传感器测头擦拭干净，以免有灰尘或其他脏物附着，以致给校验结果的准确性带来影响。

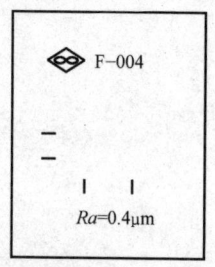

图9-44 多刻线样板

③ 软件运行。打开计算机，启动表面粗糙度测量软件。程序将进行初始化工作，初始化完成以后，即可进入表面粗糙度测量

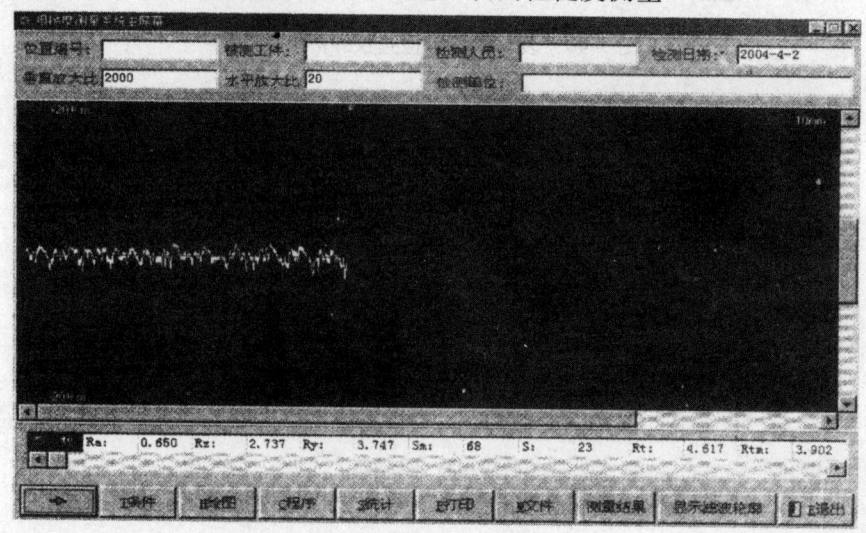

图9-45 表面粗糙度测量主屏幕

主屏幕（见图9-45）。其中有：测量工件的基本属性输入框，测量图像显示的水平和垂直放大比选择框，测量图像的显示窗口，测量结果参数的显示栏，显示当前测量条件的状态栏，启动测量按钮。

④ 零位调整。进行测量前，调整升降手轮，使传感器测头与工件被测表面接触最佳。调整过程有两种显示方法。

方法一：在粗糙度测量主屏幕窗口中，用鼠标左键点击"数显窗口"的还原按钮后，则显示如图9-46所示窗口。这个窗口将显示当前指针的位置，调整到显示值为0即可。

方法二：使电器箱测针位移指示器的指示灯处于两个红带之间，即显示黄灯即可。

根据需要，用鼠标左键单击相应条件前面的白色小圆区域，这个条件就被选中，当选择完成后，用鼠标左键单击"确定"按钮，退出测量条件设置程序，并且程序自动按其所选择的测量条件设置完成，并可依据这个条件进行工件的测量。

2）选择测量功能。测量可分为单次测量和多次测量。多次测

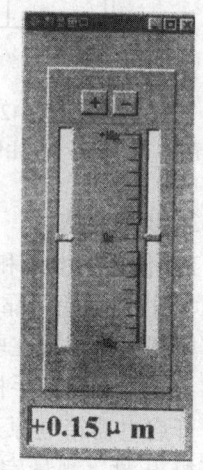

图9-46 零件显示窗口

量与单次测量相同，只是在测量完成后，不需要把传感器返回到初始位置，可直接进行下一次测量。

3）放置好被测工件。

4）调整升降手轮，使传感器测头与工件被测表面接触。

5）将启动手柄向左扳到启动手柄限片位置，同时将传感器带回到初始位置，再把启动手柄转到右端。

6）用鼠标左键单击“测量”按钮。注意：用鼠标左键单击“传感器滑行”按钮，传感器向前滑行；用鼠标左键单击“传感器滑止”按钮，传感器停止滑行。

7）用鼠标左键单击“启动测量”按钮。屏幕上端的窗口显示被测对象的表面轮廓，采样完成后，退出“测量主程序”窗口，回到粗糙度测量主程序窗口，屏幕的中间区域根据当前的水平和垂直放大比显示数据轮廓，自动计算所有的表面粗糙度参数，测量结束后自动计算并显示在“测量参数显示栏”中。其测量结果主要包括四部分。

① 测量参数。

② 滤波轮廓。

③ 统计分析。测量参数显示如图 9-47 所示。

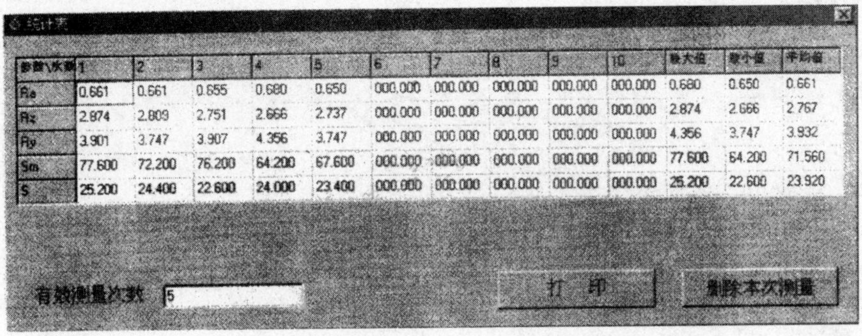

参数\次数	1	2	3	4	5	6	7	8	9	10	最大值	最小值	平均值
Ra	0.661	0.661	0.655	0.680	0.650	000.000	000.000	000.000	000.000	000.000	0.680	0.650	0.661
Rz	2.874	2.809	2.751	2.666	2.737	000.000	000.000	000.000	000.000	000.000	2.874	2.666	2.767
Ry	3.901	3.747	3.907	4.356	3.747	000.000	000.000	000.000	000.000	000.000	4.356	3.747	3.932
Sm	77.600	72.200	76.200	64.200	67.600	000.000	000.000	000.000	000.000	000.000	77.600	64.200	71.560
S	25.200	24.400	22.600	24.000	23.400	000.000	000.000	000.000	000.000	000.000	25.200	22.600	23.920

图 9-47　测量参数显示栏

本系统只能统计最多 10 次数据，超过 10 次，自动删除第一次的测量结果，把测量数据整体向前移动一位，如第一次测量被计入“1”，第二次测量被计入“2”，以此类推，本次测量数据被计入“10”。

“有效测量次数”显示框显示当前有效的测量次数。用鼠标左键单击“删除本次测量”按钮时，系统自动删除当前的测量数据。

④ 特殊图像分析。在“粗糙度测量主屏幕”中用鼠标左键单击“绘图”按钮，屏幕显示出 $C-B$：重点为曲线和支承率曲线，$A-B$：重点为幅度分布和支承率曲线，$C-N$：重点为分析曲线和峰点个数，B：重点为大屏幕显示支承率。

用鼠标左键单击“$C-B$：重点为曲线和支承率曲线”菜单，即可进入相应的曲线分析绘图。

8）打印。用鼠标左键单击“打印”按钮。

4. 注意事项

实验结束时，应小心地抬起传感器，然后再旋转升降手轮，使传感器脱开工件。

思 考 题

1. 表面粗糙度影响零件哪些使用性能？
2. 国家标准规定的表面粗糙度评定参数有哪些？优先采用哪个评定参数？
3. 取样长度和评定长度有什么区别？
4. 评定表面粗糙度时，为什么要规定轮廓中线？
5. 标注表面结构要求应注意哪些问题？

第 10 章 常用典型件的精度检测

10.1 螺纹的检测

螺纹件是各类机电产品中应用十分广泛的一种结合性零件。它主要用于联接各种机件，也可用来传递运动和载荷。随着现代制造技术的不断提高，螺纹的制造精度和互换性标准也随之相应提高。为确保联接的可靠性、稳定性、精确位移以及有足够的强度，人们对螺纹测量精度与测量方法也提出了更高的要求。

10.1.1 螺纹的种类及使用要求

按联接性质和使用要求不同，主要分为如下三类：

1. 紧固螺纹

用于联接或紧固零件，如米制普通螺纹等，是使用最广泛的一种螺纹联接，分粗牙与细牙两种，如螺栓与螺母的联接，螺钉与机件的联接。对这种螺纹联接的主要要求是可旋合性和联接的可靠性。

2. 传动螺纹

用于传递精确的位移、动力或运动，如机床中的丝杠和千分尺中的测微螺纹等。对这种螺纹联接的主要要求是传动比恒定、传递动力可靠、螺纹接触良好及耐磨等。另外，还必须有足够的传动灵活性与效率，有良好的稳定性、较小的空程误差和一定的间隙。

3. 紧密螺纹

用于密封的螺纹联接。对这类螺纹的主要要求是具有良好的旋合性及密封性，不漏水，不漏气，不漏油，如用螺纹密封的管螺纹。

10.1.2 普通螺纹的基本牙型和几何参数

1. 基本牙型

螺纹的几何参数取决于螺纹轴向剖面内的基本牙型。所谓基本牙型，是将原始三角形（两个底边连接着且平行于螺纹轴线的等边三角形，其高用 H 表示）的顶部截去 $H/8$ 和底部截去 $H/4$ 所形成内外螺纹共有的理论牙型，如图 10-1 所示。它是确定螺纹设计牙型的基础。

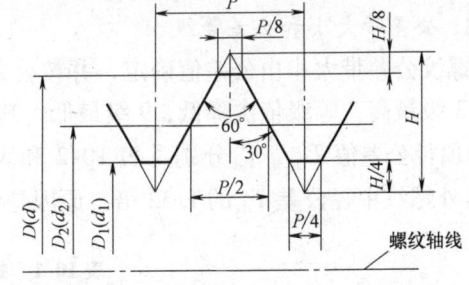

图 10-1 米制普通螺纹的基本牙型

2. 主要几何参数

(1) 大径（D 或 d） 大径是指与外螺纹牙顶或内螺纹牙底相切的假想圆柱或圆锥的直径。

(2) 小径（D_1 或 d_1） 小径是指与外螺纹牙底或内螺纹牙顶相切的假想圆柱或圆锥的直径。

其中,外螺纹的大径和内螺纹的小径统称为顶径,外螺纹的小径和内螺纹的大径统称为底径。

(3) 中径(D_2 或 d_2)　中径是一个假想圆柱或圆锥的直径,该圆柱或圆锥的素线通过牙型上沟槽和凸起宽度相等的地方。

(4) 螺距(P)　螺距是指相邻两牙在中径线上对应两点间的轴向距离。

(5) 牙型角(α)与牙型半角($\alpha/2$)　牙型角 α 是指螺纹牙型上相邻两牙侧间的夹角。米制普通螺纹的牙型角为 60°。牙型半角 $\alpha/2$ 是指牙侧与螺纹轴线的垂线间的夹角。米制普通螺纹的牙型半角为 30°。

(6) 导程(Ph)　导程是指同一条螺旋线上的相邻两牙在中径线上对应两点间的轴向距离。对单线螺纹,导程等于螺距;对多线螺纹,导程等于螺距与螺纹线数(n)的乘积,即 $Ph = nP$。

(7) 旋合长度(Le)　指两个相互配合的螺纹沿螺纹轴线方向相互旋合部分的长度。

10.1.3　普通螺纹的公差

普通螺纹公差制的结构如图 10-2 所示,国家标准 GB/T 197—2003《普通螺纹　公差》将螺纹公差带标准化,螺纹公差带由构成公差带大小的公差等级和确定公差带位置的基本偏差组成,结合内、外螺纹的旋合长度,一起形成不同的螺纹精度。

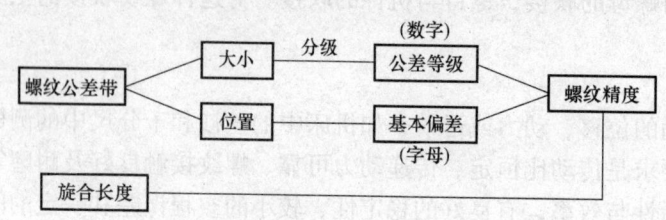

图 10-2　普通螺纹公差制结构

螺纹公差带是沿基本牙型的牙侧、牙顶和牙底分布的牙型公差带,由其大小(公差等级)和相对于基本牙型的位置(基本偏差)两个要素构成。国家标准 GB/T 197—2003 对其作了有关规定。

1. 公差带大小和公差等级

螺纹公差带大小由公差值确定,并按公差值大小分为若干等级,见表 10-1。各公差等级中 3 级最高,等级依次降低,9 级最低。其中 6 级是基本级。内、外螺纹中径公差值 T_{D_2}、T_{d_2} 和顶径公差值 T_{D_1}、T_d 分别见表 10-2 和表 10-3。在同一公差等级中,内螺纹中径公差 T_{D_2} 是外螺纹中径公差 T_{d_2} 的 1.32 倍,原因是内螺纹加工比较困难。

表 10-1　螺纹公差等级

螺纹直径	公差等级	螺纹直径	公差等级
外螺纹中径 d_2	3,4,5,6,7,8,9	内螺纹中径 D_2	4,5,6,7,8
外螺纹大径 d	4,6,8	内螺纹小径 D_1	4,5,6,7,8

表 10-2 普通螺纹中径公差（摘自 GB/T 197—2003）　　　　（单位：μm）

公称直径 D,d/mm		螺距 P/mm	内螺纹中径公差 T_{D_2}					外螺纹中径公差 T_{d_2}					
			公差等级					公差等级					
>	≤		4	5	6	7	8	3	4	5	6	7	8	9
5.6	11.2	0.75	85	106	132	170	—	50	63	80	100	125	—	—
		1	95	118	150	190	236	56	71	90	112	140	180	224
		1.25	100	125	160	200	250	60	75	95	118	150	190	236
		1.5	112	140	180	224	280	67	85	106	132	170	212	265
11.2	22.4	1	100	125	160	200	250	60	75	95	118	150	190	236
		1.25	112	140	180	224	280	67	85	106	132	170	212	265
		1.5	118	150	190	236	300	71	90	112	140	180	224	280
		1.75	125	160	200	250	315	75	95	118	150	190	236	300
		2	132	170	212	265	335	80	100	125	160	200	250	315
		2.5	140	180	224	280	355	85	106	132	170	212	265	335
22.4	45	1	106	132	170	212	—	63	80	100	125	160	200	250
		1.5	125	160	200	250	315	75	95	118	150	190	236	300
		2	140	180	224	280	355	85	106	132	170	212	265	335
		3	170	212	265	335	425	100	125	160	200	250	315	400
		3.5	180	224	280	355	450	106	132	170	212	265	335	425

表 10-3 普通螺纹基本偏差和顶径公差（摘自 GB/T 197—2003）　　　　（单位：μm）

螺距 P/mm	内螺纹的基本偏差 EI		外螺纹的基本偏差 es				内螺纹小径公差 T_{D_1}					外螺纹大径公差 T_d		
	G	H	e	f	g	h	公差等级					公差等级		
							4	5	6	7	8	4	6	8
1	+26	0	−60	−40	−26	0	150	190	236	300	375	112	180	280
1.25	+28		−63	−42	−28		170	212	265	335	425	132	212	335
1.5	+32		−67	−45	−32		190	236	300	375	475	150	236	375
1.75	+34		−71	−48	−34		212	265	335	425	530	170	265	425
2	+38		−71	−52	−38		236	300	375	475	600	180	280	450
2.5	+42		−80	−58	−42		280	355	450	560	710	212	335	530
3	+48		−85	−63	−48		315	400	500	630	800	236	375	600
3.5	+53		−90	−70	−53		355	450	560	710	900	265	425	670
4	+60		−95	−75	−60		375	475	600	750	950	300	475	750

对外螺纹小径和内螺纹大径（即螺纹底径），没有规定公差值，而只规定该处的实际轮廓不得超越按基本偏差所确定的最大实体牙型，即应保证旋合时不发生干涉。由于螺纹加工时，外螺纹中径和小径、内螺纹中径和大径是由刀具同时切出的，其尺寸由刀具保证，故在

正常情况下，外螺纹的大径间和小径间不会产生干涉，以满足旋合性的要求。

2. 公差带位置和基本偏差

螺纹的公差带位置是由基本偏差确定的。基本偏差为公差带两极限偏差中靠近零线的那个偏差，它确定公差带相对基本牙型的位置。对外螺纹，基本偏差为上极限偏差（es）；对内螺纹，基本偏差为下极限偏差（EI）。

国家标准对内螺纹规定了代号为 G 和 H 的两种基本偏差，如图 10-3a、b 所示。对外螺纹规定了代号为 e，f，g，h 的四种基本偏差。其中中径和大径的基本偏差相同，而小径只规定了上极限尺寸，如图 10-3c、d 所示。基本偏差数值见表 10-3，选择基本偏差主要根据螺纹表面涂镀层的厚度及螺纹件的装配间隙。

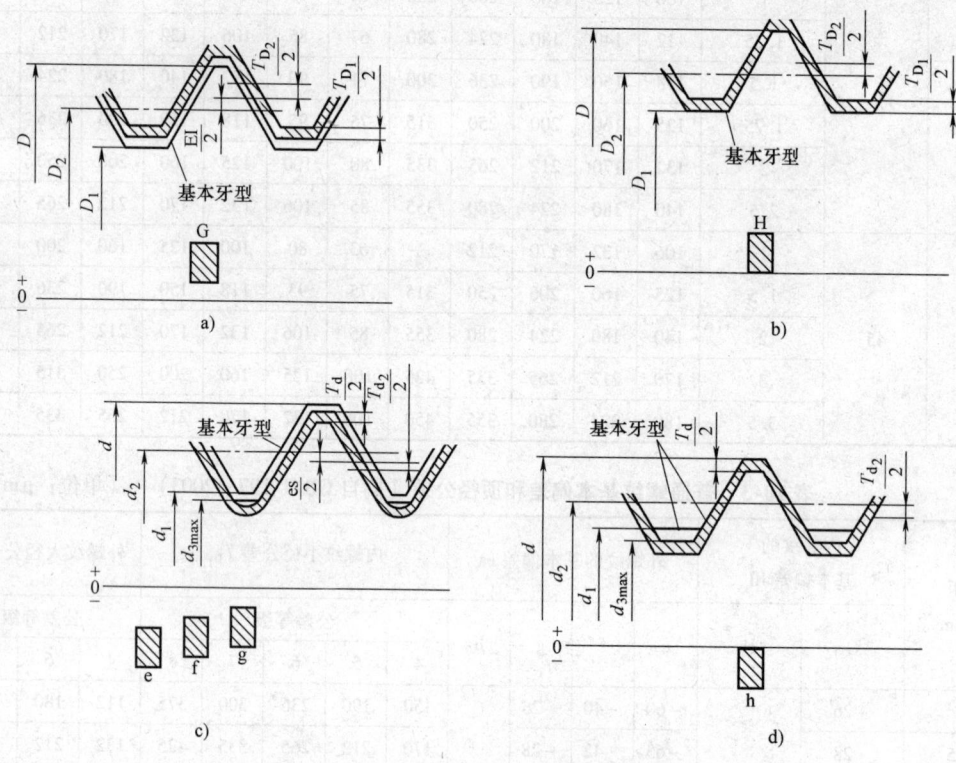

图 10-3 内外螺纹基本偏差
a) 内螺纹公差带位置 G b) 内螺纹公差带位置 H
c) 外螺纹公差带位置 e，f，g d) 外螺纹公差带位置 h
T_{D_1}—内螺纹小径公差 T_{D_2}—内螺纹中径公差
T_d—外螺纹大径公差 T_{d_2}—外螺纹中径公差

10.1.4 螺纹的旋合长度与精度等级

为了满足普通螺纹不同使用性能的要求，国家标准规定了螺纹的旋合长度分三组，分别为短旋合长度组（S）、中等旋合长度组（N）和长旋合长度组（L）各组的长度范围见表 10-4。一般采用中等旋合长度组。

表 10-4　螺纹的旋合长度（摘自 GB/T 197—2003）　　（单位：mm）

基本大径 D,d		螺距 P	旋合长度			
			S	N		L
>	≤		≤	>	≤	>
5.6	11.2	0.75	2.4	2.4	7.1	7.1
		1	3	3	9	9
		1.25	4	4	12	12
		1.5	5	5	15	15
11.2	22.4	1	3.8	3.8	11	11
		1.25	4.5	4.5	13	13
		1.5	5.6	5.6	16	16
		1.75	6	6	18	18
		2	8	8	24	24
		2.5	10	10	30	30
22.4	45	1	4	4	12	12
		1.5	6.3	6.3	19	19
		2	8.5	8.5	25	25
		3	12	12	36	36
		3.5	15	15	45	45
		4	18	18	53	53
		4.5	21	21	63	63

螺纹的精度不仅取决于螺纹直径的公差等级，而且与旋合长度密切相关。当公差等级一定时，旋合长度越长，加工时产生的螺距累积偏差和牙型半角偏差就可能越大，以同样的中径公差值加工就越困难。因此，公差等级相同而旋合长度不同的螺纹的精度等级就不相同，衡量螺纹的精度应包括旋合长度。为此，按螺纹公差等级和旋合长度规定了三种精度等级，分别称为精密级、中等级和粗糙级。螺纹精度等级的高低，代表螺纹加工的难易程度。同一精度级，随旋合长度的增加应降低螺纹的公差等级。

10.1.5　普通螺纹的标记

完整的普通螺纹的标记由螺纹特征代号 M、公称直径、导程代号（单线螺纹可省略）、螺距、中径公差带代号、顶径公差带代号、旋合长度代号和螺纹旋向代号（右旋省略）组成，各代号之间用短横线符号"–"隔开，如图 10-4 所示。

当螺纹是粗牙螺纹时，螺距标注可以省略；当螺纹的中径和顶径公差带相同时，合写为一个；当螺纹旋合长度为中等 N 时，可以省略；当螺纹为左旋时，在左旋螺纹标记位置写"LH"字样，右旋螺纹则不标出。

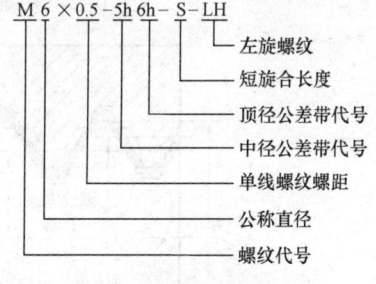

图 10-4　普通螺纹的标记

内、外螺纹装配在一起，它们的公差带代号用斜线"/"分开，左边表示内螺纹公差带代号,右边表示外螺纹公差带代号。如 M20×2 -6H/5g6g 即表示公差带为6H的内螺纹与公差带为5g6g的外螺纹组成的配合。

另外,如果要进一步表明螺纹的线数,可在螺距后面加线数(用英语说明),双线为 two starts、三线为 three starts,如 M14×Ph6P2 (three starts) -7H-L-LH 或者 M14×Ph6P2 -7H-L-LH。

10.1.6 螺纹的检测方法

测量螺纹的方法大致可分为两类:即综合检验和单项测量。

1. 综合检验

螺纹的综合检验是指用螺纹量规来检验螺纹,其检测的原理是按螺纹的最大实体牙型做成通端螺纹量规,以检验螺纹的旋合性;再按螺纹中径的最小实体尺寸做成止端螺纹量规,以控制螺纹联接的可靠性,从而保证螺纹联接件的互换性。生产上广泛应用螺纹极限量规来综合检验内、外螺纹的合格性。综合检验效率高,适用于检测成批生产的中等精度的螺纹,特别是尺寸不太大的螺纹。但它只能评定内、外螺纹的合格性,不能测出实际参数的具体数值。

对螺纹进行综合检验时,使用的是螺纹量规和光滑极限量规。检验内螺纹用的螺纹量规称为螺纹塞规,检验外螺纹用的螺纹量规称为螺纹环规。图 10-5 和图 10-6 分别为用螺纹量规检验外螺纹和内螺纹的示意图。

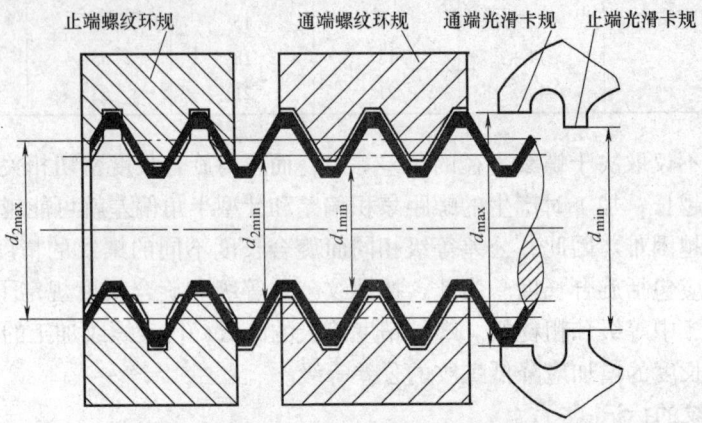

图 10-5 用螺纹环规和光滑极限卡规检验外螺纹

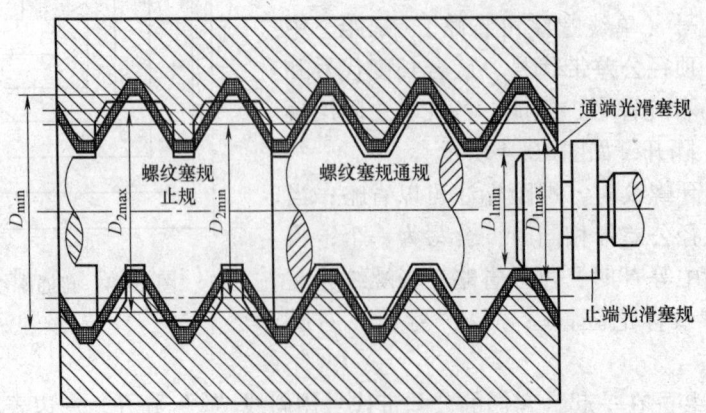

图 10-6 用螺纹塞规和光滑极限塞规检验内螺纹

螺纹量规分为"通规"和"止规",检验时,"通规"能顺利与工件旋合,而"止规"不能旋合或不完全旋合,则螺纹为合格。反之,"通规"不能旋合,则说明螺母过小,螺栓过大,螺纹应返修。当"止规"能通过工件,则表示螺母过大,螺栓过小,螺纹是废品。

如图10-5所示,用量规检验外螺纹时,光滑极限卡规用来检验外螺纹大径的极限尺寸;通端螺纹环规(螺纹环规通规)用来控制外螺纹作用中径及小径最大尺寸;止端螺纹环规(螺纹环规止规)用来控制外螺纹实际中径。

如图10-6所示,用量规检验内螺纹时,光滑极限塞规用来检验内螺纹小径的极限尺寸;通端螺纹塞规(螺纹塞规通规)用来控制内螺纹的作用中径及大径最小尺寸;止端螺纹塞规(螺纹塞规止规)用来控制内螺纹的实际中径。

根据螺纹中径合格性判断原则,螺纹量规通端和止端在螺纹长度和牙型上的结构特征不相同。螺纹量规通端主要用于检查作用中径使其不得超出最大实体牙型中径(同时控制螺纹的底径),应该有完整的牙型,且其螺纹长度至少要等于工件螺纹旋合长度的80%。当螺纹通规可以和螺纹工件自由旋合时,就表示螺纹工件的作用中径未超出最大实体牙型。螺纹量规止端只控制螺纹的实际中径不得超出其最小实体牙型中径,为了消除螺距误差和牙型半角误差的影响,其牙型应做成截短牙型,且螺纹长度只有2~3.5牙。当螺纹量规止端不能旋合或不完全旋合时,则说明螺纹的实际中径没有超出最小实体牙型。

螺纹通规能自由旋过工件,螺纹止规不能旋过工件(或旋过工件不超过两圈),这样则表示工件合格。

2. 单项测量

螺纹的单项测量用于螺纹工件的工艺分析或螺纹量规及螺纹刀具的质量检查。所谓单项测量,即分别测量螺纹的每个参数,主要是中径、螺距和牙型半角,其次是顶径和底径,有时还需要测量牙底的形状。除了顶径可用内外径量具测量外,其他参数多用通用仪器测量,其中用得最多的是大型(或小型)工具显微镜和投影仪、三针测量法及螺纹千分尺测量中径。

(1)管螺纹的测量 管螺纹的测量主要分外螺纹件(见图10-7)测量和内螺纹件(见图10-8)测量,下面分别作具体介绍。

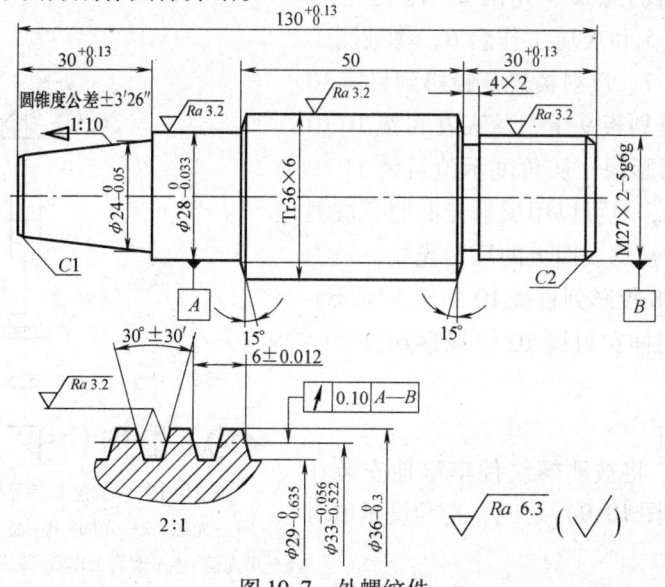

图10-7 外螺纹件

方法一：用万能工具显微镜测量外螺纹中径、牙型半角和螺距。

1）仪器介绍。万能工具显微镜如图 10-9 所示。

2）工作原理。万能工具显微镜测量外螺纹中径、牙型半角和螺距，是以影像法来进行。当光线投射后，将被测螺纹牙型轮廓放大投影成像于目镜中，用目镜中的虚线来瞄准轮廓影像，并通过该量仪的工作台纵向、横向标尺（相当于直角坐标系的 x、y 坐标）和角度示值目镜来实现。

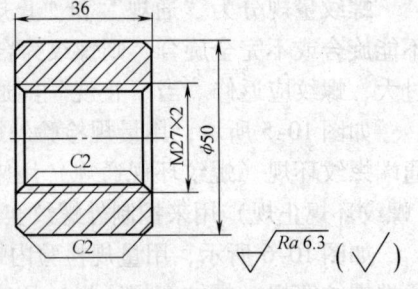

图 10-8 内螺纹件

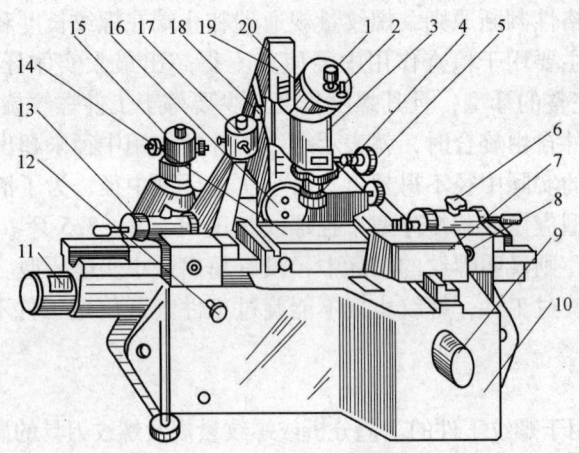

图 10-9 万能工具显微镜

1—目镜 2—角度示值目镜及光源 3—锁紧螺钉 4—镜筒 5—立柱倾斜手轮 6—顶尖座 7—纵向滑台 8—纵向滑台锁紧轮 9—纵向微调 10—底座 11—横向微调 12—横向滑台锁紧轮 13—横向滑台 14—工作台 15—横向标尺 16—光阑 17—纵向标尺 18—升降手轮 19—立柱 20—米字线旋转手轮

万能工具显微镜的光学系统如图 10-10 所示。由光源 1 发出的光束经光阑 2、滤光片 3、反射镜 4、聚光镜 5 和玻璃工作台 6，将被测工件的轮廓经物镜组 7、反射棱镜 8 投影到目镜 10 的焦平面米字线分划板 9 上，从而在目镜 10 中观察到放大的轮廓影像，从角度示值目镜 11 中读取角度值。另外，也可以用反射光源照亮被测工件，以该工件的被测表面上的反射光线，经物镜组 7、反射棱镜 8 投影到目镜 10 的焦平面米字线分划板 9 上，同样在目镜 10 中观察到放大的轮廓影像。

3）操作步骤。

① 接通电源，将被测螺纹件牢牢地安装在两个顶尖座 6（见图 10-9）之间，把角度示值对准零位。

② 根据被测螺纹尺寸，查出适宜的光阑直

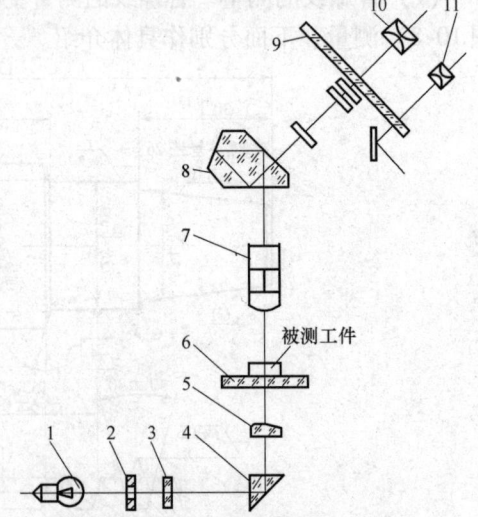

图 10-10 万能工具显微镜光学系统

1—光源 2—光阑 3—滤光片 4—反射镜 5—聚光镜 6—玻璃工作台 7—物镜组 8—反射棱镜 9—米字线分划板 10—目镜 11—角度示值目镜

径（见表10-5），然后调好光阑的大小。

表 10-5 光阑直径

被测件直径/mm	光阑直径/mm		
	光滑圆柱体	牙型角	
		30°	60°
5	17.8	11.4	14.2
6	16.8	10.7	13.3
8	15.3	9.7	12.1
10	14.2	9.0	11.2
12	13.3	8.5	10.6
14	12.7	8.1	10.0
16	12.2	7.7	9.6
18	11.6	7.4	9.2
20	11.2	7.2	8.9
25	10.4	6.7	8.3
30	9.8	6.3	7.8
40	8.9	5.7	7.1
50	8.3	5.3	6.6
60	7.8	5.0	6.2
80	7.1	4.5	5.6
100	6.6	4.2	5.2
200	5.2	3.3	4.1

③ 调节目镜1，转动目镜1上的视度调节环，使视场中的米字线清晰，松开锁紧螺钉3，旋转手轮18，调整量仪的焦距，使被测轮廓影像清晰，然后旋紧螺钉3。若要求严格，可用专用的调焦棒在两顶尖中心线的水平面内调焦，然后旋紧螺钉3。

④ 瞄准。瞄准方法一般有两种：一种压线法，如图10-11a所示，米字线的中虚线 A—A 与牙型轮廓影像的一个侧边重合，用于测量长度；另一种对线法，如图10-11b所示，米字线的中虚线 A—A 与牙型轮廓影像的一个侧边间有一条宽度均匀的细缝，用于测量角度。

⑤ 测量外螺纹主要几何参数。

a）中径测量。对于单线螺纹，它的中径也等于在轴截面内，沿着与轴线垂直的方向测得的两个相对牙型侧面间的距离。

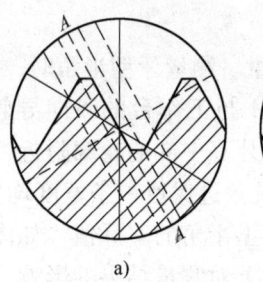 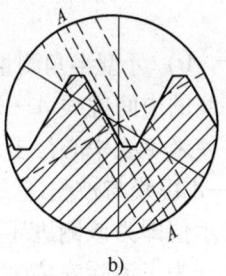

a) b)

图 10-11　瞄准方法
a) 压线法　b) 对线法

为了使轮廓影像清晰，需将立柱顺着螺旋线方向倾斜一个螺纹升角，因为在主显微镜垂直时，对螺纹的螺顶、螺根同时调整清楚是不可能的。因此，可由手轮将镜架按照螺纹平均升角倾斜。对影像的清晰调整可用辅助方法，即借微调整环进行调整，倾斜显微镜立柱，使螺纹两边同时清楚或同等的模糊，再运用微调整环进行清晰调整。

螺纹平均升角的计算 $\quad\tan\varphi=\dfrac{P}{\pi d_2}\quad$ (10-1)

式中 φ——所求倾斜角度,单位为°;
$\quad P$——螺纹螺距,单位为 mm;
$\quad d_2$——螺纹中径,单位为 mm。

立柱倾斜角度 φ 见表 10-6,因此,也可通过查表获得 φ 值。

表 10-6 立柱倾斜角度 φ(牙型角 $\alpha = 60°$)

螺纹外径 d/mm	10	12	14	16	20	18	22	24	27	30	36	42
螺距 P/mm	1.5	1.75	2	2	2.5	2.5	2.5	3	3	3.5	4	4.5
立柱倾斜角度 φ	3°01′	2°56′	2°52′	2°29′	2°27′	2°47′	2°13′	2°27′	2°10′	2°17′	2°10′	2°07′

测量时,移动工作台,应将目镜内米字线的中间虚线 A—A 与被测螺纹轮廓的一边重合,如图 10-12a Ⅰ 所示,并锁紧纵向移动,从而确定了目镜中工件的位置,在横向读数机构上读出数值 A_1,实现了用压线法测量螺纹的中径。然后横向(沿中径方向)移动工作台,使被测螺纹的另一边在目镜视场中出现,如图 10-12a Ⅱ 所示,再次利用压线

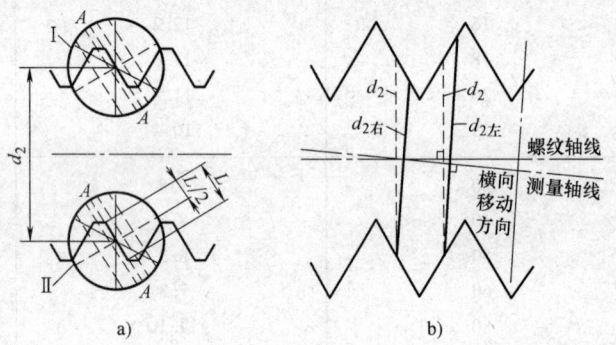

图 10-12 外螺纹中径测量

法并读出第二次数值 A_2。A_1、A_2 两数之差即为被测螺纹的实际中径 d_2。为了消除安装误差(螺纹轴线与测量轴线的不重合)对螺纹测量结果的影响,应在左、右两侧面分别测出 $d_{2左}$、$d_{2右}$,如图 10-12b 所示,取其平均值作为中径的实际尺寸 d_2,即

$$d_2 = \dfrac{d_{2左} + d_{2右}}{2} \quad (10\text{-}2)$$

b) 牙型半角测量。测量牙型半角时,可先将测角目镜中的示值调至 0°0′(此时表示米字线的中间虚线 A—A 与工作台的纵向导轨重合,即与测量轴线垂直),然后移动工作台,并使米字线中心位于牙高中部的轮廓附近,转动米字线分划板按钮,将目镜内米字线中间的 A—A 虚线与被测螺纹角边保留一条宽度均匀的窄缝,如图 10-13b 所示。此时,测角目镜中的示值即为该侧边牙型半角的实际值,如图 10-13 所示。

为了消除安装误差对测量结果的影响,应在螺纹上方牙厚和下方牙槽的左、右侧面分别测出 $\left(\dfrac{\alpha}{2}\right)_1$、$\left(\dfrac{\alpha}{2}\right)_2$、$\left(\dfrac{\alpha}{2}\right)_3$、$\left(\dfrac{\alpha}{2}\right)_4$,如图 10-14 所示,实际左、右牙型半角为

$$\dfrac{\alpha_左}{2} = \dfrac{1}{2}\left[\left(\dfrac{\alpha}{2}\right)_1 + \left(\dfrac{\alpha}{2}\right)_4\right] \quad (10\text{-}3)$$

$$\dfrac{\alpha_右}{2} = \dfrac{1}{2}\left[\left(\dfrac{\alpha}{2}\right)_2 + \left(\dfrac{\alpha}{2}\right)_3\right] \quad (10\text{-}4)$$

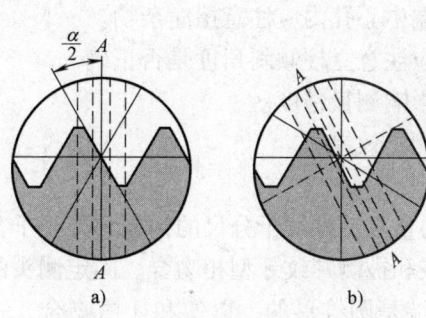
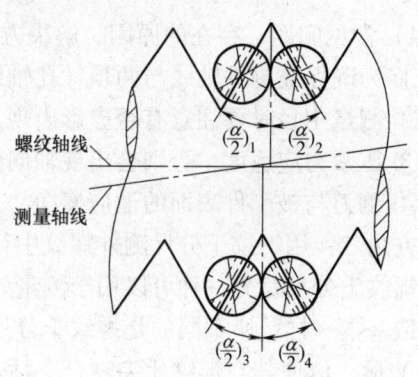

图 10-13 外螺纹牙型半角测量
a) 对正零位 b) 用中间标线瞄准

图 10-14 外螺纹左、右牙型半角测量

则实际左右牙型半角偏差为

$$\Delta_{\frac{\alpha_{左}}{2}} = \frac{\alpha_{左}}{2} - \frac{\alpha}{2} \tag{10-5}$$

$$\Delta_{\frac{\alpha_{右}}{2}} = \frac{\alpha_{右}}{2} - \frac{\alpha}{2} \tag{10-6}$$

因此,牙型半角偏差为

$$\Delta_{\frac{\alpha}{2}} = \frac{1}{2}\left(\left|\Delta_{\frac{\alpha_{左}}{2}}\right| + \left|\Delta_{\frac{\alpha_{右}}{2}}\right|\right) \tag{10-7}$$

为了使轮廓影像清晰,测量牙型半角时,同样要使立柱倾斜一个螺纹升角 φ。

c) 螺距测量。测量时,转动纵向和横向千分尺,以移动工作台,利用目镜中的 A—A 虚线与螺纹投影牙型的一侧重合,记下纵向千分尺第一次读数。然后,移动纵向工作台,使牙型纵向移动几个螺距的长度,以同侧牙型与目镜中的 A—A 虚线重合,记下千分尺第二次读数。两次读数之差,即为 n 个螺距的实际长度。

为了消除被测螺纹安装误差的影响,同样要测量出 $nP_{左(实)}$ 和 $nP_{右(实)}$。然后,取它们的平均值作为螺纹 n 个螺距的实际尺寸,如图 10-15 所示。

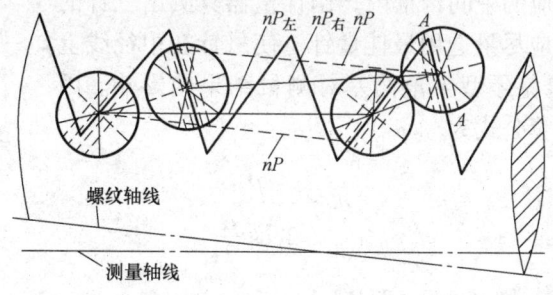

图 10-15 外螺纹螺距测量

$$nP_{实} = \frac{nP_{左(实)} + nP_{右(实)}}{2} \tag{10-8}$$

n 个螺距的累积偏差为

$$\Delta P = nP_{实} - nP \tag{10-9}$$

4）常见问题、存在的原因、解决方案和注意事项。
① 为确保被测件轴线与两顶针孔轴线一致，两端中心孔内应注意擦净杂物。
② 测量中径时要注意有否虚影出现，出现虚影应注意立柱倾斜角度是否正确。
③ 压紧力应适度，否则会出现轴向间隙，从而影响测量精度。
④ 测刀与被测件表面的油应擦净，否则会影响测量效果。

方法二：用螺纹千分尺测外螺纹中径的操作方法。

螺纹千分尺是另一种可以用于测量外螺纹中径的量具，螺纹千分尺的构造和外径千分尺的构造基本一样，所不同的是螺纹千分尺的测头应该和被测螺纹牙型相吻合。固定测头的一端是 V 形，以使其与螺纹牙尖吻合；活动测头的一端是圆锥形的，以便和牙槽吻合，一把螺纹千分尺配备一套测量头。测量时根据被测螺纹的螺距，选取一对测量头；擦净仪器和被测螺纹，校正螺纹千分尺零位；将被测螺纹放入两测量头之间，找正中径部位；分别在同一截面相互垂直的两个方向上测量螺纹中径，取它们的平均值作为螺纹的实际中径。然后判断被测螺纹中径的适用性。此方法方便简单，是生产车间测量低精度外螺纹常用的测量器具，如图 10-16 所示。

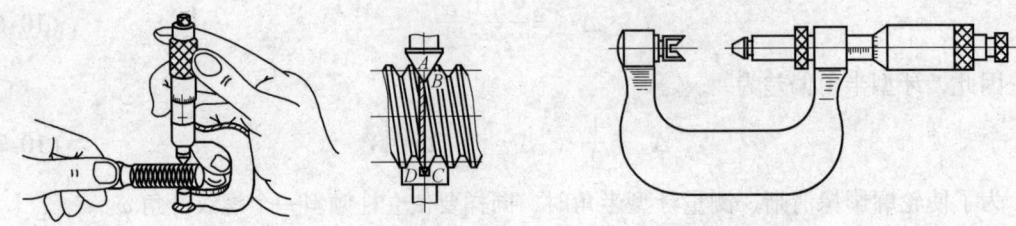

图 10-16　螺纹千分尺

方法三：用三针法测量外螺纹中径

三针是另一种可以用于测量外螺纹中径的量具，三根直径相等的量针（简称三针）放在被测螺纹两边的沟槽内，如图 10-17 所示。其中两根放在同侧相邻的沟槽内（对单线螺纹），另一根放在对面与相邻沟槽对应的中间沟槽内，用计量器具测出三针的外廓尺寸 M。测量时，应尽量选用最佳量针，使量针在中径线上与牙侧接触，这样可避免牙型半角偏差对测量结果的影响。因此，最佳量针的直径计算公式为

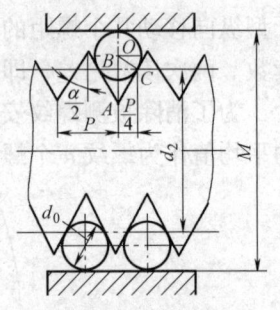

图 10-17　三针法测量

$$d_0 = \frac{P}{2\cos\frac{\alpha}{2}} \tag{10-10}$$

对米制螺纹 $\alpha = 60°$，则 $d_0 = 0.577P$。

根据已知螺距 P、牙型半角 $\frac{\alpha}{2}$ 以及量针直径 d_0，按几何关系可求出单一中径 d_2 的计算公式为

$$d_2 = M - 3d_0 + 0.866P \tag{10-11}$$

上述各式中的螺距 P、牙型半角 $\alpha/2$ 及量针直径 d_0。均按理论值代入。

三针法测量的精度主要取决于选用三针的尺寸和所用仪器的精度，常用的仪器有千分尺或杠杆千分尺、测长仪、机械比较仪和光学计。测量时根据被测螺纹的螺距，计算并选择最佳量针直径 d_0；在尺座上安装好杠杆千分尺和三针；擦净仪器和被测螺纹，校正仪器零位；将三针放入螺纹牙凹中，旋转杠杆千分尺的微分筒，使两端测量头与三针接触，然后读出尺寸 M 的数值；在同一截面相互垂直的两个方向上测出尺寸 M，并按平均值用公式计算螺纹中径，然后判断螺纹中径的适用性。

方法四：用万能测长仪测量内螺纹中径与螺距

1）中径测量。

① 接通电源，转动目镜 1（见图 7-42）的调节环来调节视度。

② 松开工作台升降手轮 8 固定螺钉，转动手轮，使工作台 3 下降到最低位置，然后把具有确定内尺寸和装有量块的标准螺纹测块夹，按组合方式图 10-18a 或组合方式图 10-18b，安放在工作台上。

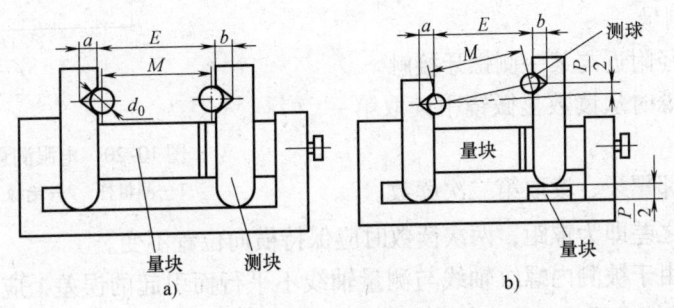

图 10-18 内螺纹中径测量

③ 将一对测钩分别安装在测量轴 2 和尾座 5 上。沿轴向移动测量轴 2 和尾座 5，使这一对测钩头部的凸楔、凹槽相对齐。然后，旋紧两个测钩上的螺钉，将它们分别固定。

④ 转动升降手轮 8，使工作台 3 上升，同时使两个测钩伸入标准螺纹测块夹中，然后将升降手轮 8 固定螺钉拧紧。

⑤ 移动尾座 5，转动横向移动手轮使工作台横向移动，从而使两测钩的测球分别与两测块的缺口相切，用紧固螺钉锁紧尾管，记下测长仪的读数。

⑥ 取下测块组，把被测内螺纹放在浮动工作台上，使两测钩上的测球与相应的牙槽相切，如图 10-19 所示。此时，测长仪的读数与调零位时读数之差，即为被测螺纹的中径偏差 ΔD_2。

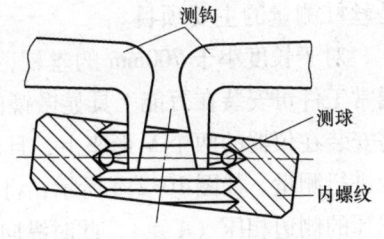

图 10-19 用测钩测量内螺纹中径

组合量块的尺寸 E_1 或 E_2 可分别按以下公式计算

$$E_1 = D_2 + \frac{P}{2}\cos\frac{\alpha}{2} + \frac{P^2}{8\left[D_2 + \frac{P}{2}\cos\frac{\alpha}{2} - \dfrac{d_2}{\sin\frac{\alpha}{2}}\right]} - (a+b) \qquad (10\text{-}12)$$

$$E_2 = D_2 + \frac{P}{2}\cos\frac{\alpha}{2} - (a+b) \tag{10-13}$$

式中 D_2——被测内螺纹的公称中径；

P——被测内螺纹的螺距；

$\frac{\alpha}{2}$——被测内螺纹的牙型半角，即专用测块V型缺口的半角；

$a+b$——测块常数，已标在测块上。

当仪器所附测块与被测内螺纹的牙型角不符或无专用测块时，也可以用光面标准环规来调整仪器的零位。这里不作介绍。

2）螺距测量。

① 如图10-20所示，专用测量杆1装在测量主轴上，被测内螺纹装在绝缘工作台2上，找正后即可进行测量。

② 测球在中径附近与某一侧螺牙接触。

③ 当电眼闪烁时从读数显微镜中读取第一次读数。

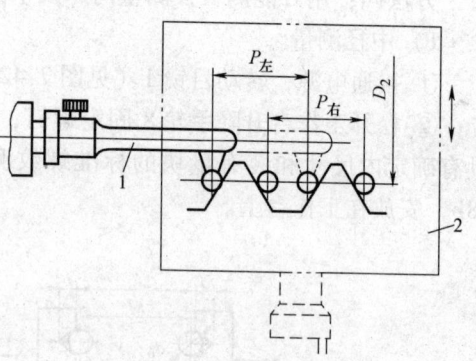

图10-20 电眼测量螺距
1—测量杆 2—绝缘工作台

④ 移动至相邻螺牙，读取第二次读数。

⑤ 两次读数之差即为螺距，两次读数时应保持横向位置不变。

⑥ 为了消除由于被测内螺纹轴线与测量轴线不平行而引起的误差，应在左、右牙侧面各测一次，并取其算术平均值作实际螺距。

3）注意事项。

① 测量中径时，要注意两测钩的测球分别与两侧的缺口相切并完全接触。

② 测量中径时，测块要固定好，并调好极值点。

③ 利用电眼测量螺距，应做到轻轻接触。

（2）丝杠的测量。丝杠的作用是将角位移变为直线位移，因此螺距误差和螺旋线误差是丝杠测量的主要项目。

对于长度小于700mm的丝杠，精度等级为7、8、9级的丝杠螺距偏差和螺距累积偏差，通常工件可安装在万能工具显微镜的两个顶尖之间，用灵敏杠杆测量。而大于700mm时，则需安装在仪器的两个V形座上，且两V形座应支承在离丝杠两端各为全长的2/9处，并应分段进行测量。如图10-21a所示，将工作台移至极右位置，用米字线与被测丝杠2左端第一个螺牙的侧边相压（A点），此时纵向示值为零。然后逐牙测至B点，如图10-21b所示。

再将工作台移至极右位置，而把丝杠向左移动约200mm，如图10-21c所示，用米字线对准B点所在的螺牙侧边。此时，示值尾数应与原B点的示值尾数相同。然后，逐牙测至C点，如图10-21d所示。如此即可测完全长。

测量时，将光学灵敏杠杆的测头与起始螺牙侧面的中部接触，对中后记下纵向读数，然后，灵敏杠杆的测头依次与各螺牙同侧面的对应点相接触、对中，读取纵向读数。

通常应在两个相互垂直的轴向截面内测量，还可在每个轴向截面内进行两次测量，并取两次测量结果的算术平均值计算螺距偏差。

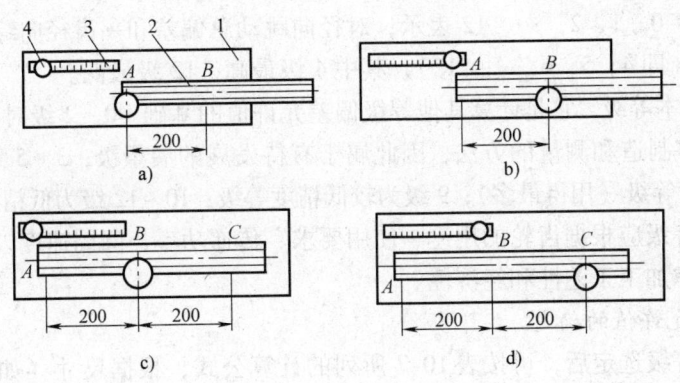

图 10-21 丝杠测量
1—工作台 2—被测丝杠 3—纵向标尺 4—读数显微镜

10.2 齿轮的检测

齿轮传动是机器和仪器中最常用的传动形式之一，它广泛地用于传递运动和动力。齿轮传动的质量将影响到机器或仪器的工作性能、承载能力、使用寿命和工作精度。因此，现代工业中的各种机器和仪器对齿轮传动提出了多方面的要求，归纳起来主要有下面几点。

（1）传动准确 要求限制在齿轮一转范围内的最大转角误差，从而控制齿轮副的速比变化，保证传递运动的准确性。

（2）传动平稳 要求限制齿轮副短周期的速比变化。在齿轮一转范围内，这种短周期的速比变动是多次重复出现的。它是引起齿轮噪声和振动的主要因素。

（3）承载均匀 要求齿轮在传动中齿面接触良好，承载均匀，以免载荷集中于局部区域而影响使用寿命。

（4）合理侧隙 要求齿轮副的非工作面间有一定的间隙，用以储存润滑油，补偿齿轮受热膨胀及受力后的弹性变形等，以免发生卡死或齿面烧蚀。侧隙也是引起空回及冲击的不利因素。

齿轮副的用途和工作条件不同，其主要使用要求也不同。

10.2.1 渐开线圆柱齿轮的精度

针对渐开线圆柱齿轮的精度，我国颁布了两个国家标准：即 GB/T 10095.1—2008《圆柱齿轮 精度制 第 1 部分：轮齿同侧齿面偏差的定义和允许值》和 GB/T 10095.2—2008《圆柱齿轮 精度制 第 2 部分：径向综合偏差与径向跳动的定义和允许值》。另外，还有几个国家标准化指导性文件：即 GB/Z 18620.1—2008《圆柱齿轮 检验实施规范 第 1 部分：轮齿同侧齿面的检验》、GB/Z 18620.2—2008《圆柱齿轮 检验实施规范 第 2 部分：径向综合偏差、径向跳动、齿厚和侧隙的检验》、GB/Z 18620.3—2008《圆柱齿轮 检验实施规范 第 3 部分：齿轮坯、轴中心距和轴线平行度的检验》、GB/Z 18620.4—2008《圆柱齿轮 检验实施规范 第 4 部分：表面结构和轮齿接触斑点的检验》和 GB/T 13924—2008《渐开线圆柱齿轮精度 检验细则》。本章结合以上标准，阐述圆柱齿轮的精度设计和测量方法。

1. 精度等级

国家标准对单个渐开线圆柱齿轮轮齿同侧齿面的精度规定了 13 个精度等级，从高到低分别用阿拉伯数字 0, 1, 2, …, 12 表示; 对径向跳动总偏差和一齿径向综合偏差分别规定了 9 个精度等级 (即 4, 5, 6, …, 12), 其中 4 级最高, 12 级最低。

5 级精度为基本等级, 它是计算其他等级偏差允许值的基础。0~2 级对齿轮要求非常高, 目前几乎没有能够制造和测量的方法, 因此属于有待发展的展望级; 3~5 级为高精度等级; 6~8 级为中等精度等级 (用得最多); 9 级为较低精度等级; 10~12 级为低精度等级。

齿轮的精度等级应根据齿轮的用途、使用要求、传递功率、圆周速度以及其他技术要求而定, 同时要考虑加工工艺性和经济性。

2. 评定参数允许值的确定

当齿轮精度等级选定后, 可按表 10-7 所列的计算公式, 根据尺寸 (如模数 m、分度圆直径 d 和齿宽 b 等) 计算出各评定参数的允许值 (公差或偏差)。计算时, m、d 以及 b 的值应为分段界限值的几何平均值, 当参数不在给定的范围内或供需双方同意时, 可以将实际值代入公式。国家标准 GB/T 10095.1—2008 和 GB/T 10095.2—2008 规定: 各评定参数允许值的计算公式以 5 级精度为基础, 两相邻精度等级的级间公比等于 $\sqrt{2}$, 即本级数值除以 (或乘以) $\sqrt{2}$ 可得到相邻较高 (或较低) 等级的数值。5 级精度未圆整的计算值乘以 $2^{0.5(Q-5)}$, 即可得任一精度等级的待求值 (式中 Q 是待求值的精度等级数)。同时可参阅国家标准 GB/T 10095.1—2008 中的表 1~表 4、表 A.1、表 A.2 和表 B.1~表 B.3, 以及国家标准 GB/T 10095.2—2008 中的表 A.1、表 A.2 和表 B.1。

表 10-7 GB/T 10095.1~2—2008 渐开线圆柱齿轮的精度标准偏差代号及其计算公式

公差类别	项目名称	项目代号	允许值计算公式
齿距偏差	单个齿距偏差	f_{pt}	$f_{pt} = [0.3(m + 0.4\sqrt{d}) + 4] \times 2^{0.5(Q-5)}$
	齿距累积偏差	F_{pk}	$F_{pk} = [f_{pt} + 1.6\sqrt{(k-1)m}] \times 2^{0.5(Q-5)}$
	齿距累积总偏差	F_p	$F_p = [0.3m + 1.25\sqrt{d} + 7] \times 2^{0.5(Q-5)}$
齿廓偏差	齿廓总偏差	F_α	$F_\alpha = [3.2\sqrt{m} + 0.22\sqrt{d} + 0.7] \times 2^{0.5(Q-5)}$
	齿廓形状偏差	$f_{f\alpha}$	$f_{f\alpha} = [2.5\sqrt{m} + 0.17\sqrt{d} + 0.5] \times 2^{0.5(Q-5)}$
	齿廓倾斜偏差	$f_{H\alpha}$	$f_{H\alpha} = [2\sqrt{m} + 0.14\sqrt{d} + 0.5] \times 2^{0.5(Q-5)}$
螺旋线偏差	螺旋线总偏差	F_β	$F_\beta = [0.1\sqrt{d} + 0.63\sqrt{b} + 4.2] \times 2^{0.5(Q-5)}$
	螺旋线形状偏差	$f_{f\beta}$	$f_{f\beta} = [0.07\sqrt{d} + 0.45\sqrt{b} + 3] \times 2^{0.5(Q-5)}$
	螺旋线倾斜偏差	$f_{H\beta}$	$f_{H\beta} = [0.07\sqrt{d} + 0.45\sqrt{b} + 3] \times 2^{0.5(Q-5)}$
切向综合偏差	切向综合总偏差	F_i'	$F_i' = [F_p + f_i'] \times 2^{0.5(Q-5)}$
	一齿切向综合偏差	f_i'	$f_i' = [K(9 + 0.3m + 3.2\sqrt{m} + 0.34\sqrt{d})] \times 2^{0.5(Q-5)}$ 其中 $\varepsilon_\gamma < 4$ 时, $K = 0.2(\frac{\varepsilon_\gamma + 4}{\varepsilon_\gamma})$; $\varepsilon_\gamma \geq 4$ 时, $K = 0.4$
径向综合偏差	径向综合总偏差	F_i''	$F_i'' = [3.2m_n + 1.01\sqrt{d} + 6.4] \times 2^{0.5(Q-5)}$
	一齿径向综合偏差	f_i''	$f_i'' = [2.96m_n + 0.01\sqrt{d} + 0.8] \times 2^{0.5(Q-5)}$
	径向跳动偏差	F_r	$F_r = [0.24m_n + 1.0\sqrt{d} + 5.6] \times 2^{0.5(Q-5)}$

3. 齿轮检验项目的确定

在检验中, 测量全部轮齿要素的偏差既不经济也没有必要, 因为有些要素对于特定齿轮的功能并没有明显的影响。另外，有些测量项目可以代替另一些测量项目，如切向综合总偏差的检验能代替齿距累积偏差的检验，径向综合偏差的检验能代替径向跳动的检验。

精度等级较高的齿轮，应该选用同侧齿面的精度项目，如齿廓偏差、齿距偏差、螺旋线偏差和切向综合偏差等。精度等级较低的齿轮，可以选用径向综合偏差或齿圈径向跳动等双侧齿面的精度项目。因为同侧齿面的精度项目比较接近齿轮的实际工作状态；而双侧齿面的精度项目受非工作齿面精度的影响，反映齿轮实际工作状态的可靠性较差。

为了评定单个齿轮的加工精度，应检验齿距累积总偏差或齿距累积偏差、单个齿距偏差、齿廓总偏差、螺旋线总偏差以及齿厚偏差。齿厚偏差由设计者按齿轮副侧隙计算确定。齿轮检验项目的确定见表10-8。

表 10-8 齿轮检验项目的确定

1	f_{pt}、F_p、F_α、F_β、F_r
2	f_{pt}、F_p、F_{pk}、F_α、F_β、F_r
3	F_i''、f_i''
4	f_{pt}、F_r（10~12 级）
5	F_i'、f_i'（协议有要求时）

根据我国企业齿轮生产的技术和质量控制的水平，建议供货方依据齿轮的使用要求和生产批量，在下述检验组中选取一个用于评定齿轮质量。经需方同意后，也可用于验收。

4. 齿轮的精度在图样上的标注

（1）齿轮精度等级的标注 在齿轮零件图上应标注齿轮的精度等级和齿厚偏差的字母代号

国家标准规定：在文件需叙述齿轮精度要求时，应注明 GB/T 10095.1—2008 或 GB/T 10095.2—2008。

关于齿轮精度等级的标注建议如下。

1）若齿轮的检验项目同为某一精度等级时，可标注精度等级和标准号。如齿轮检验项目同为 7 级，则标注为：7 GB/T 10095.1~2—2008 或 7 GB/T 10095.1—2008 或 7 GB/T 10095.2—2008。

2）当齿轮偏差项目的公差精度等级为不同精度等级时，图样上可按齿轮传递运动准确性、传递运动平稳性和载荷分布均匀性的顺序分别标注它们的精度等级及带括号的对应公差代号和标准号。如齿距累积总偏差、单个齿距偏差和齿廓总偏差均为 7 级，而螺旋线总偏差为 6 级，可标注为：7（F_p、f_{pt}、F_α）、6（F_β） GB/T 10095.1—2008。

（2）齿厚偏差常用标注方法 齿厚偏差（或公法线长度偏差）应在图样右上角的参数表中注出其偏差数值。

当齿轮的公称齿厚为 S_n、齿厚上偏差为 E_{sns}、齿厚下偏差为 E_{sni} 时，可标注为 $S_n{}^{E_{sns}}_{E_{sni}}$。当齿轮的公法线长度为 W_k、公法线上偏差为 E_{bns}、公法线下偏差为 E_{bni} 时，可标注为 $W_k{}^{E_{bns}}_{E_{bni}}$，同时注出跨齿数 k。

10.2.2 齿轮精度的检测

齿轮精度的检测主要分为单项测量和综合测量。单项测量是对被测齿轮的单个被测项目分别进行测量，综合测量是在被测齿轮与理想精确的测量齿轮相啮合的状态下进行测量，通过测得的数据或记录曲线，综合判断被测齿轮的精度。单项测量用于测量齿轮的单项偏差，综合测量则多用于批量生产的齿轮检验。

1. 单个齿距和齿距累积偏差的测量

各种齿距偏差（F_p、F_{pk} 和 f_{pt}）的测量，其基本原理是相同的，可以分为相对测量和绝对测量两种。将测量所得数据按不同的处理方法可以得到相应的偏差值。

（1）用齿距仪测量齿轮齿距偏差与齿距累积偏差

1）仪器介绍。齿距仪测量属于相对测量法。本仪器用于检验 7 级及低于 7 级精度的内外啮合直齿、斜齿圆柱齿轮的齿距偏差。仪器指示表的示值有 0.005mm 和 0.001mm 两种，被测齿轮模数范围为 2~16mm。以齿顶圆作为测量基准，如图 10-22 所示。

2）工作原理。齿轮齿距是齿轮圆上两相邻齿同侧齿间的弧长。仪器工作时以齿顶圆为定位基准，用相对法测量。测量时，仪器的测量爪应接触在齿轮分度圆上（或齿高中部），两相邻对应齿廓上。以任何一个齿距调整仪器对零，然后沿整个齿圈依次测量其他齿距与第 1 个作为基准的齿距比较后的差值，最后进行数据处理，便可得到齿轮的齿距累积偏差和齿距偏差。

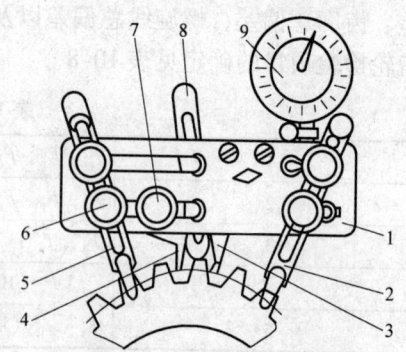

图 10-22　齿距仪外形图
1—尺架　2、5、8—定位杆　3、4—测量爪
6、7—锁紧螺钉　9—指示表

3）测量步骤。

① 调整固定测量爪的工作位置。按被测齿轮模数的大小移动固定测量爪 4，使其上的刻线与仪器上相应模数刻线对齐，并用锁紧螺钉 7 固定。

② 调整定位杆的工作位置。调整定位杆 2、5，使其与齿顶圆接触，并使测量头位于分度圆（或齿高中部）附近，然后固定各定位杆。调节端面定位杆，使其与齿轮端面相接触，用螺钉固紧。

③ 测量。以被测齿轮任意一个齿距作为基准齿距进行测量，观察千分表示值，然后将仪器测量头稍微移开齿轮，再使它们重新接触，经数次反复测量，待示值稳定后，调整千分表对准零位。

逐齿测量各齿距的相对偏差，填入表 10-9 中。然后用计算法处理测量数据，将计算后的数据列入表 10-9。

表 10-9　齿轮齿距偏差与齿距累积偏差

序号	相对齿距偏差 $f_{pt相对}$	相对齿距累积偏差 $F_{p相对}$	序号与平均偏差乘积 $n\Delta$	绝对齿距累积偏差 $F_{p绝对}$	各齿绝对齿距偏差 $(f_{pt})_n$
1	2	3	4	5	6

填表说明：

a. 第 1 列中的序号即为齿数号。

b. 仪器测得的 $f_{pt相对}$ 填入第 2 列。

c. 根据测得值算出各齿相对齿距累积偏差（$\Sigma f_{pt相对}$），填入第 3 列。

d. 计算基准齿距的偏差 $\Delta = \Sigma f_{\text{pt相对}}/z$，然后分别计算序号与 Δ 的乘积填入第 4 列。

e. 计算各齿的绝对齿距累积偏差 $F_{\text{p绝对}}$，表中第 3 列减第 4 列，即 $F_{\text{p绝对}} = \Sigma f_{\text{pt相对}} - \Delta n$，计算结果填入第 5 列。

f. 计算各齿齿距偏差 f_{pt}，即表中第 2 列减去 Δ 值，$(f_{\text{pt}})_n = f_{\text{pt相对}} - \Delta$，结果填入第 6 列。

g. 结论。该齿轮的齿距累积偏差 F_p 为最大的绝对齿距累积偏差减最小的绝对齿距累积偏差，即 $F_p = (F_{\text{p绝对}})_{\max} - (F_{\text{p绝对}})_{\min}$；该齿轮的齿距偏差 f_{pt} 就是表格第 6 列中各齿绝对齿距偏差中绝对值最大的一个。

（2）基节偏差 f_{pb} 的测量

1）仪器介绍。基节偏差的测量也属于相对测量法。本仪器采用检验直齿及斜齿的外啮合圆柱齿轮的基节偏差的基节仪。基节仪有手持式和台式两种，图 10-23 所示为手持切线接触式基节仪的一种。它是利用基节仪与量块比较进行测量，其分度值为 0.001mm，可测量模数为 2~16mm 的齿轮。

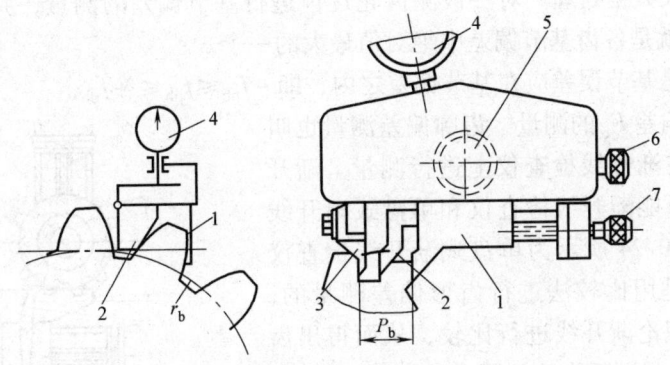

图 10-23 基节仪
1—固定测量爪 2—辅助支承爪 3—活动测量爪 4—指示表 5—固定测量爪锁紧螺钉
6—固定测量爪调节螺母 7—辅助支承爪调节螺母

2）测量原理。

① 基节和基节偏差的定义。基节是指基圆柱切平面所截两相邻同侧齿面的交线之间的法向距离。基节偏差 f_{pb} 是指实际基节与公称基节之差。基节偏差使齿轮在啮合过渡的一瞬间发生冲击，影响了传动的平稳性。

② 原理。基节检查仪通常用固定测量爪 1 和辅助支承爪 2 之间的内楔面，骑在某齿顶上并与两侧齿面相切，使切点位置在齿廓工作面上，不致使测量头落于齿根非工作区，基节仪的测量头（活动测量爪 3）与固定测量爪 1 两齿面接触点的连线应是齿面的法线，也可以说，应等于一齿廓到相邻齿廓切平面的最短距离。本实验用的基节检查仪是利用一个与齿廓相切的测量面以及一沿齿面摆动的测头量得到两者之间的最小距离，从而反映出基节偏差，测量的方法是采用相对测量法。

3）测量步骤。

① 仪器的调整。

a. 组合一组量块，使其尺寸等于被测齿轮的公称基节 P_b 值。公称基节的计算公式为

$$P_b = \pi m_n \cos\alpha_n \tag{10-14}$$

式中　m_n——法向模数；
　　　α_n——法向压力角。

当 $\alpha_n = 20°$ 时，$P_b = 2.9521 m_n$。

b. 组成所需尺寸后，在其两端研上校对块，一起放在量规座内。选择合适的测头装在仪器上，再把仪器放在量规座上，调节固定测量爪和活动测量爪，与量规座内的校对块接触，旋动螺母7，使测微表的指针处于零点或零点附近，接着固紧螺钉5，再旋动测微表上的微调螺钉进行调整，使指针对准零位。

② 测量。将仪器的定位爪及固定测量爪跨压在被测齿上，活动测量爪与另一齿面相接触，将仪器来回摆动，指示表上的转折点即为被测齿轮的基节偏差值 f_{pb}。

a. 测量时应认真调整定位爪与固定测量爪的距离，以保证固定测量爪靠近齿顶部位与齿面相切，活动测量爪靠近齿根部位与齿面接触。

b. 在基节偏差测量过程中，基节仪会因使用不当，零位发生改变，应随时注意校对。

c. 实验要求及数据处理。对一被测齿轮逐齿进行基节偏差的测量，并记录数值。该齿轮的基节偏差 f_{pb} 就是各齿基节偏差中绝对值最大的一个。

d. 合格条件是基节误差应在基节偏差之内，即 $-f_{pb} \leqslant f_{pb} \leqslant +f_{pb}$。

(3) 齿廓总偏差 F_α 的测量　齿廓偏差测量也叫齿形测量，通常在渐开线检查仪上进行测量。渐开线检查仪可分为万能渐开线检查仪和单盘式渐开线检查仪两类。图10-24所示为单盘式渐开线检查仪示意图。该仪器是用比较法进行齿形偏差测量的，即将被测齿形与理论渐开线进行比较，从而得出齿廓偏差。被测齿轮与可更换的基圆盘装在同一轴上，基圆盘直径等于被测齿轮的理论基圆直径，并与装在滑板上的直角尺相切，具有一定的接触力。当转动丝杠使滑板移动时，直角尺便与基圆盘作纯滚动，此时齿轮也同步转动。在滑板上装有测量杠杆，它的一端为测量头，与被测齿面接触，其接触点刚好

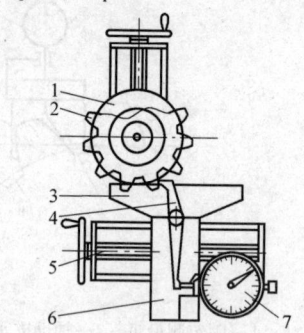

图10-24　单盘式渐开线检查仪示意图
1—基圆盘　2—被测齿轮
3—直角尺　4—测量杠杆　5—丝杠
6—滑板　7—指示表

在直角尺与基圆盘相切的平面上，它的轨迹应为理论渐开线，但由于齿面存在齿形偏差，因此在测量过程中测头就产生了附加位移并通过指示表指示出来，或由记录器画出齿廓偏差曲线，按 F_α 定义从记录曲线上求出 F_α 数值。

一般中等大小模数的齿轮，其齿廓偏差可在专用的渐开线检查仪上测量，小模数齿轮的齿廓偏差则可在投影仪或万能工具显微镜上测量。

(4) 螺旋线总偏差 F_β 的测量　螺旋线总偏差的测量方法有展成法和坐标法两种。展成法的测量仪器有单盘式渐开线螺旋检查仪、分级圆盘式渐开线螺旋检查仪、杠杆圆盘式通用渐开线螺旋检查仪以及导程仪等。坐标法的测量仪器有螺旋线样板检查仪、齿轮测量中心以及坐标测量机等。

展成法的测量原理如图10-25所示，以被测齿轮的回转轴

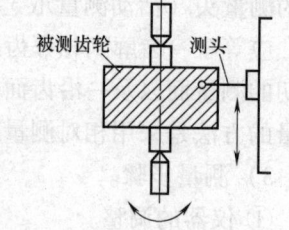

图10-25　展成法测量原理

线为基准，通过精密传动机构实现被测齿轮回转，测头沿轴向移动，以形成理论的螺旋线轨迹。将实际螺旋线与理论螺旋线进行比较，用记录器记录其差值，并绘出螺旋线误差曲线。在该曲线上即可获得螺旋线总偏差 F_β。

坐标法以被测齿轮的回转轴线为基准，通过测角装置（圆光栅、分度盘）和测长装置（直线光栅、激光测长仪），测量螺旋线的回转角坐标和轴向坐标。将被测螺旋线的实际坐标与理论坐标进行比较，用记录器记录其差值，并绘出螺旋线误差曲线。在该曲线上也可获得螺旋线总偏差 F_β。

由于直齿圆柱齿轮的螺旋角 $\beta = 0°$，其螺旋线总偏差可在齿圈径向跳动检查仪上进行测量，也可在平板上用顶尖座和千分表架等简易设备进行测量。

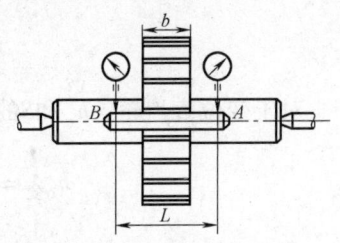

图 10-26　直齿圆柱齿轮螺旋线总偏差的测量

如图 10-26 所示，将精密圆棒放入齿槽（为使圆棒在分度圆附近与两齿廓接触，对于一般齿数的齿轮，取其直径 $d_p = 1.68m$，m 为模数），移动指示表架，测量圆棒两端 A、B 处的高度差 Δh。若被测齿宽为 b，A、B 两点间的距离为 L，则螺旋线总偏差为

$$F_\beta = \frac{b}{L}\Delta h \tag{10-15}$$

为了避免被测齿轮在顶尖上的安装误差（如两顶尖不等高）对测量精度的影响，可将圆棒放入相隔 180° 的两齿槽中分别测量（齿轮的位置不变），取其平均值作为测量结果。若指示表的测量头可直接与被测齿廓在分度圆柱面附近接触，可直接沿齿轮轴线方向移动进行测量，在齿宽范围内指示表的最大读数差，即为螺旋线总偏差 F_β。

(5) 齿轮径向跳动偏差 F_r 的测量　齿轮径向跳动偏差通常在齿轮跳动检查仪（或偏摆仪）上测量，被测齿轮装在测量心轴上，心轴支承在仪器两顶尖间，由带测头的指示表依次测量各齿间的示值。测头的形状可以是球形的，也可以是圆锥角为 $2\alpha_n$ 的锥形测头，使测头尽可能在齿轮分度圆附近与轮齿的齿高中部双面接触，将测量一圈后指示表读数的最大值与最小值相减即得到径向跳动偏差 F_r，如图 10-27 所示。对于齿形角 $\alpha = 20°$ 的直齿圆柱齿轮，为使球或圆柱与被测齿廓在分度圆附近接触，其直径 d_p 按下式计算

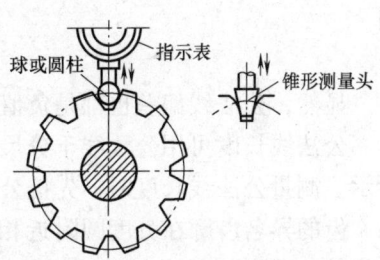

图 10-27　齿轮径向跳动

$$d_p = m2\sin\frac{90°}{z}/\cos(\alpha + \frac{90°}{z}) \tag{10-16}$$

式中　m ——被测齿轮的模数；
　　　z ——齿轮齿数；
　　　α ——齿形角。

有时为了进行工艺分析，可以画出 F_r 偏差曲线并从中分析出齿轮的偏心量。

(6) 齿厚偏差的测量　可用齿厚游标卡尺测量弦齿厚，如图 10-28 所示。测量时，以齿顶圆作为测量基准，在离齿顶为弦齿

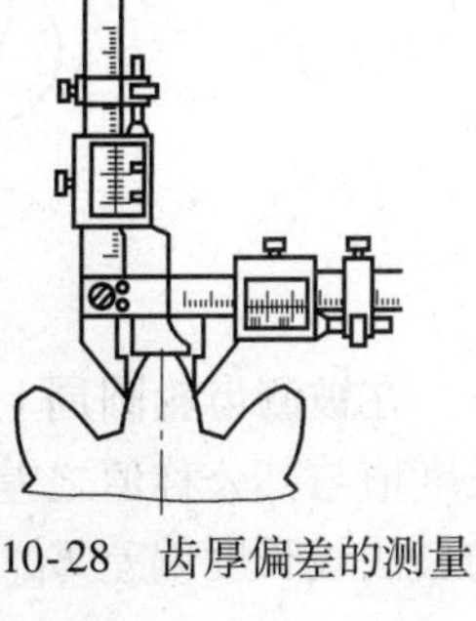

图 10-28　齿厚偏差的测量

高 h_α 处，测量分度圆上的弦齿厚 S 值。

对于标准圆柱齿轮，$\bar{h}_\alpha$ 和 $\bar{S}$ 的计算式如下

$$\bar{h}_\alpha = m + \frac{mz}{2}[1 - \cos(\frac{90°}{z})] \tag{10-17}$$

$$\bar{S} = mz\sin\frac{90°}{z} \tag{10-18}$$

对于变位直齿轮，$\bar{h}_\alpha$ 和 $\bar{S}$ 的计算式如下

$$\bar{h}_{\alpha变} = m + [1 + \frac{z}{2}(1 - \cos(\frac{90°+41.7°x}{2}))] \tag{10-19}$$

$$\bar{S}_{变} = mz\sin\frac{90°+41.7°x}{z} \tag{10-20}$$

式中　x——变位系数。

（7）公法线长度的测量　对于中、小模数的齿轮，为测量方便，通常用公法线长度偏差代替齿厚偏差。

跨 k 个齿的公法线长度 W_k 等于 $(k-1)$ 个基圆齿距与 1 个基圆齿厚之和。所以，可以规定公法线长度偏差（上偏差 E_{bns}、下偏差 E_{bni}）作为公法线长度偏差的允许变化的界限值，从而间接控制齿厚偏差。跨 k 个齿的非变位的齿形角为 20°的直齿轮公法线公称长度 W_k 可按下式计算

$$W_k = m[2.952(k-0.5\pi) + 0.014z] \tag{10-21}$$

齿形角为 20°的变位直齿轮公法线公称长度为

$$W_{k变} = W_k + 0.684xm \tag{10-22}$$

则

$$E_{bn} = W_{kn} - W_k \tag{10-23}$$

显然，公法线偏差也都是负值。要求满足 $E_{bni} \leq E_{bn} \leq E_{bns}$。

公法线长度可用公法线千分尺或公法线卡规、万能测齿仪测量，其测量原理如图 10-29 所示。测量公法线长度时，先按公式计算出跨齿数 k，使两测量爪的测量平面分别与第 1 和第 k 齿的异名齿廓在分度圆附近相切。对于标准齿轮或变位系数不大（$\xi = -0.3 \sim +0.3$）的齿轮，跨齿数可按 $k = (\alpha/180°)z + 0.5$ 计算并化整。当 $\alpha = 20°$ 时，取

$$k = \frac{1}{9}z + 0.5 \approx 0.111z + 0.5 \text{（取相近的整数）} \tag{10-24}$$

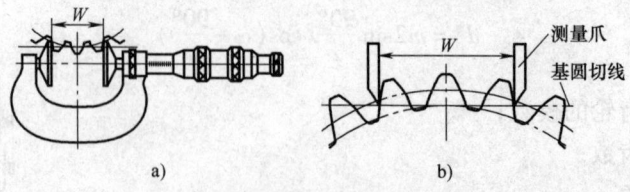

图 10-29　公法线长度的测量

在被测齿轮圆周上均匀分布的 6 个位置上测得相应的公法线长度值，每个实测的公法线长度值与其公称值之差即为被测齿轮的公法线长度偏差，偏差值中绝对值最大的即为该齿轮的公法线长度偏差 E_{bn}；所得的测量值中最大、最小之差即为 F_W。

2. 综合测量

综合测量可以分为切向综合偏差测量和径向综合偏差测量两种。

（1）切向综合总偏差 F_i' 的测量　切向综合总偏差用齿轮单面啮合综合检查仪进行测量，如图 10-30 所示。该仪器有机械式、光栅式及磁分度式等多种，单啮仪测量原理是将构成标准转动的装置所产生的理论转角，同测量元件与被测齿轮构成单面啮合的实际转动所产生的实际转角相比较，然后用记录装置将转角误差以切向综合误差曲线的形式表示出来。

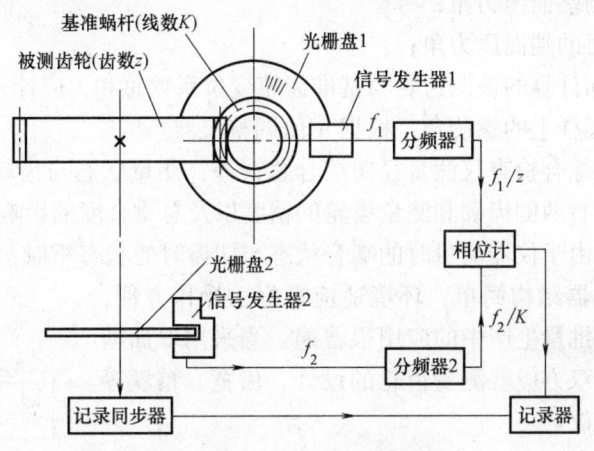

图 10-30　单啮仪测量原理

用齿轮单面啮合综合检查仪测量切向综合总偏差，测量状态与齿轮的工作状态非常接近，测量结果能较全面地反映齿轮运动准确性要求。当采用单面啮合综合检查时，供需双方应就测量元件（测量齿轮、蜗杆和测头）的选用、设计、精度等级等达成协议。

（2）径向综合总偏差 F_i'' 的测量　径向综合总偏差用齿轮双面啮合综合检查仪进行测量，如图 10-31 所示。将被测齿轮安装在心轴上，可绕轴线旋转，轴线固定不动。基准齿轮安装在另一心轴上，齿轮可绕其轴线旋转，而心轴固定在浮动的滑座上，可移动。在弹簧作用下，两齿轮作紧密无侧隙的双面啮合。当被测齿轮存在几何偏心时，被测齿轮回转一周，双啮中心距会产生最大变动量即为被测齿轮的径向综合总误差。测量数据可由指示表逐点读出，也可由记录装置绘制出如图 10-31 所示的误差曲线。双啮中心距的公称值按下式计算

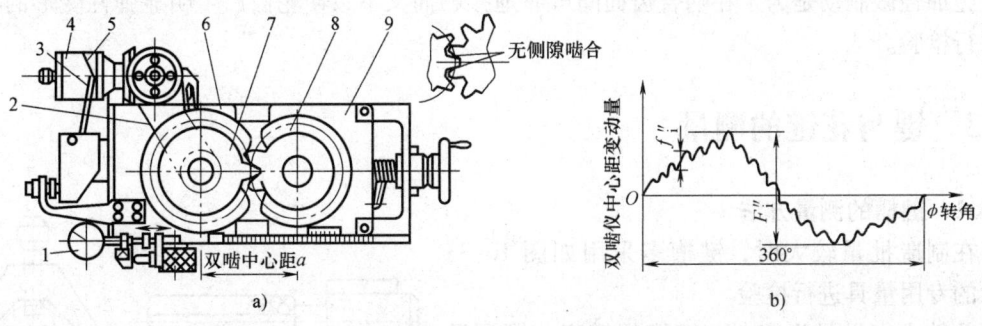

图 10-31　径向综合总偏差的测量原理
1—指示表　2—传动带　3—划针　4—记录纸　5—误差曲线
6—浮动拖板　7—测量齿轮　8—被测齿轮　9—固定拖板

$$\alpha = \frac{m_n(z_1+z_2)\cos\alpha_t}{2\cos\alpha_{mt}\cos\beta} \qquad (10\text{-}25)$$

$$\text{inv}\alpha_{mt} = \frac{2\xi_{\Sigma n}\tan\alpha_t}{z_1+z_2} + \text{inv}\alpha_t \qquad (10\text{-}26)$$

式中 m_n——被测齿轮的法向模数;

z_1、z_2——被测齿轮、基准齿轮的齿数;

α_t——分度圆端面压力角;

α_{mt}——测量时的端面压力角;

$\xi_{\Sigma n}$——按法向计算的被测齿轮与基准齿轮变位系数总和,应计入原始齿廓位移量;

β——分度圆柱上的螺旋角,根据 α 值调整仪器。

用齿轮双面啮合综合检查仪测量径向综合总误差,测量状态与齿轮的工作状态不一致,测量结果同时受左、右两侧齿廓和测量齿轮的精度以及总重合度的影响,不能全面地反映齿轮运动准确性要求。由于仪器测量时的啮合状态与切齿时的状态相似,能够反映齿轮坯和刀具的安装误差,且仪器结构简单,环境适应性好,操作方便,测量效率高,故在大批量生产中的应用很普遍。当采用双面啮合综合检验时,供需双方应就测量齿轮的设计、齿宽、精度等级以及公差值达成协议。

(3) 齿轮副的接触斑点 齿轮副的接触斑点是指装配好的齿轮副在轻微制动下转动后,齿面上分布的接触擦亮痕迹,如图 10-32 所示。

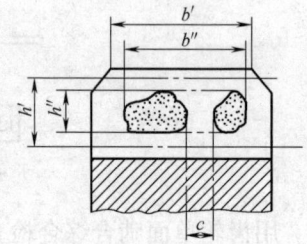

图 10-32 接触斑点

接触痕迹的大小在齿面展开图上用百分比计算。

沿齿长方向为接触痕迹的长度 b'' (扣除超过模数值的断开部分),与工作长度 b' 之比的百分数,即

$$\frac{b''-c}{b'} \times 100\% \qquad (10\text{-}27)$$

沿齿高方向为接触痕迹的平均高度 h'' 与工作高度 h' 之比的百分数,即

$$\frac{h''}{h'} \times 100\% \qquad (10\text{-}28)$$

施加轻微制动是为了在啮合齿面间可靠地接触而又不致使轮齿产生明显弹性变形的状态下进行检验。

10.3 键与花键的测量

10.3.1 键槽的测量方法

在制造批量较大时,键槽多采用如图 10-33 所示的专用量具进行检验。

单件或小批量生产时,键槽的槽宽、槽深及对轴心的对称度等可用通用量具检验。如前面第 8 章中对称度误差的测量中就已讲到这个方法。

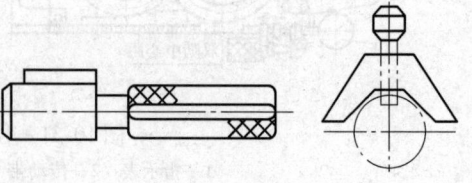

图 10-33 检验键槽的专用量具

10.3.2 用光学分度头检测矩形花键等分度

（1）仪器介绍　FP130A 型影屏式光学分度头一般以工件的旋转中心线为测量基准，测量中心角和加工中的分度。其外形结构如图 10-34 所示。

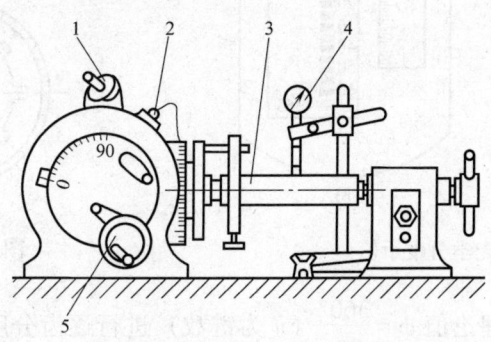

图 10-34　光学分度头外形结构
1—目镜　2—光源　3—工件　4—指示表　5—手轮

仪器的主要技术参数有如下几个：玻璃分度盘分度值 1°；分值分划板分度值 5′；秒值分划板分度值 5″；顶尖中心高 130mm；两顶尖间最大距离 710mm。

图 10-35 为光学分度头的光学系统。光学分度头的玻璃分度盘直接安装在分度头主轴上而与传动机构无关。当主轴旋转时，玻璃分度盘将随着一起转动，这样避免了传动机构的制造误差对测量结果的影响，所以具有相当高的精确度。

由光源 12 发出的光线经滤光片 11、聚光镜 10 到反射镜 9，照亮主轴上的玻璃分度盘 8（分度值为 1°）。玻璃刻线影像经过转像棱镜 6 投射到秒值分划板 5 上（分度值为 5″），玻璃分度盘上的影像和秒值刻线影像一起又投射到分值分划板 3 上（分度值为 5′），通过目镜可同时看到度值刻线、分值刻线和秒值刻线。

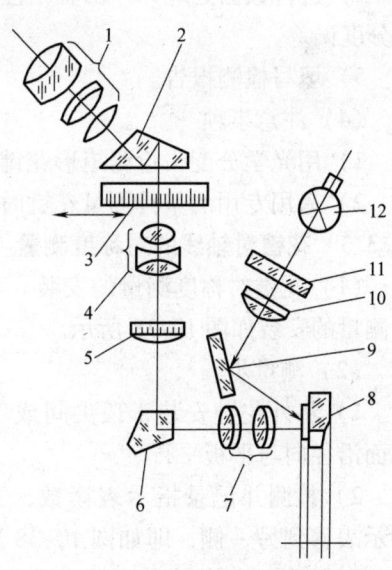

图 10-35　光学分度头的光学系统
1—目镜　2—棱镜　3—分值分划板
4、7—物镜组　5—秒值分划板　6—棱镜
8—玻璃分度盘　9—反射镜
10—聚光镜　11—滤光片　12—光源

（2）读数原理　如图 10-36 所示，在目镜视野中，右边细长刻线，分度值为 1°，满刻度 360°；中间短亮隙，分度值为 5′，满刻度 60′（即 1°）；左边分度值为 5″，满刻度 300″（即 5′）。

测量时，通过螺旋手轮将分度值刻线调到邻近的分值刻线亮隙中间，即可读数。图 10-36a 的示值为 354°14′，图 10-36b 的示值为 354°8′5″。

（3）测量步骤

1）将零件顶在光学分度头的两顶尖间，指示表引向花键，并使表头与接近花键大径处的表面某一位置相接触，如图 10-37 所示。

2）将分度头主轴上的外活动度盘转到零度，再将指示表调零。

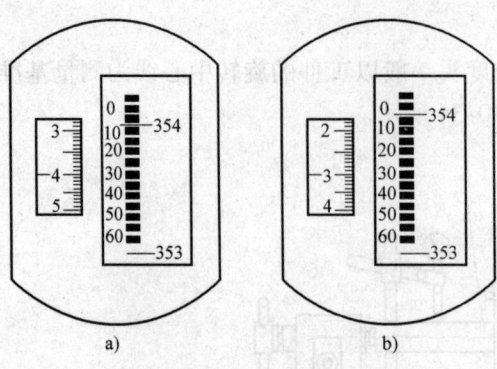

图 10-36　光学分度示值

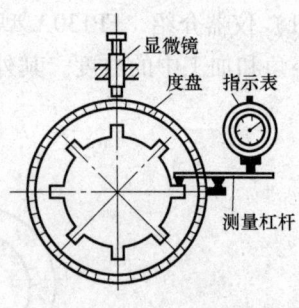

图 10-37　花键测量

3）根据花键分度角理论值 $\phi = \dfrac{360°}{n}$（n 为键数）进行逐齿分度。在一周内，分度头每转过一个角度（或进行了一次分度），记录从指示表上读取的相应点的数值。

4）进行数据处理并作出合格性判断，指示表在各齿上的读数最大值与最小值的代数差为分度误差。

5）填写检测报告。

（4）注意事项

1）用光学分度头检测矩形花键等分度时，应校验光学分度头与尾座是否对准中心线。

2）采用专用的量具测量花键时，被测工件应除去飞边，才能测量。

10.3.3　花键对轴线的对称度测量

（1）花键对称度测量的安装　花键对轴线的对称度测量的安装如图 10-38 所示。

（2）测量步骤

1）将外花键安装于顶尖间或 V 形铁上，并使被测面沿径向与平板平行。

2）检测并记录指示表读数，不要转动花键，将指示表移到另一侧，即如图 10-38 所示的左侧的键侧面，记录第二次指示表读数。设两次读数差为 a，则花键对称度

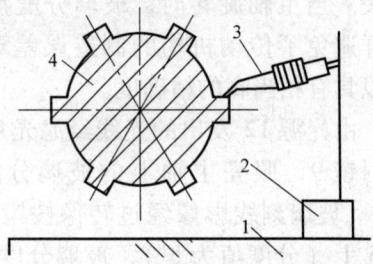

图 10-38　花键对轴线的对称度测量
1—平台　2—表座　3—杠杆千分表　4—花键

$$f = \frac{ah}{d-h} \tag{10-29}$$

式中　a——读数差；

　　　d——大径；

　　　h——键齿工作面高度。

10.3.4　花键大径、小径、键宽与侧面对轴线的平行度的测量

（1）测量方法　外花键大径、小径、键宽与侧面对轴线的平行度的测量方法见表 10-10。

（2）量具介绍　在制造批量较大时，花键的检验多采用专用的量具，如图 10-39 所示。采用如图 10-39a 所示的量具时，被测项目是大径或槽侧定心的花键孔的位置度误差（只有通规，没有止规，被检对象首先应经单项止规检查为不过）。

表 10-10 外花键大径、小径、键宽与侧面对轴线的平行度的测量方法

被检项目	示意图	说　明
大径		用光滑极限量规（卡规）测量矩形外花键的大径
小径		用光滑极限量规（卡规）测量矩形外花键的小径
键宽		用卡规测量矩形外花键的键宽
侧面对轴线的平行度		将外花键安装在两顶尖间并防止其自由转动，指示表测头接触键齿侧面，沿轴向相对移动，指示表的读数差即为侧面对轴线的平行度

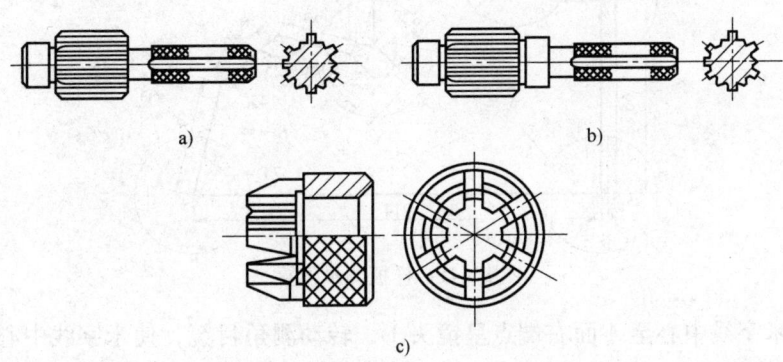

图 10-39　花键检验的专用量具

采用如图 10-39b 所示的量具时，被测项目是小径定心的花键孔的位置度误差及小径（只有通规，没有止规，被检对象首先应经单项止规检查为不过）。

采用如图 10-39c 所示的量具时，被测项目是花键轴的位置度误差及花键轴的大径（只有通规，没有止规，被检对象首先应经单项止规检查为不过）。

10.4　样板的检测

10.4.1　用万能工具显微镜测量样板

被测件实际尺寸如图 10-40 所示。

1. 工作原理

万能工具显微镜影像法测量，是利用中央显微镜的米字线分划板进行瞄准的，并在读数装置上读出读数，然后移动工作台，进行第二次瞄准并读数。由于样板放在工作台上，并与工作台一起移动，因此，读数装置上两次读数的差值，即为工件的被测尺寸。

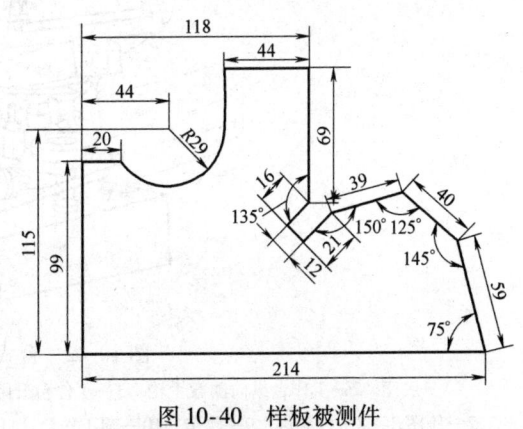

图 10-40　样板被测件

2. 操作步骤

1）测量前。仔细清洗样板并在实验室中预放适当时间，以保证测量精度稳定可靠。

2）调焦方法。首先进行目镜视度调节，即先进行在目镜视场里能观察到清晰的米字刻线像的调节，可通过目镜视度圈调节；其次通过调焦手轮移动中央显微镜，在目镜视场里得到清晰的物体轮廓像。

3）将米字线调水平，即角度目镜中为 $0°0'$。

4）找正 A 面，如图 10-41 所示，平行横向虚线即 x 方向，并锁紧 x 方向。压线呈镜头④得第一次纵向（即 y 方向）值。移动纵向，使米字横向虚线压线呈镜头③得第二次纵向（即 y 方向）值，与第一次纵向读数之差为 99 处的实测尺寸。

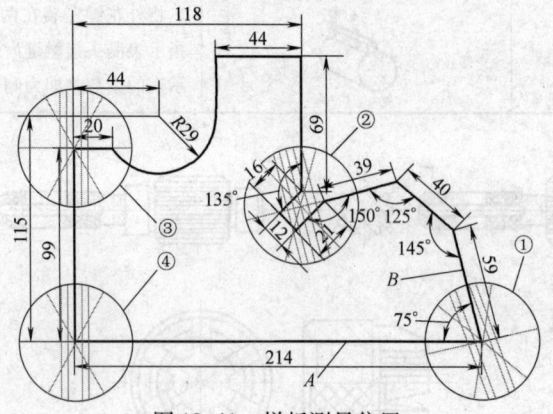

图 10-41 样板测量位置

5）移动米字线中心至 A 面右端点呈镜头①，转动测角目镜，使米字线中心线与右角度边（B 边）压线或平行，即为所需角度。注意旋转方向。

10.4.2 用投影仪测量样板轮廓

1. 台式投影仪结构介绍（见图 10-42）

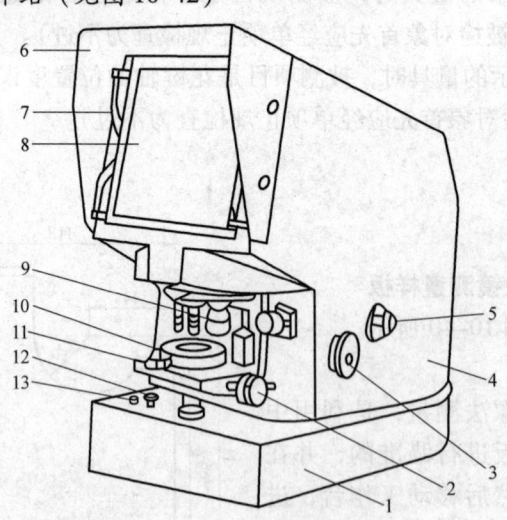

图 10-42 台式投影仪外形图

1—底座 2—工作台纵向测微手轮 3—工作台升降手轮 4—壳体 5—反射镜调节手柄 6—遮光罩
7—压图片 8—投影屏 9—物镜 10—圆工作台 11—横向测微手轮 12—调节光源亮度手柄 13—开关

2. 工作原理

投影仪的工作原理如图 10-43 所示，被测工件 Y 置于工作台上，在透射或反射照明下，它由物镜 O 成放大实像（倒像）并经反光镜 M_1 与 M_2 反射于投影屏 P 的磨砂面上（经反光镜 M_1 成正像）。图中 S_1 与 S_2 分别为透射和反射照明光源，K_1 与 K_2 分别为透射和反射聚光镜。视工件的性质，两种照明可分别使用，也可同时使用。半透半反镜 L 仅仅在反射照明时才使用。

投影仪主要由投影箱、主壳体和工作台三大部分组成。投影箱包括仪器的成像系统即物镜 O、反射镜 M_1 和 M_2，工作台旋转机构上角度分度值为 $1°$，角度游标读数为 $6'$。

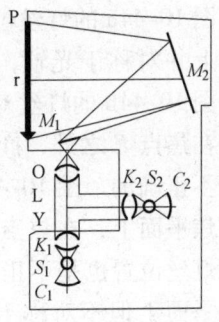

图 10-43 仪器工作原理图

3. 操作步骤

投影仪的测量方法很多，应根据被测件的形状、尺寸、数量及测量的目的来选择。

(1) 在投影屏上用玻璃刻尺测量　一般的投影仪都带玻璃刻尺，其分度值为 1mm 或 0.5mm。刻度尺长度随投影屏尺寸而定，一般在 200~600mm 之间，个别可达 1000mm。采用这种测量方法可测量工件上任意两点间的距离。测量时只需将玻璃刻尺的刻面贴在投影屏上，使刻尺的零刻线与被测工件影像点之一重合，再使影像的另一点与刻尺的某一刻线重合，读出此点的数值，除以所用物镜倍率，就得出工件对应点之间距离。小于一个分度值的尾数可用 3X 或 5X 放大镜估读。当测量两平行线之间距离时，必须使玻璃刻尺与两平行线垂直。可利用影屏上的米（十）字线的竖线和平行线之一平行，使刻尺刻线端头与横线对齐，就可得出正确的测量结果。

(2) 投影屏上与标准长度作比较测量　当被测件数量较多时，所需测量的尺寸参数只有一个长度参数，可在一张描图纸或涤纶薄膜上，用铅笔或描图笔按选用的物镜放大率精确地制出该尺寸的标准图，压在投影屏上，将被测件的待测尺寸投影至影屏上与之比较，用投影仪的测微器可读出其偏差值，也可在投影屏上估读出偏差值，再除以物镜的放大率。或者事先在标准图上绘出公差带，直接判别被测件是否合格。

(3) 利用放大样板进行比较测量　对于轮廓形状比较复杂的零件或被测尺寸参数较多的零件，可将被测轮廓或参数按一定比例制作标准的放大的玻璃样板，将它放在投影屏上，与被测零件的轮廓投影放大的影像进行比较测量。在样板上还可绘制公差带，被测件的轮廓偏差便清晰可见，从而迅速地判定零件是否合格。这种方法使用方便、效率高，尤其适用于复杂零件多参数地批量检验。

(4) 工作台作坐标测量　用工作台作坐标测量时，用投影屏上的米字线瞄准被测工件，从仪器工作台纵、横测微器读数装置上直接读出工作台的坐标位置，从而求得被测件的尺寸。这种测量方法的测量精度主要取决于工作台坐标测量系统的精度，而与投影物镜放大率无关。同样，测量范围不受物镜视场大小的限制，而取决于工作台的行程。

4. 常见问题、存在的原因、解决方案和注意事项

1) 在投影仪上，光源的调整是相当重要的。调整得正确与否，将影响到仪器的测量精度和成像的清晰性。调整的具体要求是使影屏上的亮度尽可能地均匀，同时使照明工件的光线尽可能是平行于光轴的平行光。要达到这种状态，就必须使光源的灯丝位于聚光镜的焦平面上，并对称于光学系统的光轴。由于每个灯泡的灯丝位置都不一致，故在更换照明灯泡以

后，就必须重新进行调整，如图 10-44 所示。

图 10-44a 的灯丝位置是正确的。灯丝位于焦平面上并对称于光轴，产生的平行光也对称于光轴。图 10-44b 的灯丝对称于光轴，但不在焦平面上，在焦点 F 之外，产生会聚光，这样的灯丝位置是不正确的。图 10-44c 的灯丝对称于光轴，但不在焦平面上，在焦点 F 之内，产生发散光，这样的灯丝位置也是不正确的。图 10-44d 的灯丝位于焦平面上但不对称于光轴，产生的平行光也不对称于光轴，于是影屏上照明不均匀，灯丝位置也是不正确的。

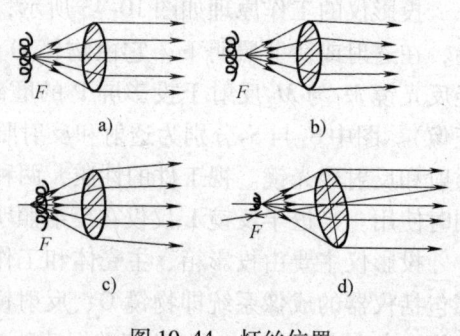

图 10-44 灯丝位置

为了让光源的灯丝处于正确的位置上，投影仪上配备了一个可供调节的光源机构，灯丝位置可以方便地调节。在调整时可借助于仪器附件，即圆筒聚光屏。

2）一般投影仪有透射照明光和反射照明光，可分开使用，也可同时使用。透射照明方式特别适用于形状复杂的薄片形工件的测量。被测件可直接安放在工作台玻璃上，在投影屏上呈现被测件轮廓的暗影像。反射照明方式在投影屏上所呈现的像不仅仅是被测工件的轮廓，而且工件表面的形状（如工件上的盲孔、不透光的台阶、凹凸部分及表面缺陷等）也成像在影屏上。由于工件表面和工作台的反射能力不同，所以在影屏上的影像明暗程度也不同。

3）投影仪的物镜有 10X、20X、50X 和 100X。物镜的放大倍数越高，视场越小，影屏上的明亮度和清晰度也随之降低，工作距离也越小。改变放大倍数时应采用相对应的聚光镜，更换聚光镜的目的是使投影屏得到尽可能大的亮度。在高放大倍数时，照明的面积小，需要的亮度大。在低放大倍数时，照明的面积大，亮度可以低一些。在装调好投影仪和物镜后，物镜的位置和投影屏的位置是固定的，要得到正确的放大倍数，保证测量精度，并得到清晰的像，在测量时，还需通过调整工作台来改变被测工件至该倍数的物镜的距离。这一过程通常称之为调焦。

10.4.3 非整圆弧的测量

（1）光隙法　弧面较短的非整圆弧半径，通常是利用标准圆弧样板或标准圆柱比较测量。当采用标准圆弧样板测量时，将样板与被检测圆弧拼合，根据光隙的大小和位置来判断被检测圆弧半径是否合格。

（2）涂色法　当利用标准圆柱测量较短圆弧半径时，一般采用涂色法。测量时，在标准圆柱表面涂上一层极薄（厚度不大于 $2\mu m$）的红丹，然后将标准圆柱与工件内圆弧密合，稍微转动圆柱（转角不大于 30°），根据圆弧面上的接触颜色，评定被检圆弧是否合格。当颜色位于内圆弧的两边，可判定圆弧的半径小于标准圆柱的半径；反之，则大于标准圆柱的半径。较短外圆弧用样板测量为好。

（3）弓高弦长测量法　弧面较长的非整形圆弧半径可在万能工具显微镜上用弓高弦长测量法进行间接测量。测量时分别测出非整圆弧的弓形高度 H 和弓高所在的弦长 L，即可求得圆弧的半径 R。

10.4.4 凸轮（曲面）的测量

凸轮（曲面）的测量是经常接触到的轮廓形状测量，目前可用三坐标测量机测量。若是常规测量较复杂，但无论多复杂，都可以将其分解为点、线、面进行处理。该项测量，根据形状可分为非整圆弧的测量与交点尺寸的测量。

1. 凸轮测量装置介绍

测量凸轮升程装置由光学分度头 5 和安装在导轨 2 上的长量程百分表 1 组成，如图 10-45 所示，图中 4 为尾座，3 为凸轮轴上的圆盘凸轮。

2. 工作原理

其工作原理是在光学分度头的读数显微镜中读取转过的角度值，在长量程百分表上读取相应的升程值。通过数据分析，得出轮廓的形状与升程。

3. 测量步骤

1）采用鸡心夹头将被测凸轮轴装夹在已经调整好的光学分度头顶尖和尾座顶尖之间，指示表引向凸轮，并使表头与接近凸轮表面的某一位置相接触，如图 10-45 所示。

2）将分度头主轴上的外活动度盘转到零度，再将指示表调零。

3）根据精度需要确定分度角值，在一周内，分度头每转过一个角度（或进行了一次分度），记录下从指示表上读取相应点的数值。

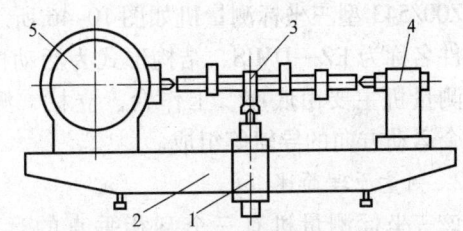

图 10-45　凸轮测量装置
1—长量程百分表与磁性表架　2—万能工具显微镜导轨
3—圆盘凸轮　4—尾座　5—光学分度头

4）进行数据处理并作出合格性判断。

① 凸轮最高点的确定。凸轮最高点是测量凸轮升程和凸轮轴上各凸轮相位角的基准点。确定方法有：a）转折点法。在凸轮最高点附近，直接找升程的转折点。这种方法简便，但由于最高点处升程变化率很小，通常在 1°范围内仅有 0.005mm 的变化，所以测量准确度是很低的，只能用于低准确度测量。b）对称点法。在凸轮最高点两侧取若干组升程值相同的对称点，这些对称点的角平分线的平均值，即为凸轮最高点位置。

② 升程测量。

a）测量前，应采用鸡心夹头将被测凸轮轴装夹在已经调整好的光学分度头顶尖和尾座顶尖之间，使凸轮轴与光学分度头一起转动，长量程百分表的测量头与凸轮轮廓面保持接触。

b）测量时，转动凸轮轴，在光学分度头的读数显微镜中读取转过的角度值，在长量程百分表上读取相应的升程值。

c）测量数据与理论升程相对照，即可得出升程误差和相邻误差。

10.5　三坐标测量机简介

三坐标测量机是 20 世纪 60 年代后期新发展起来的一种高效率的精密测量仪器。它的出现，一方面是由于生产发展的需要，即高效率加工机床的出现，产品质量要求进一步提高，复杂立体形状加工技术的发展等都要求有快速、可靠的测量设备与之配合；另一方面也由于电子技术、计算机技术及精密加工技术的发展，为三坐标测量机的出现提供了技术基础。

三坐标测量机是用计算机采集处理测量数据的新型高精度自动测量仪器（见图 10-46），可以准确、快速地测量标准几何元素（如线、平面、圆、圆柱等）及确定中心和几何尺寸的相对位置。在一些应用软件的帮助下，还可以测量、评定已知的或未知的二维或三维开放式、封闭式曲线。特别适用于测量箱体类零件的孔距和面距、模具、精密铸件、电子线路板、汽车外壳、发动机零件、凸轮以及飞机形体等带有空间曲面的工件。因此，它与数控"加工中心"相配合，已具有"测量中心"之称号。

目前，三坐标测量机产品种类多。各厂家为满足用户需要，赢得良好信誉，不断推出精度高、性能好、使用方便、易于操作、又可满足用户一些特殊检测任务的测量机。尤其是软件开发越来越快，测量机自动化程度越来越高，测量越来越便捷，精度越来越高。这里介绍的是青岛前哨与美国合资生产的 Z00/543 型三坐标测量机。

1. 仪器介绍

Z00/543 型三坐标测量机如图 10-46 所示。其测量软件名称为 EZ—DMIS，结构形式为活动桥式。三坐标测量机主要由底座、工作台、立柱、测量头以及三个运动方向的导轨等组成。

2. 测量原理简述

该三坐标测量机有三个互相垂直的运动导轨，上面分别装有光栅作为测量基准，并有高精度测量头。采用触发式、扫描式等形式，通过对被测零件进行扫描，可测空间各点的坐标位置值，并将该值送到计算机内，借助计算机经数学运算可求得待测的几何尺寸和相互位置尺寸，并输出显示和打印结果。

3. 三坐标测量机的操作步骤

1) 启动测量机，用酒精棉花清洁三坐标测量机。

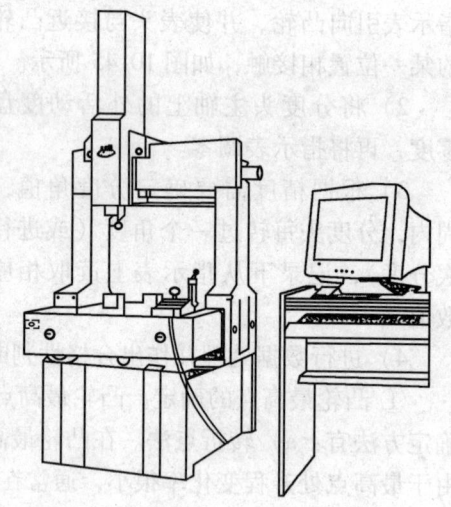

图 10-46 Z00/543 型三坐标测量机

2) 根据测量软件要求，选择（输入）测座、测头、加长杆、测针（星形、柱形和针形）、标准球直径（即标准球校准后的实际直径值）等（有的软件要输入测针到测座中心距离），同时要分别定义能够区别其不同角度、位置或长度的测头编号，即对测头进行定义。

3) 用标准球进行测头校正，标准球的直径在 10～50mm 之间，其直径和形状误差经过校准（厂家配置的标准球均有校准证书）。用手动、操纵杆或自动方式在标准球的最大范围内触测 5 点以上（一般推荐在 7～11 点），点的分布要均匀。

4) 将被测件放置在工作台上，目测将其放正后用橡皮泥固定住。

5) 坐标初始化，使三坐标测量机的坐标原点重新回到机器本身的三维坐标原点。测量中，往往选择工件的三维坐标作为测量基准。那么，上一个工件和下一个工件由于安放的位置不同，它们的三维坐标原点也有不同。再经过一系列其他步骤获得下一个工件的新的测量坐标基准。

6) 平面校基准。选择工件的某一面（通常选择与三坐标机工作台面平行的一面），在该表面上任意选取四点（所取四点位置尽量分散在工件平面的各个方向），由这四点决定一个平面，建立一个基准平面。然后对这一平面进行空间位置的校正，即当它与机器工作台面有一定的空间角度变化时，测量基准平面仍旧以它为基准同时在空间偏转相同角度。这是因为所选工件的平面不一定与机器工作台面完全平行，通过对空间位置的校正就可以将测量的原始坐标平面始终跟着工件的形状变化而变化，而不用再进行校正。

7) 线校基准。选择与平面相交的某一边界线上的任意两点，由这两点决定一条直线，建立一个基准坐标。然后对这一直线进行空间位置的校正，即当它与基准平面有一定的空间角度变化时，测量基准坐标仍旧以它为基准同时在空间偏转相同角度。这样就将测量的原始坐标始终跟着这一条线的变化而变化，而不用进行校正。

8) X、Y、Z坐标置零位。以基准平面和基准直线相交的点作为空间坐标的原点，即X、Y、Z轴坐标值均为零。从而这一点就成为本次测量的新坐标原点，以后选取的所有点的坐标都是相对于该点的坐标值。空间坐标原点的确定非常关键，往往选取零件图纸上的某个边界点作为基准点。

9) 点的选取。在工件上选取恰当的几个点，进行采集和存储。点的选取，必须多点采集。缓缓地移动三坐标测针的上下、左右和前后位置，在工件上探寻所需测量的点，当听到机器发出鸣叫声，即表示机器已自动将所探寻的点的三维坐标存入机器内部。

10) 测量参数选择。根据采集的点坐标参量，再在计算机中调出所需测量参数的有关模块，单击该项功能就可知道测量的参数值，然后再加以保存，以备后面的数据处理之用。

11) 测线轮廓度时取点必须选两点以上，选择工具栏中测量参数中的"几何误差"这一项，然后单击工具栏中测量参数，选择线轮廓度这一项目，计算机系统就自动根据存储的两点坐标值，给出线轮廓度特征量值。

4. 常见问题、存在的原因、解决方案和注意事项

1) 工件所需测量的部分，不一定是整个工件。如要测的部分集中在工件的某个局部，除了测量机的测量范围能覆盖被测参数之外，还要考虑整个工件能在测量机上安置，要求工件重量对测量精度不带来显著影响。为了把工件放入测量机中，应根据工件大小选择测量机。

2) 测座、测头（传感器）、加长杆、测针和标准球要安装可靠、牢固，不能松动或有间隙。检查了安装的测针、标准球是否牢固后，要擦拭测针和标准球上的手印和污渍，保持测针和标准球清洁。

3) 校正测头时，测量速度应与测量时的速度一致。注意观察校正后测针的直径（是否与以前同样长度时的校正结果有大偏差）和校正时的形状误差。如果有很大变化，则要查找原因或清洁标准球和测针。重复进行2~3次校正，观察其结果的重复程度。检查了测头、测针、标准球是否安装牢固，同时也检查了机器的工作状态。

4) 当需要进行多个测头角度、位置或不同测针长度的测头校正时，校正后一定要检查校正效果（准确性）。方法是：校正全部定义的测头后，使用测球功能，用校正后的全部测头依次测量标准球，观察球心坐标的变化，如果有$1~2\mu m$变化，是正常的。如果变化比较大，则要检查测座、测头、加长杆、测针、标准球的安装是否牢固，这是造成此种现象的重要原因。

5) 更换测针（不同的软件方法不同）。因为测针长度是测头自动校正的重要参数，如果出现错误，会造成测针的非正常碰撞，轻者碰坏测针，重则造成测头损坏。一定要注意。

6）正确输入标准球直径。标准球直径值直接影响测针宝石球直径的校正值。虽然这是一个"小概率事件",但是对初学者来说,也是可能发生的。

测头校正是测量过程中的重要环节,在校正中产生的误差将加入到测量结果中,尤其是使用组合测头(多测头角度、位置和测针长度)时,校正的准确性特别重要。当发现问题再重新检查测头校正的效果,会浪费宝贵的时间和增加大量的工作量。

思 考 题

1. 螺纹测量的方法有哪些?螺纹中径测量的方法主要有哪些?
2. 螺纹量规的通端和止端有什么不同?
3. 螺纹单一中径的测量方法有哪些?
4. 使用影像法与三针法测量螺纹中径的结果有什么差异?它们各有哪些优缺点?
5. 螺纹止规的螺纹圈数只有 2~3 圈,无法安装三根量针来进行测量。在这种情况下,如何运用试验的测量原理来测量止规螺纹的单一中径?
6. 试述三针法测量外螺纹单一中径的特点。
7. 简述圆度仪的测量原理及测量步骤。
8. 简述用光学分度头检测矩形花键等分度的测量步骤。
9. 光学分度头能测量哪些参数?
10. 简述光学分度头的基本工作原理。
11. 在工具显微镜上怎样测量螺纹的中径、牙型半角和螺距?为了消除安装误差的影响,应采取什么措施?
12. 凸轮测量要进行哪些调整?
13. 简述光学分度头检测凸轮误差的测量步骤。
14. 简述台式投影仪检测样板的测量步骤。
15. 简述台式投影仪的基本工作原理。
16. 非整圆弧工件的测量方法有哪几种?
17. 用齿距仪测量齿轮齿距时,选用齿轮的什么表面作为测量基准?
18. 测量齿距累积误差 ΔF_p 与齿距偏差 Δf_{pt} 的目的是什么?
19. 测量齿轮基节偏差的仪器是什么?
20. 用基节仪测量齿轮基节偏差时,应注意哪些事项?
21. 基节偏差与齿距偏差有何区别?

第 11 章 机械零件几何精度的质量管理

11.1 质量检测在质量控制中的作用及意义

零件的加工质量主要是指零件的加工精度能否满足设计要求。加工精度是指零件在几何量方面达到的精确程度。机械产品都是由许多机械零件组装而成，这些零件的加工精度如何，将直接影响产品的使用性能和使用寿命，特别是对运动精度、定位精度、振动、噪声以及动力消耗等的影响更为突出。所以控制零件的加工质量是控制产品质量的最基本的环节。

控制零件加工质量最直接有效的方法之一就是对加工精度进行跟踪检测，及时发现并消除产生废品的因素。跟踪检测有两种方式，分别为主动检测和被动检测。主动检测多应用在现代化的自动生产线上，加工检测由检测装置自动完成。其检测过程与加工过程同时进行，相互依存，并以检测信息控制加工运动，因此很少出现废品；而被动检测过程与加工过程是分离的，分别单独进行，加工在前，检测在后。由于检测并不参与加工过程，所以不能制约加工精度，不能在加工过程中防止废品的产生。被动检测只能发现废品，剔除废品，通过分析研究废品产生的原因后再去调整加工过程。

检测是利用量具、仪器或专用检具对加工好的零件进行检测、比较，得到误差值或判断其是否符合质量要求的过程。检测要运用一定的检测原理和复杂的计算。在实际工作中可以避开复杂的计算，采用查表或经验公式计算的方法直接获得相关数据。就一般工程问题而言，查表或经验公式计算所得的精度已经足够高，可以知道加工的零件出了什么质量问题，从而知道解决工艺问题、控制加工质量的大方向。然而，检测原理则是非常重要的，具有不可替代性，有时甚至是唯一的。例如，圆柱素线直线度的检测，只能用理论直线与之比较，才能获得检测误差或判断加工质量是否合格，这是唯一的检测原理。由于检测原理的唯一性和不可替代性，也就确定了一定的检测方法和检测工具。

要想正确地运用检测，真正发挥出检测的作用，必须掌握各种精度指标项目的定义—通过掌握精度指标定义获得检测原理—由检测原理确定相应的检测方法—选取相应的量具及辅助工具—获取正确的误差值—进行数据分析处理—得出检测结论—对工艺过程进行指导。

检测如果离开了对工艺过程的指导，就显得毫无意义，最多只能使不合格品不流向下道工序，起到"把关"的作用，而丧失了控制的作用。因此，一名优秀的机床操作者，应该掌握一定的检测技能，运用检测结果对自己的加工实施控制；而一名优秀的检验员，则应该通过观察操作者的操作过程（工艺过程和操作方法）正确与否，初步判断加工出来的零件质量状况，并对操作者实施指导。

由此，加工与检测相辅相成，构成一个和谐的统一体，促使机械加工工艺过程得以顺利进行，确保"优质、高产、低耗"的工艺目标的实现。同时，质量检验也是实施质量管理必不可少的重要手段，是能够得到合格产品的重要保证。它在保证和改进产品质量、降低生产消耗、确定技术指标、促进技术进步、提高产品市场竞争力等方面具有重要的地位和作用。质量检验不仅必须具备足够准确和适用的检测仪器设备及软件,还须应用正确的检验方法。

11.2 质量检验的主要任务与检验过程

1. 质量检验主要任务

质量检验包括进货检验、过程检验和最终检验,其主要任务如下:
1) 实际测定产品的规定质量特性及其指标的量值。
2) 根据测得值的偏离情况,判定产品的质量水平(等级),确定废次品。
3) 认定测量方法和对测量活动的简化是否会影响对规定质量特征的控制。
4) 记录有价值的质量数据,采用先进的统计分析方法进行数据分析,寻找和发现质量变异的规律,做出质量分析报告,为企业自我质量评价和不断改进质量提供信息和依据。

2. 质量检验过程

质量检验功能是通过质量检验过程形成的。质量检验过程包括以下步骤:

(1) 定位 质量检验的手段及相关资源的配备与待检验的目标有关,应认真审阅被测件图样及有关的技术资料,了解被测件的用途,熟悉各项技术要求,依据质量特性确定质量检验的项目。

(2) 设计检测方案 根据检测项目的性质、具体要求、结构特点、批量大小、检测设备状况、检测环境及检测人员的能力等多种因素,设计一个能满足检测精度要求,且具有低成本、高效率的检测预案。

(3) 选择检测器具 按照规范要求选择适当的检测器具,设计、制作专用的检测器具和辅助工具,并进行必要的误差分析。

(4) 检测前准备 清理检测环境并检查是否满足检测要求,清洗标准器、被测件及辅助工具,对检测器具进行调整使之处于正常的工作状态。

(5) 采集数据 安装被测件,按照设计预案采集测量数据并规范地作好原始记录。

(6) 数据处理 将测量结果与产品质量标准和检验依据进行比较对照。或对检测数据进行计算和处理,获得检测结果。

(7) 判断 将检测结果填写在检测报告单及有关的原始记录中,并根据技术要求给出受检质量特性是否符合标准规定的要求以及产品是否合格的结论。

(8) 处置 对合格品予以放行、及时转入下道工序、出厂及接受等;对不合格品做出返修、返工、让步接收、降级使用、报废或拒收等处置,并进行跟踪管理,及时反馈质量信息。

(9) 改进 分析检验结果的信息,评价产品实现过程,提出改进方向和途径。这已超越了传统质量检验的范畴,属于质量改进的内容。

11.3 质量检验过程职能的改进和发展

质量检验的基本职能有鉴别、把关、预防、报告、监督和改进。随着质量观念的演变及制造技术的迅猛发展,质量检验过程职能正在不断发展和改进。

1. 质量检验对象的广泛性和多样化

质量检验除了对产品进行技术性的检验活动之外，还需要对过程质量、顾客满意度、服务质量及质量管理体系质量等进行管理性的评价和审核活动，因而检验、验证、试验、监视、审核和确认等活动交叉互补。

2. 检验手段的现代化

检测、测量、试验和监视设备是质量检验的实施手段和重要资源，其发展特点体现在高性能、高准确度、高灵敏度、高稳定性、高可靠度、高环境适应性、长服役寿命以及智能化、网络化和微型化等方面。

3. 检验过程的集成化

随着制造过程自动化、集成化及智能化水平的提高，检测技术的发展，质量检验过程与制造系统的集成化程度不断提高，加工、检验、判断比较和反馈几乎可同时完成。

4. 质量检验功能的重点从把关向预防和报告转移

随着组织现代质量管理体系的建立和完善，组织的质量管理水平不断提高，而且现代制造技术的发展和应用使得制造过程正朝零缺陷方向发展，质量检验的把关功能逐渐弱化，而预防和报告功能逐渐加强。

5. 检验准则的国际化

经济全球化、生产过程跨国化必然要求质量检验准则的国际化。标准化水平决定了产品的技术水平和质量，而广泛采用国际标准包括质量检验标准是提高组织竞争力的重要方面。

11.4 制造过程中的质量检测

1. 制造过程质量检测的主要内容

质量检测是制造过程质量控制中获取质量数据的主要途径。在机械制造中，质量检测的主要对象是机械零件。检测的对象包括毛坯、外购件、工件、成品以及制造过程参数等。

工件质量检测的主要检测内容有尺寸（位置）、几何误差、表面粗糙度、表面质量以及零件机械、物理性能等。制造过程检测不仅要对工件和表面质量进行检验，而且要检验加工设备和基础元部件的精度。根据工件精度，工件几何尺寸和几何精度可用通用测量法，如游标卡尺、深度游标卡尺、内径千分尺、内径百分表、内径千分表、扭簧比较仪和量块组等进行测量。也可用精密测量法，如电子测微仪、电感测微仪、电容测微仪、自准直仪和激光干涉仪进行测量。表面粗糙度可用电感式、压电晶体式表面形貌仪等进行接触测量，或用光纤法、电容法、超声微波法和隧道显微镜法进行非接触测量；表面应力、表面变质层深度、表面微裂纹等缺陷可用 X 光衍射法、激光干涉法等测量。

2. 制造中质量检测的分类

1) 按检测环节在制造系统中所处的位置，质量检测可分为三类。

① 离线检测。在自动化制造系统生产线或加工设备以外检测。检测周期长，难以及时反馈质量信息。

② 在线检测。将自动检测系统集成于制造系统中或加工设备上检测。通常用于零件加工工序之间的中间检验以及加工完毕后的最终检验。在线检测的检测速度及质量信息反馈速度都很快，检测数据可直接输入到加工设备数控系统，用于调整和修正加工过程参数，实现

自动化质量控制。坐标测量机是在线检测的主要手段，常用于综合检测零部件的几何尺寸和形状位置精度。

③ 过程中检测。检测装置或设备与加工设备集成为一体，通常用于零件在工序内部（即工步或走刀之间）的中间检验及刀具、工件的标定。

2）按检测自动化程度，质量检测可分为三类。

① 自动检测。利用在线自动检测装置采集各类质量数据，并进行校验和必要的预处理，由质量评价与分析系统对加工过程能力、工件及成品的质量水平做出判断、评价和决策，然后由反馈控制系统对加工过程予以修正和优化，实现制造质量控制。自动检测装置可用于零件检验和产品试验，典型的自动检测系统有三坐标测量机、数控加工中心、测量机械手、机器人和机器视觉系统等。例如，数控加工中心在机检测可直接在数控机床上进行检测，能及时发现并修改错误，避免直到产品提交给检测者后才发现错误的情况出现。若不进行数控机床在机检测，当零件加工完毕后发现零件存在误差时，则需将零件重新搬回机床，修改加工前必须重新装夹定位工件，此过程对大型、重型零件尤其费时、费力，重新装夹定位零件可能会花费数小时。

此外，重新装夹定位过程中如果存在任何错误，都会在工件上产生新的误差，不得不再次进行产品的检测和再加工过程。在机检测可保证加工精度，降低废品率和机床辅助时间，大幅度提高生产效率，使机床投资得到最好回报。

因此，在机检测可实现以下功能：a）准确快速找正工件位置，并自动设定工件坐标系；b）循环中工件尺寸检测，并根据测量结果自动修正刀具偏量；c）柔性加工中工件及夹具的确认；d）设定夹具和旋转轴的确认等。

② 半自动检测。检测动作为手动，而数据传输及处理是自动的，如数显式高度仪、圆度仪等。

③ 手工检测。质量数据采集主要采用手工检测与人工录入。

3）按检测方式，质量检测可分为两类。

① 接触式测量。检测传感器测头与被测对象直接接触，不受被测对象表面反射特性、颜色及曲率等的影响，可快速准确地测得被测参数。接触式传感器的结构类型很多，如采用微小机械接触点的测头、通过超声波振动的变化来检测工件尺寸和形状的测头、通过检测电阻应变片的阻值变化来检测工件尺寸的测头等，可提高三维测量的精度。有一种采用应变元件的传输式接触测头，可解决普通测头的方向特性（预行程变化）难以控制的问题。接触式传感器的检测对象较多，检测效果也不错，目前尚未出现能完全取代接触式传感器的产品。最重要、最常用的接触式检测设备是坐标测量机及三维测头。用触发式三维测头进行接触式检测时，可将测头制作得非常精细。

接触式测量的缺点有：为了确定测量基准点而需要使用特殊的夹具，因而测量费用高；测量系统的支承结构存在静态和动态误差，探头触发机构的惯性及时间延迟会使探头出现超越现象而易产生动态误差；在检测某些轮廓时有先天限制，如测量内径时触发测头的直径必须小于被测内圆直径；接触式测头以逐点进出方式进行测量，测量速度慢；接触式测头测量时，探头尖端部分与被测工件之间产生局部变形，会影响测量读数；操作不当容易损害工件某些重要部位的表面精度，还会使探头磨损、损坏，需要经常校正探头直径以保持测量精度。

② 非接触式测量。检测传感器测头不需与被测工件表面接触，不必像接触式探头那样逐

点进行测量，测量速度快，可测量薄、软工件和不可接触的精密工件，无需进行探头半径补偿。非接触式测量分为光学及光电方法（激光、CCD 等）和非光学方法（超声波、电磁场、红外和 X 射线等）。

光电式非接触式测量的缺点表现在：测量精度差，如用于非接触式测量探头的光敏位置传感器（PSD）的误差约为 $20\mu m$；CCD 成像镜头的焦距会影响测量精度，当工件几何外形变化大时会产生成像失真、成像模糊等问题；非接触式测量探头通常基于反射法或散射法，测量结果易受环境背景光线以及工件表面反射特性等的影响，工件表面的表面粗糙度、颜色、光泽、曲率等均会影响测量结果。

11.5 零废品生产中的测量控制

制造质量控制的目标是零废品制造。精密测试在零废品制造中起着非常重要的作用。零部件加工质量、整机装配质量都与加工设备、测试设备及测试信息分析处理等密切相关。

从精密测试角度出发，零废品生产中应考虑以下问题。

1. 加工工件前，事先检测机床

通过有关检测设备，快速准确地对加工设备进行校验，获得机床的精度状况，对大幅度减少返工以至消除返工是非常有益的。

2. 生产过程中对工件进行在线测量或对工件进行 100% 检测

研究适合动态或准动态检测以及能集成到加工设备中的测试设备，实现实时测试，根据测试结果不断修改工艺参数，对加工设备进行补充调整或反馈控制。应研究动态精度理论，如动态精度的评定等。

3. 研究如何充分利用测量信息来实现零废品生产

通过 100% 在线测量数据的充分利用，从中分析加工和测量过程中误差分布的动态特性和规律，同时根据加工误差的动态特性和传感器精度的精度损失特性，以及产品质量要求和公差规定，给出零废品制造的基本理论模型。综合利用人工神经网络、遗传算法等人工智能方法进行准确的加工质量预测，实现超前质量控制。

误差预防和误差补偿是提高精密和超精密加工精度、保证产品加工质量的重要措施。误差预防是通过提高机床制造精度、保证加工环境条件等来减少误差源及其影响；误差补偿是在误差分离的基础上，利用误差补偿装置对误差值进行静态和动态补偿，以消除误差的影响。根据事先测出的误差值，在加工时通过硬件或软件进行静态误差补偿。也可应用在线检测，在加工过程中进行实时的动态误差补偿。

11.6 现代制造质量控制

11.6.1 制造过程质量控制的主要任务

产品全生命周期各个阶段和环节，如用户需求分析、产品开发设计、产品制造过程和生产管理等都存在影响产品质量的因素。开发设计过程中影响质量的因素有设计方法的科学性和合理性；产品制造过程中影响质量的因素有加工工艺方法、加工设备精度、工艺系统刚度、刀具磨损和检测误差等；管理因素包括员工素质、技术水平、技术标准和管理模式等。

制造过程是产品质量形成的过程载体，在确保设计质量的前提下，产品质量在很大程度上依赖于制造过程质量。没有稳定的制造过程，产品设计的高质量就无法体现。制造过程质量控制和质量管理的工作重点和活动场所都是在生产车间，因而也称它为车间质量管理。

可从两方面衡量制造过程质量：过程质量是否稳定；稳定的过程能力是否满足技术要求。过程质量稳定性可由控制图测定和监控，而过程能力是否满足要求则由过程能力指数来测定。

制造过程是产品质量形成的重要基础，其目标是保证对产品设计的符合性质量。制造过程质量控制的主要任务是建立处于受控状态的制造系统，使制造过程能够稳定、持续地生产出符合设计质量的产品。制造过程质量控制的具体任务包括：编制产品（零件）检测规程、产品质量数据检测采集、质量数据分析处理、制造质量评价与反馈控制、质量信息管理、制造系统运行状态及加工设备状态监控和调整。

制造过程是由若干道工序组成的，工序是产品质量形成的最基本环节，每道工序都会影响产品的制造质量，产品质量由工序质量来实现，工序质量控制是制造过程质量控制的关键。所谓工序质量控制，就是把工序质量的波动限制在要求的范围内所进行的质量活动，以保证工序能够不断地、稳定地生产出合格产品。工序质量控制的对象是工序形成的质量特性值（如尺寸、硬度等）波动的范围和中心位置。实施工序质量控制，就是对影响工序质量特性值波动范围和中心位置的主要因素予以控制，因此，必须对制造过程各道工序的质量状况进行调查分析和评价，对影响工序质量的因素（5MIE）进行监控。

11.6.2 做好现场质量检验

为了保证产品质量，必须根据技术标准进行各种技术检验。检验的目的不仅是挑出不合格品，还要收集和积累反映质量状况的数据和资料，为加强质量管理提供信息。

1. 合理选择检验方式

不同的检验方式和方法，反映了不同的检验精度要求，合理的检验方法不仅可以正确地反映产品的质量情况，而且可以减少检验费用，缩短检验周期。

检验方式和方法，应按照既要保证质量，又要便于生产，还要尽可能节约检验工作量的原则，进行合理选择。检验方式按作用、特点的不同来进行分类，见表11-1。

表11-1 质量检验方法分类表

分类标志	检验方式、方法	特征
工作过程的次序	预先检验	加工前对原材料、半成品的检验
	中间检验	产品加工过程中的检验
	最后检验	车间完成全部加工或装配后的检验
检验地点	固定检验	在固定地点进行检验
	流动检验	在加工或装配的工作现场进行检验
检验数量	普遍检验	对检验对象的全体进行逐件检验
	抽样检验	对检验对象按规定比率抽检
检验的预防性	首件检验	对第一件或头几件产品进行检验
	统计检验	运用统计原理与统计图表进行的检验
检验的执行者	专职检验	项目多，内容杂，需使用专用设备
	生产工人自检互检	内容简单，由生产工人在工作现场进行

2. "三检制"

"三检制"是操作者"自检"、操作者之间"互检"和专职检验员"专检"相结合的检验制度。

（1）自检　"自检"就是"自我把关"。操作者对自己加工的产品或完成的工作进行检验，起到自我监督的作用。自检又进一步发展成"三自检验制"，即操作者"自检、自分、自作标记"的检验制度。自检管理流程见表11-2。

表11-2　自检管理流程

项目	责任者	职能	管理内容	确认者	评议
自检管理	操作者	自检	首件自检（换刀、设备修理）	检查员	检查员
			中间自检（按频次规定执行）	班长	班长
			定量自检（工作/班实测尺寸）	检查员	检查员
		自分	不良品自分、自隔离、待处理	班长	车间主任
		自记	填写三检卡	质量员	质量科
			检查各票证、签字	检查员	

"三自检验制"是操作者参与检验工作，确保产品质量的一种有效方法。产品加工完毕后，操作者必须首先进行自检，判断是否合格。对不合格的制品要随即做好标记，分别堆放，按规定处理。一时确定不了的制品，可请检验员检验作出是否合格的判定。这样做可以防止不合格品流入下道工序，及时消除异常因素，防止产生大批不合格品。有时操作者还要对自己加工的每件产品打上工号或做其他标记。这样，产品无论流转到哪道工序，只要发现问题，便可以找到责任者。操作者对产品质量必须负责到底。

（2）互检　"互检"就是操作者之间对加工的产品、零部件和完成的工作进行相互检验，起到相互监督的作用。互检的形式很多，有班组质量检验员对本组工人的抽检；下道工序对上道工序的交接检验；本组工人之间的相互检验等。

（3）专检　"专检"是指专职检验员对产品质量进行的检验。在专检管理中，还可以进一步细分为专检、巡检和终检，见表11-3。

表11-3　专检管理流程

项目	责任者	职能	管理内容	确认者	评议
专检管理	检查员	专检	确认首件自检的结果	检查员	检查员
			执行检查员责任制度	班长	工长
		巡检	对工序主项的抽查	检查员	科长
			对不稳定工序的巡检与指导	班长	质管科
			对定位基础尺寸和加工最终尺寸抽查	检查员	厂总师
		终检	按检查员责任制执行	班长	

在生产现场设置业务水平较高的专业检验员是十分必要的。随着科学技术的进步，检验技术、测试手段和装备不断发展，并逐步专门化。许多检验工作需要使用专门的检测装备，要求检验人员掌握专门的检验技术和操作技能。同时，生产工人由于专业分工原因，主要从事具体的生产活动，对上下各道工序以及整个产品的质量要求了解较少，专职检验人员就没

有这种局限，可以站在较高的层次上看待质量问题。

总之，实行"三检制"要合理地确定自检、互检、专检的范围。通常原材料、半成品、成品的检验以专职人员检验为主，生产过程各道工序的检验则以现场工人自检、互检为主，专职人员巡回抽检为辅。

3. 掌握产品质量波动规律

产品是由每道工序联合加工而成。由于每道工序的操作者、机床、材料、工艺技术等因素在不断变化，因此，即便是同一种产品，其质量也是有差异的，这种差异表现为产品质量的波动。

产品质量波动按照原因不同，可以分为正常波动和异常波动。

（1）正常波动　正常波动是由一些偶然因素、随机因素引起的质量差异，如设备、刀具的正常磨损，机床的微小振动，材料的微小变化等。这些波动是大量的、经常存在的，同时也是不可能完全避免的。

（2）异常波动　异常波动是由一些系统性因素引起的质量差异，如原材料质量不合格，工具过度磨损，机床振动太大等。这些波动带有方向性，质量波动较大，使工序处于不稳定或失控状态。这是质量管理中不允许的波动。

由于产品有质量波动，为此许多产品的质量标准都规定有上、下限值，也就是规定了允许波动的公差范围。产品质量特性值的波动只要在规定的公差范围内，就可以认为是合格的，超出了规定的公差范围，就是不合格的。要预防、控制不合格品，必须掌握产品质量波动规律的性质和特点。通过质量数据的收集、整理和分析，及时采取恰当措施，把正常波动控制在允许的范围内。及时预防和消除由于异常原因引起的异常波动。

11.7　工序质量

工序质量是指工序过程的质量。工序质量的高低反映工序的成果符合设计、工艺要求的程度，即工序的符合性质量。工序质量高，说明这道工序成果的合格品率高，废、次品率或返修率低。

产品是由零部件所组成的，而零件又是经若干道工序加工而成的。因此，工序的质量将最终决定产品的制造质量。

11.7.1　工序能力

每道工序都具有定量或定性的质量要求（公差范围或技术要求）。为了预防工序产生不合格品，为了工序质量的维持和改进，首先必须掌握工序所具有的实际达到质量要求的能力。

工序在稳定状态下能够生产出合格品的能力称为工序能力。

所谓处于稳定生产状态下的工序是：原材料或上一道工序半成品按照标准要求供应；本工序按作业标准实施，并应在影响工序质量各主要因素无异常的条件下进行；工序完成后，产品检测按标准要求进行。

总之，工序实施以及前后过程均应标准化，在非稳定生产状态下所测得的工序能力是没有任何意义的。显然，工序能力的测定一般是在成批生产状况下进行，工序满足产品质量要求的能力主要表现在以下两个方面。

1) 产品质量是否稳定。

2) 产品质量精度是否足够。

因此,在确认工序能力可以满足精度要求的条件下,工序能力是以该工序产品质量特性值的变化或波动来表示的。产品质量的变异可以用频数分布表、直方图、分布的定量值以及分布曲线来描述。在稳定生产状态下,影响工序能力的偶然因素的总和结果近似地服从正态分布。在正态分布情况下,分散幅度处于 6σ(6 倍标准偏差)范围内的比率为 99.7%。分散幅度为 6σ 表示该工序具有的实际加工精度,它是衡量工序能力的尺度。若 6σ 越大,则工序的实际精度越差,不合格品率越高,工序能力越小;若 6σ 越小,则工序的实际精度越高,不合格品率越低,因而说明工序能力越大。工序能力示意图如图 11-1 所示。图中曲线①表示的工序能力最大,曲线③的最小。

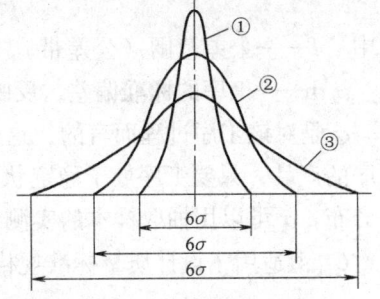

图 11-1 工序能力示意图

在计算工序能力时,首先应对组成该工序的人、机器、材料、工艺方法、环境等条件加以充分标准化,并使作业活动处于受控制状态,然后收集样品的质量特性值,计算其样本标准偏差 S 或极差平均值 $\bar{R}$,用来近似推算出工序能力。

当已知样本的极差平均值 $\bar{R}$ 时,近似推算 6σ 的方法如下

$$6\sigma = \frac{\bar{R}}{d_2} \tag{11-1}$$

式中 $\bar{R}$——极差平均值;

d_2——由每组样本 n 大小所确定的系数(见表 11-4)。

如果工序生产过程不稳定,处于失控状态,则不能用上述公式计算工序能力,应找出并排除异常原因后重新抽样测定,取得数据。

表 11-4 d_2 系数表

n	2	3	4	5	6	7	8	9	10
$\dfrac{1}{d_2}$	0.886	0.591	0.486	0.430	0.395	0.370	0.351	0.337	0.325

11.7.2 工序能力指数

影响工序能力的各因素综合反映该工序产品质量的分布状况,如果把分布曲线或直方图与公差范围画在一起,就可以明确地表示出质量特性值的分布与公差范围之间的关系。分布曲线与公差范围关系如图 11-2 所示。

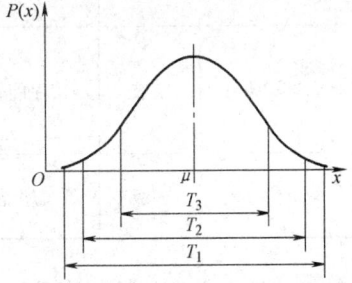

图 11-2 分布曲线与公差范围关系图

图 11-2 中 T 为公差范围(公差带)。当公差范围为 T_1 时,说明质量特性值分布在公差带内,这时反映了质量特性值分布比设计要求高;当公差范围为 T_2 时,反映了质量特性值分布大致符合设计要求;当公差范围为 T_3 时,反映了质量特性值分布超出了设计要求。因此,公差范围与分布状态对比关系就代表了工序能力的大小。将设计时对产品质量标准规格的要求与制造时工序所具有满足要求能力的比值称为工序能力

指数。

工序能力指数又称工程能力指数、工艺能力指数，用 C_p 或 C_{pk} 表示。

C_p 适用于设计标准规格的中心值与测定数据的分布中心一致的情况，即无偏的情况。

$$C_p = \frac{T}{6\sigma} = \frac{T}{6S} \tag{11-2}$$

式中　　T——公差范围（公差带），是对产品质量的要求；

　　　　σ——工序的标准偏差，反映了经过该工序加工过程后，产品质量的分布状况。

σ 是对该工序过程而言的，这个过程既包括已经完成该工序的产品，也包括尚未完成该工序的产品，只要工序处于稳定状态，这个工序过程就存在一个标准偏差 σ，即有一个确定的分布。σ 可以用抽取样本的实测值计算出的样本标准偏差 S 来估计。

C_{pk} 值适用于设计质量标准规格的中心值与测定数据的分布中心不一致时，即在有偏的情况下。C_{pk} 在给定双向公差时，$C_{pk} = \frac{T - 2\varepsilon}{6S}$；在给定单向公差时，$C_{pk} = \frac{T_U - \overline{X}}{3S}$ 或 $C_{pk} = \frac{\overline{X} - T_L}{3S}$。$\varepsilon = |M - \overline{X}|$，$\overline{X}$ 为产品质量的分布中心值；M 为公差中心值，ε 表示产品质量的分布中心与公差中心的偏移量；T_U 为上极限偏差，T_L 为下极限偏差。

11.7.3　工序能力指数的评定及改进

1. 工序能力指数评定

通常的工序能力指数评定分级及相应的建议措施，见表 11-5。

表 11-5　工序能力等级评定表

范围	等级	判断	建议措施
$C_p > 1.67$	特级	工序能力过高	为提高产品质量，对关键或主要项目，再次缩小公差范围；或为提高效率、降低成本而放宽波动幅度，降低设备精度等级等
$1.67 \geq C_p > 1.33$	一级	工序能力充分	当不是关键的主要项目时，放宽波动幅度，降低对原材料的要求，简化质量检验，采用抽样检验或减少检验频次
$1.33 \geq C_p > 1$	二级	工序能力尚可	必须用控制图或其他方法对工序进行控制和监督，以便及时发现异常波动，对产品按正常规定进行检验
$1 \geq C_p \geq 0.67$	三级	工序能力不充分	分析分散程度大的原因，制定措施加以改进，在不影响产品质量情况下，放宽公差范围，加强质量检验，全数检验或增加检验频次
$0.67 > C_p$	四级	工序能力不足	一般应停止继续加工，找出原因，改进工艺，提高 C_p 值，否则全数检验，挑出不良品

对于单件小批生产的工序和计数值数据的工序质量控制，则可以分别采用加强自检、首检和专职检验，或采用不合格品统计管理或采用计数值数据的不合格品率和缺陷数的工序能力指数的近似计算。在操作人员做到作业标准化的前提下，进行不合格品统计、分析整理，及时准确地反映工序质量的变化情况，并采取相应纠正措施，以便达到稳定和控制产品质量的目的。

2. 提高工序能力指数的途径

由工序能力指数的计算公式 $C_{pk} = \dfrac{T - 2\varepsilon}{6S}$ 可见，影响工序能力指数有三个变量，即产品质量规格的范围 T（公差范围）；工序加工的数据分布中心 $\overline{X}$ 与公差中心 M 的偏移量 ε；工序加工的质量特性值的分散程度，即标准偏差 S。也就是说，减小中心偏移量 ε，或减小标准偏差 S，或增大公差范围 T，都能提高工序能力指数。

（1）调整工序加工的分布中心（即减小偏移量 ε）　当分布中心与公差中心不偏离时，要比分布中心与公差中心存在中心偏离时的工序能力指数高，为此对工序的分布中心进行适当的调整，可以提高工序能力指数。减小工序加工的中心偏移量的措施如下。

1）对大量生产工序进行统计分析，得出由于刀具磨损和加工条件等随着时间的推移而逐渐变化的偏移规律，因而可及时进行中心调整，或采取设备自动补偿偏移，或刀具自动调整或补偿。

2）根据中心偏移量，通过首件检验，可调整设备、刀具等的加工定位装置。

3）改变操作者的孔加工偏向下差及轴加工偏向上差等的倾向性习惯，以公差中心值为加工依据。

4）配置更为精确的量规，由量规检验改为量值检验，或采用高一等级的量具检测。

（2）提高工序能力，减小分散程度　工序加工的分散程度，即指工序加工的标准偏差 S。材料不均匀，设备精度等级低和可靠性差，工装模具精度低，工序安排不合理和工艺方法不正确等，对工序能力指数的影响是十分显著的。

提高工序能力，减小分散程度的措施极为广泛，一般有：

1）修订工序，改进工艺方法；修订操作规程，优化工艺参数，补充增添中间工序；推广应用新材料、新工艺、新技术。

2）检修、改造或更新设备。改造、增添与公差要求相适应的精度较高的设备。

3）增添工具工装，提高工具工装的精度。

4）更改、改造现有的现场环境条件，以适应产品对现场环境的特殊要求。

5）改变材料的进货周期，尽可能减小因材料的进货批次不同而造成的质量波动。

6）对关键工序、特种工艺的操作者进行技术培训。

7）加强现场的质量控制。设置工序质量控制点或推行控制图管理；开展"双革"活动和 QC 小组活动；加强质量检验工作，适当增加检验频次和数量等。

（3）修订公差范围　公差范围的大小，显然影响工序能力指数。当确定放宽公差范围不致影响产品质量时，有必要修订不切实际的现有公差要求。

实践证明，在工序加工分析时，减小中心偏移量的措施，在技术上、操作上比较容易实现，又比较经济，不必为此而花费大量的人力、物力和财力，因此把它作为提高工序能力指数的首要措施。只有当中心偏移量 $\varepsilon = 0$ 时，而 C_p 值仍旧小于 1 时，才考虑提高工序能力，减小工序加工的分散程度或研究是否有可能放宽公差范围，放宽公差范围必须有不影响产品质量、不影响用户使用效果的充分依据。提高工序能力往往需要对现场的生产进行工艺上的改进和改造，技术上难度较大，花费时间较长，需要耗用较多的费用。提高工序能力可以提高制造质量，对于企业来说是很必要的。

11.8 质量管理中常用的数理统计工具

工业企业在质量管理中推广、应用数理统计方法,对提高质量管理水平和产品质量起到了积极作用,目前,数理统计方法正在越来越多的企业中推广和应用。在质量管理中,取得数据不是目的,而取得数据后要进行整理、分析,来揭示出质量和影响质量因素的内在联系,在现场质量管理中,用于统计、分析的常用数理统计工具有以下几种。

11.8.1 排列图

1. 排列图法的概念

排列图又称"主次因素排列图"、"帕累托图"。它是找出影响质量的主要因素,以便确定质量改进项目的一种方法,如图11-3所示。

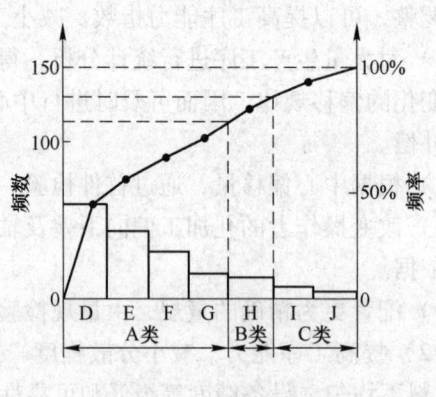

图 11-3 排列图

排列图左边的纵坐标表示频数,若画不良品排列图时,频数即表示不良品的件数;右边的纵坐标表示频率,即表示不良品累计百分数;横坐标表示影响产品质量的各个因素或项目。按各个因素影响产品质量程度的大小,即按造成不良品数的多少从左向右的顺序排列,图上直方的高度表示某项因素影响的大小,图上的曲线则表示各因素累计百分数的大小,该曲线称为巴雷特曲线。通常将曲线的累计百分数分为三级,相应地也就将因素分为三类。

(1) A 类因素 频率由 0%~80%,在这区间的因素是主要影响因素。在图11-3 上包括有 D、E、F 和 G 因素。

(2) B 类因素 频率由 80%~90%,在此区间内的因素是影响产品质量的次要因素。在图11-3 上是 H 因素。

(3) C 类因素 频率由 90%~100%,这一区间的因素是影响产品质量的一般因素。在图11-3 上包括有 I、J 因素。

2. 排列图法的优点

1) 主次因素分明,简单明了,便于在职工群众中广泛使用和推广。

2) 它可以帮助人们在质量管理过程中逐步养成用数据和依靠数据说话的良好习惯。

3) 排列图的应用范围十分广泛,除了用来进行质量管理之外,在生产、财务、工资、设备、物资、动力管理等方面,以及分析主要问题、找到主要影响因素等方面都能取得明显的效果。

例 11-1 某柴油机厂,2000 年对 120 台耗油率高的柴油机进行拆机检查,根据发现的问题画出了排列图,如图 11-4 所示。

从图 11-4 上可知,清洁度、碰伤拉毛和缸盖扭矩大这 3 个因素是造成耗油率高的主要原因。如果对其分别采取相应的对策,解决这 3 个问题,就能使耗油率高的柴油机减少 80% 以上的耗油量。

11.8.2 因果分析图

1. 因果图法的概念

因果图又称特性要因图、鱼刺图、树枝图。它是表示质量特性与有关的质量因素之间的关系图。该图是 1950 年日本的质量管理专家石川馨教授开始创用的，为此又称石川图。

因果图是采用质量分析会的方式，集思广益，并将群众的意见按质量问题的因果关系，进行系统的整理、分析。它是将不同的层次画到一张图上，由质量问题和影响因素两部分组成。基本型（见图 11-5）图中主干箭头所指的为质量问题，主干上的大枝表示影响因素大的分类（如操作者、机器、材料、方法和环境等），中枝、小枝和细枝等表示因素的依次展开，构成树枝状图形。

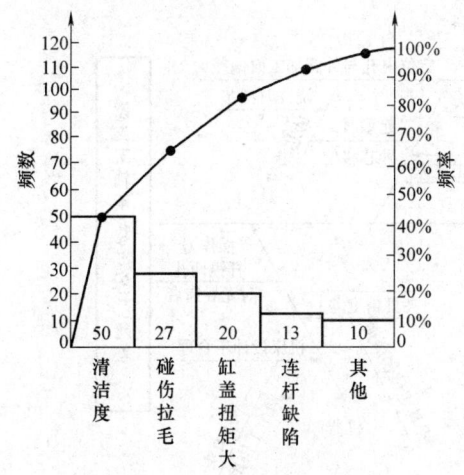

图 11-4 柴油机耗油量高排列图

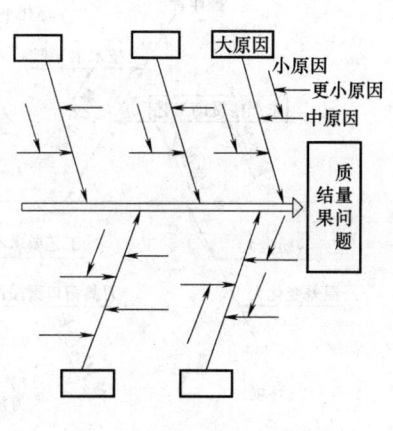

图 11-5 因果图的基本型

2. 作因果图的步骤

1) 确定要分析的质量问题，将质量问题写在图的右边，画出主干，箭头指向右端。

2) 确定造成质量问题的因素分类项目。例如，分析制造过程中的质量问题，可按影响工序质量的因素——人、机、料、法、环等分类，也可按生产工艺的先后顺序分类。画大枝，箭头指向主干，在箭头尾端记上因素分类的项目。

3) 将上述项目分别展开。中枝表示对应项目中造成质量问题的一个或几个原因，一个原因画一个枝，箭头平行于主干指向大枝，将原因记在中枝线的上下。

4) 将上述原因再展开，分别画小枝。小枝是造成中枝的原因。

5) 如此展下去，一直到能够提出解决的措施为止。

6) 确定因果图中的主要原因，并用方框框起来或打有显著的标记，作为制定质量改进措施的考虑对象。

7) 确定主要原因常采用投票法、排列图法和评分法。

8) 注明因果图的名称、绘制者、绘制时间和参加分析人员等。

3. 注意事项

1) 调查研究，开分析会要请各方面人员参加，听取不同意见。

2) 原因分析一直细化到能采取措施为止。

3) 找出主要原因后，应到现场进行实地调查，再确定改进措施。措施实现后，可用排列图检查效果。

4. 应用范围

因果分析图，不仅可以用来分析产品质量问题，而且可以作为分析各种问题的有效方法。此图经常与排列图和对策表结合起来使用。首先使用排列图找出质量问题，然后使用因果图找出影响质量的原因及主要原因，最后使用对策表采取措施解决存在的质量问题，这种使用"两图一表"进行 PDCA 循环的简单、有效方法，在企业中可以广泛应用。

5. 应用实例

支架零件镗孔，孔径尺寸 $\phi20/\phi31.5$ 精度超差。对这一质量问题进行因果分析，并绘出因果分析图（图 11-6）。

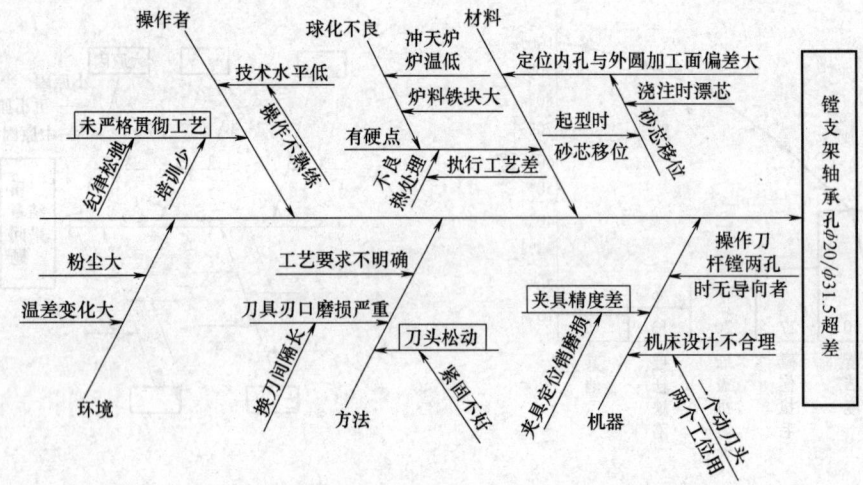

图 11-6　镗支架轴承孔 $\phi20/\phi31.5$ 超差问题因果图

从图 11-6 中看出，造成镗支架轴承孔 $\phi20/\phi31.5$ 超差的主要因素是未严格贯彻工艺，夹具精度差，刀头松动等，可制定对策加以解决。

11.8.3　直方图

直方图又叫质量分布图，是对数据进行整理分析，判断工序产品质量变化的一种常用工具，是质量管理统计方法中的主要方法之一，常用来判别工序产品的质量状况。

1. 直方图的作用

在生产过程中，由于质量分散性表现为质量波动和分布，使得在相同的生产条件下制造出来的产品质量也不完全相同，这种不同总是在一定范围内变动。当生产条件稳定时，可以用产品质量表示工程质量。直方图就是一种通过产品质量分析了解工程质量的实用方法。

2. 直方图的作图步骤

作直方图要求先分层，然后收集数据，进行作图。以下结合实例加以说明。

例 11-2　加工如图 11-7 所示的一批齿轮毛坯，要求其厚度尺寸为 (40 ± 0.8) mm，经测量后，得到数据见表 11-6，通过直方图判断，该批零件的生产过程是否异常？该批零件的质量分布状况如何？

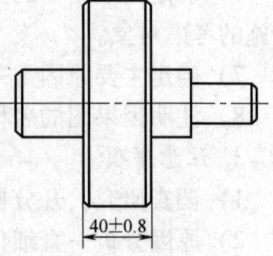

图 11-7　齿轮毛坯

表 11-6　加工齿轮毛坯厚度尺寸数据表

厚度/mm				
39.63	39.80	39.84	39.63	39.92
39.73	39.80	39.72	39.79	39.99
39.63	39.78	39.94	40.40	39.63
39.78	39.85	39.56	39.78	39.50
39.93	39.84	39.47	39.52	39.64
39.95	39.87	39.83	39.78	39.75
39.89	39.82	39.65	39.65	39.73
39.72	40.16	40.05	40.23	39.84
39.80	39.92	40.46	40.13	39.80
39.92	39.93	40.34	40.13	39.84
39.84	39.93	40.28	40.33	39.78
39.93	39.95	40.33	40.02	39.83
39.91	39.97	40.41	40.09	39.85
39.96	39.87	40.27	40.06	39.75
39.86	39.91	40.18	39.98	39.64
39.66	39.83	40.61	40.40	39.72
39.80	39.93	40.51	39.96	39.65
40.00	40.08	40.25	40.12	39.70
39.87	40.11	40.53	39.79	39.68
39.94	39.58	40.32	39.77	39.72

解　（1）分析所记录数据　求出其最大值 X_{max} 和最小值 X_{min}。

通常，数据的个数 n 应大于 50 才能反映质量波动情况，获取数据后，应判断数据组中的最大值 X_{max} 与最小值 X_{min}。此例中零件的最大值为 X_{max} = 40.61mm，最小值为 X_{min} = 39.47mm。

（2）数据分组数 K　数据分组数 K 可以根据收集数据的多少来确定，一般的分组标准见表 11-7。

表 11-7　数据分组数

数据量 n	<50	50~100	100~250	>250
分组数 K	5~7	6~10	7~12	10~20

本例取组数为 9。

（3）确定极差 R　极差 R 一般是数据的最大值 X_{max} 与最小值 X_{min} 之差，即 $R = X_{max} - X_{min}$。此例中 R = 40.61mm - 39.47mm = 1.14mm。

（4）确定组距 h　组距是数据组极差与分组数之比，即 $h = R/K$。

此例中 h = 1.14mm/9 ≈ 0.13mm ≈ 0.15mm（为计算方便 h 取 0.15mm）。

（5）计算各组的界限值　各组的界限值可以从第一组开始依次计算，第一组的界限值

为最小值 $X_{\min} \pm h/2$；第二组的界限值为$(X_{\min} + h) \pm h/2$；最后一组的界限值为最大值 $X_{\max} \pm h/2$。

（6）统计各组数据出现的频数 f_i　根据表 11-6 中数据统计位于各界限值的数据。

（7）计算频数最多一组的中值 X_0　中值 X_0 为频数最多的一组的中值，即

$$X_0 = （下界限值 + 上界限值）/2$$

本例中，$X_0 = 39.77$ mm。

（8）确定组次 u　确定组次 u 时，必须以频数最多的一组为基准，其值 $u = 0$，基准向上依次为 -1、-2、-3、$\cdots$、$-i$，基准向下则为 1、2、3、$\cdots$、i。

（9）作出频数分布表　根据分组、组界值、频数、组次作出频数分布表，见表 11-8。

表 11-8　频率分布表

组别 K	组界值/mm	组中值 X_0/mm	频数 f_i	组次 u	fu	fu^2
1	39.395 ~ 39.545	39.48	3	−2	−4	8
2	39.545 ~ 39.695	39.62	13	−1	−13	13
3	39.695 ~ 39.845	39.77	32	0	0	0
4	39.845 ~ 39.995	39.92	26	1	26	26
5	39.995 ~ 40.145	40.07	10	2	20	40
6	40.145 ~ 40.295	40.22	6	3	18	54
7	40.295 ~ 40.445	40.37	6	4	24	96
8	40.445 ~ 40.595	40.52	4	5	20	100
9	40.595 ~ 40.745	40.67	1	6	6	36
Σ			101		97	373

（10）计算数据的平均值 $\overline{X}$ 和标准偏差 S　数据平均值的计算公式为

$$\overline{X} = (X_1 + X_2 + X_3 + \cdots + X_n)/n \tag{11-3}$$

或者为

$\overline{X} = X_0 + h(\Sigma fu / \Sigma f_i)$

$\phantom{\overline{X}} = 39.77\text{mm} + 0.1441\text{mm} = 39.9141\text{mm}$

数据标准差为

$S = h \times \sqrt{\Sigma fu^2 / \Sigma f_i - (\Sigma fu / \Sigma f_i)^2}$

$ = 0.15 \sqrt{3.6931 - 0.9222}\text{mm} = 0.24967\text{mm}$

（11）绘制直方图　以数据值的一定比例为横坐标，以频数值的一定比例为纵坐标，画出加工齿轮轴毛坯的直径尺寸质量直方图，如图 11-8 所示。其中，M 指公差中值，$\overline{X}$ 指数据平均值，T_L 指长度尺寸的下极限偏差，T_U 指长度尺寸的上极限偏差。

3. 直方图质量分析

直方图能够比较形象、直观地反映产品质量的分布状况。使用直方图主要就是通过对图形的

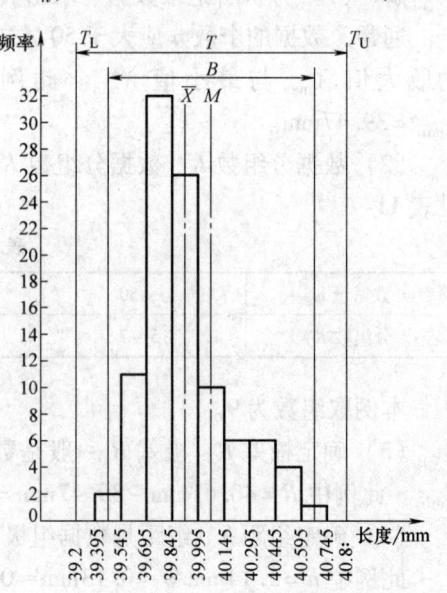

图 11-8　齿轮毛坯直方图

观察和分析来判断生产过程是否稳定，预测生产过程的不合格品率。观察的方法是：对图形的形状进行观察；对照规格标准（公差）进行比较。

(1) 对图形形状的观察分析　看图形应该着眼于直方图的整个形状。实践中画出的图形常见一些参差不齐的形状，不必计较。常见的直方图典型形状见表 11-9。

表 11-9　几种常见的直方图波动形态

形态	直方图例	直方图特点	生产过程状态	对策
正常型	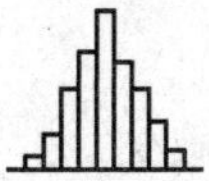	中间高，两边低，左右对称	工序处于稳定状态	维持、监控
偏心型	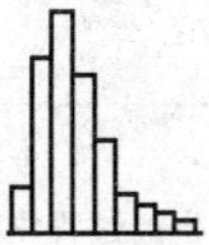	数据中心与公差中心不重合，中心向左或向右偏移	由操作者习惯引起，或偏向下极限偏差，或偏向上极限偏差加工	指导操作者严格按照中间公差加工
双峰型	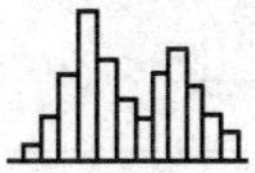	出现两个数据中心，不符合正态分布规律	不同操作者使用不同设备加工产生	对数据进行适当分层
锯齿型	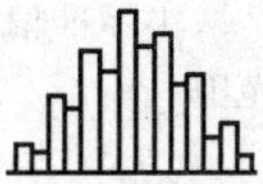	直方图呈现断齿状态	测量数据有误，分组不当	测量方法改进，测量工具检查，数据正确分组
平顶型		数据分布平坦，不符合正态分布规律	生产中刀具磨损，操作者疲劳工作	严格控制生产过程质量，合理安排操作者劳动时间
孤岛型	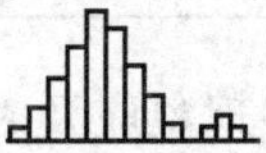	直方图旁边有孤立的小岛出现	加工和测量过程中出现异常情况，原材料变化、刀具磨损、测量仪器问题等	检查原材料，检查刀具磨损程度，校正测量仪器

(2) 对照规格标准进行分析比较　当直方图为正常型时，还需要进一步将直方图与规格标准进行比较，以判定工序满足标准要求的程度。常见的典型直方图见表 11-10，图中 B 是实际尺寸分布范围，T 是规格标准范围。

表 11-10　与标准比较的几种常见直方图

形态	直方图例	直方图特点	生产过程状态	调整措施
理想型	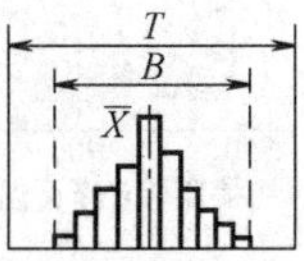	图形对称分布，两边有余量，约为 $T/8$	生产过程稳定，理想状态	控制现状，监督生产过程

（续）

形态	直方图例	直方图特点	生产过程状态	调整措施
无富余型		实际尺寸分布范围与公差重合，两边无余量	完全没有富余，容易出现废品	减小标准偏差 S
富余型		中心过分集中，两侧富余太多	工序能力过高，生产成本高	改变工艺，放宽加工精度，减少检测频次
偏心型		图形中心偏移	操作者习惯导致质量中心有倾向性	生产过程中坚持中位公差生产，使分布中心与公差中心重合
能力不足型		实际尺寸分布范围超越公差范围	检测结果表明，生产过程已经出现废品	减小标准偏差，放宽公差范围
陡壁型		图形一侧超越公差范围	生产过程已经出现废品	应采取措施，使分布中心与公差中心重合

如上例 11-2，从直方图分布可看出属上述"偏心型"，针对这种现象应及时采取措施，把分布移到中间来。

11.8.4 散布图

散布图也叫相关图，散布图适用于判断两个变量之间是否存在相关关系。

在原因分析中，经常遇到一些变量共处于一个统一体中。这些变量之间的关系，有些是属于确定性的关系，它们之间的关系可以用函数关系来表达，如圆面积 $S = \pi r^2$；而有些则属于非确定性关系，即不能由一个变量的数值精确地求出另一个变量的数值。散布图就是将两个非确定性关系变量的数据对应列出，通过描点在坐标图上，来观察它们之间的关系。热处理工艺中淬火温度与工件硬度这两个变量之间的关系如图 11-9 所示，这两个变量是一种相关关系，对它们进行的分析称为相关分析。

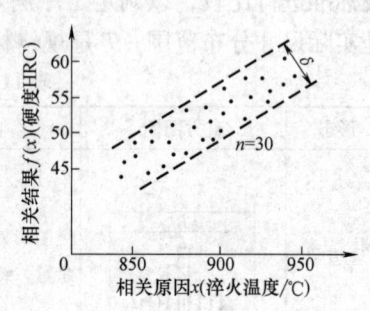

图 11-9 散布图

在直角坐标系上,一般以横轴 x 代表相关原因,纵轴 $f(x)$ 代表相关结果,即通常是被分析的质量特性。数据一般取 30 个左右,太少往往不能反映出相关关系,太多造成无用劳动。相关关系分为两类,即线性相关和非线性相关。线性相关是相关原因和相关结果大体呈线性关系。这种线性关系按原因与结果的变化可分为正相关和负相关。按相关结果分布的宽度 δ 又可分为强相关和弱相关。非线性相关指相关结果大体按相关原因的指数函数分布。此外,相关分析还可能遇到不相关的情况,这种不相关的现象说明原来判断为相关的关系并不存在,即判断失误。但也可能是由于检测数据的方法、手段、工具不完善造成。在这种情况下,就应该改进相应的方法、手段和工具,再进行检测,以便如实反映事物本来存在的相关关系,保证和提高产品质量。常见的典型散布图见表 11-11。

表 11-11 几种常见散布图

图例			名称与说明
	正相关	x 变量增加 y 变量随之增加	
			强正相关 点的分布比较密集,明显呈线性关系
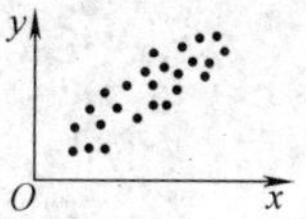			弱正相关 点的分布比较松散,大致呈线性关系
	负相关	x 变量增加 y 变量随之减小	
			强负相关 点的分布比较密集,明显呈线性关系
			弱负相关 点的分布比较松散,大致呈线性关系
			 不相关
			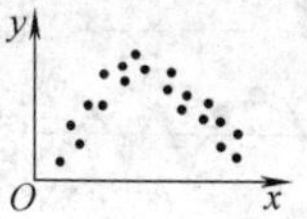 非线性相关(曲线相关)

散布图法可以用来控制影响产品质量的因素,能把复杂的相关关系简单化、图形化,从而能一目了然地得出结论。图 11-9 所示为钢材硬度与淬火温度的相关关系,从图中可以看出,数据点呈线性分布,相应的直线方程为 $f(x) = a + bx$,即钢材硬度与淬火温度为线性相关,进一步分析确定常数项 a 与自变量 x 的系数 b,则可得出其数量关系。

11.8.5 控制图

1. 控制图的概念

控制图是用于分析和判断工序是否处于稳定状态而使用的带有控制界限的图。它是预报工序中存在影响工序质量异常原因的一种有效工具,是监督、控制工序质量异常变化的眼睛。

在生产过程中,引起质量波动的原因有两个,即偶然性原因和系统性原因。由这两个原因产生的波动,分别为正常波动和异常波动。质量管理一项重要的工作就是要使工序保持稳定,在工序中只允许正常波动,不允许有异常波动,并使质量符合质量标准要求,这就要求把两种波动区别开来,找出系统性原因,采取措施,加以消除。控制图具有能够区别正常波动和异常波动的功能,是质量管理中非常重要的统计工具。

2. 控制图的作用

控制图是对生产过程中产品质量状态进行控制的统计工具,是质量控制的重要方法,它把产品质量控制从事后检验改变为事前预防,在控制生产或工作的工序状态、检查判断工序异常等方面得到了广泛应用。

控制图非常适用于重复性生产过程,有以下作用:

1)能及时发现生产过程中的异常现象和缓慢变异,预防不合格品发生。
2)能有效分析判断生产过程质量的稳定性,从而使生产过程处于统计控制状态。
3)能够查明生产设备和工艺装备的实际精度,以便做出正确的技术决定。
4)为质量评价和改进提供依据。

3. 控制图的基本形式

控制图包括两部分内容,如图11-10所示。

(1)标题资料 包括工厂、车间、小组、工作地(机床)名称或编号。

(2)制图本身 纵坐标表示质量特性值,横坐标表示样本号或时间,图上有三条线:CL——中心线;UCL——上控制界限;LCL——下控制界限。

在生产过程中,定期抽取样本,测量各样本的质量特性值,并将测得的数据经计算后,通过描点在控制图上,如图11-11所示。如果点落在控制线内,排列又无异常,则表示工序稳定,产品质量得以保证。一旦发生某个点跳出控制界限,则说明工序中有异常因素,需要查明原因,采取措施,加以消除,使工序恢复稳定。所以,控制图能起到预防和控制作用。

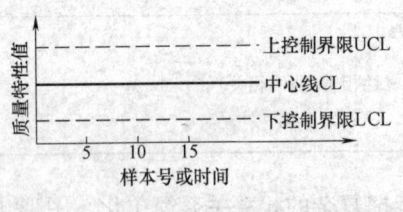

图11-10 控制图

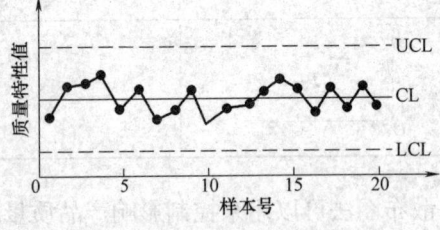

图11-11 控制图的基本型

4. 控制图的类型

控制图分为计数值控制图和计量值控制图两大类,凡可计量的参数,如工件尺寸、几何误差和表面粗糙度等都属于计量值,其他只能计出个数或百分数的则为计数值,如不合格品数、缺陷数等。常用控制图类型见表11-12。

第 11 章 机械零件几何精度的质量管理

表 11-12 常用控制图类型

控制图类型	控制图名称及代号	
计量值控制图	平均值—极差控制图（$\bar{X}-R$ 图）（最常用） 平均值—标准差控制图（$\bar{X}-S$ 图） 中位数—极差控制图（$\tilde{X}-R$ 图） 单值—移动极差控制图（$X-R_S$ 图）	
计数值控制图	计件值控制图	不合格品率控制图（P 图） 不合格品数控制图（P_n 图）
	计点值控制图	单位缺陷数控制图（U 图） 缺陷数控制图（C 图）

按使用目的，控制图又分为分析用控制图和控制用控制图。分析用控制图用于分析生产过程是否处于受控状态。控制用控制图用于连续监控生产过程，它由分析用控制图转化而来。当生产过程处于受控状态且满足质量要求时，则可把分析用控制图转化为控制用控制图；当生产过程处于失控状态时，则应查明失控原因，并予以消除，重新计算中心线和控制界限；当生产过程处于受控状态但不能满足质量要求时，则应调整生产过程参数，直至满足质量要求。

5. 计量值控制图绘制步骤

例 11-3 某机床加工一批传动轴，长度要求为（49.50 ± 0.10）mm，在该工序采集了 125 个数据，见表 11-13。试设计 $\bar{X}-R$ 控制图。

表 11-13 某工件长度值数据表 （单位：mm）

样本序号	X_{i1}	X_{i2}	X_{i3}	X_{i4}	X_{i5}	$\bar{X_i}$	R_i	样本序号	X_{i1}	X_{i2}	X_{i3}	X_{i4}	X_{i5}	$\bar{X_i}$	R_i
1	49.47	49.46	49.52	49.51	49.47	49.485	0.06	14	49.53	49.57	49.55	49.51	49.47	49.526	0.10
2	49.48	49.53	49.55	49.49	49.53	49.516	0.07	15	49.45	49.47	49.49	49.52	49.54	49.490	0.09
3	49.50	49.53	49.47	49.52	49.48	49.500	0.06	16	49.48	49.50	49.50	49.52	49.50	49.504	0.05
4	49.47	49.53	49.50	49.51	49.49	49.496	0.07	17	49.50	49.48	49.52	49.55	49.53	49.510	0.07
5	49.47	49.55	49.45	49.53	49.56	49.530	0.11	18	49.49	49.51	49.47	49.53	49.52	49.506	0.06
6	49.45	49.49	49.49	49.53	49.57	49.506	0.12	19	49.49	49.49	49.52	49.54	49.54	49.510	0.05
7	49.50	49.45	49.49	49.53	49.55	49.504	0.10	20	49.49	49.52	49.54	49.45	49.51	49.502	0.08
8	49.50	49.50	49.53	49.51	49.47	49.502	0.06	21	49.52	49.49	49.57	49.51	49.52	49.516	0.10
9	49.50	49.45	49.51	49.57	49.47	49.506	0.12	22	49.49	49.49	49.53	49.47	49.502	0.06
10	49.50	49.48	49.57	49.55	49.53	49.526	0.09	23	49.49	49.49	49.56	49.50	49.502	0.09
11	49.49	49.44	49.54	49.55	49.50	49.500	0.11	24	49.48	49.50	49.49	49.53	49.50	49.500	0.05
12	49.49	49.50	49.49	49.52	49.49	49.512	0.06	25	49.50	49.55	49.57	49.54	49.46	49.524	0.11
13	49.46	49.48	49.53	49.50	49.494	0.07	Σ							1237.669	2.00
								平均							49.5068	0.08

解 （1）采集数据并分组 在绘制 $\bar{X}-R$ 控制图时，通常每组样本大小 $n = 2 \sim 6$，组数 $k = 20 \sim 25$。本例中，每隔 $2h$ 抽取 5 个工件测量长度值，构成一个容量为 5 的样本，共采集

了25个样本,见表11-13。

(2) 求每组样本的平均值 $\overline{X_i}$ 和样本极差 R_i

$$\overline{X_i} = \frac{1}{n}\sum_{i=1}^{n} X_i (i = 1, 2, \cdots, n) \tag{11-4}$$

$$R_i = \max_{1 \le i \le n}(X_i) - \min_{1 \le i \le n}(X_i) \tag{11-5}$$

(3) 求总平均值 $\overline{\overline{X_i}}$ 和平均极差 $\overline{R}$

$$\overline{\overline{X_i}} = \frac{1}{k}\sum_{i=1}^{k} \overline{X_i} = 49.5068 \text{mm} \tag{11-6}$$

$$\overline{R} = \frac{1}{k}\sum_{i=1}^{k} R_i = 0.0800 \text{mm} \tag{11-7}$$

(4) 计算控制线(中心线CL,上控制界限UCL,下控制界限LCL)

对 $\overline{X}$ 图:

$$\text{UCL} = \overline{\overline{X_i}} + A_2\overline{R} = 49.5068\text{mm} + 0.577 \times 0.0800\text{mm} = 49.5530\text{mm}$$

$$\text{CL} = \overline{\overline{X_i}} = 49.5068\text{mm}$$

$$\text{LCL} = \overline{\overline{X_i}} - A_2\overline{R} = 49.5068\text{mm} - 0.577 \times 0.0800\text{mm} = 49.4606\text{mm}$$

对 R 图:

$$\text{UCL} = D_4\overline{R} = 2.115 \times 0.0800\text{mm} = 0.1692\text{mm}$$

$$\text{CL} = \overline{R} = 0.0800\text{mm}$$

$$\text{LCL} = D_3\overline{R} = 0$$

上式中,A_2,D_3,D_4 从控制图系数表11-14中查得,当 $n = 5$ 时,$A_2 = 0.577$,$D_3 = 0$,$D_4 = 2.115$。

表11-14 控制图系数表

n	2	3	4	5	6	7	8	9	10
A_2	1.880	1.023	0.729	0.577	0.483	0.419	0.373	0.337	0.308
D_4	3.267	2.575	2.282	2.115	2.004	1.924	1.864	1.816	1.777
E_2	2.660	1.772	1.457	1.290	1.134	1.109	1.054	1.010	0.975
m_3A_2	1.880	1.187	0.796	0.691	0.549	0.509	0.430	0.410	0.360
D_3	—	—	—	—	—	0.076	0.136	0.184	0.223
d_2	1.128	1.693	2.059	2.326	2.534	2.704	2.847	2.970	3.087

(5) 绘制控制图 通常将 $\overline{X}$ 图和 R 图画在一张纸上,以便对照分析,如图11-12所示。

(6) 描点 根据各样本 $\overline{X_i}$ 和 R_i 值在控制图上描点。

(7) 分析加工过程是否处于统计控制状态 根据所完成的分析用控制图及其判断准则知,本例的加工过程处于统计控制状态。

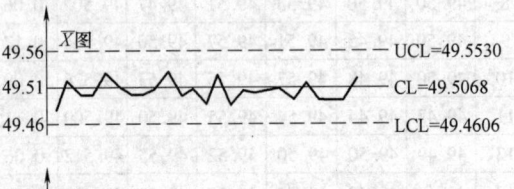
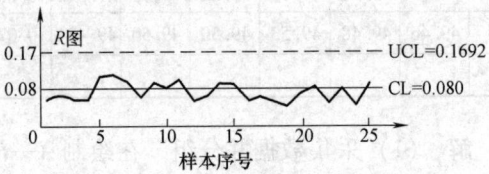

图11-12 工件长度的 $\overline{X}$—R 控制图

(8) 求过程能力指数 C_p 值

$$C_p = \frac{T}{6\sigma} = \frac{T}{6\overline{R}/d_2(n)} = \frac{0.2}{6 \times 0.08/2.326} \approx 0.97$$

其中,$d_2(n)$ 由控制图系数表查得,当 $n=5$ 时,$d_2(n) = 2.326$。

$C_p < 1$ 说明该工序的过程能力不足,应通过改进工艺、修订质量标准或严格进行全数检验等措施提高过程能力。

(9) 控制图的判断分析——缺陷判断 控制图常见的缺陷见表 11-15。

表 11-15 控制图常见的缺陷

缺陷	图 例	原 因
点的排列呈链状	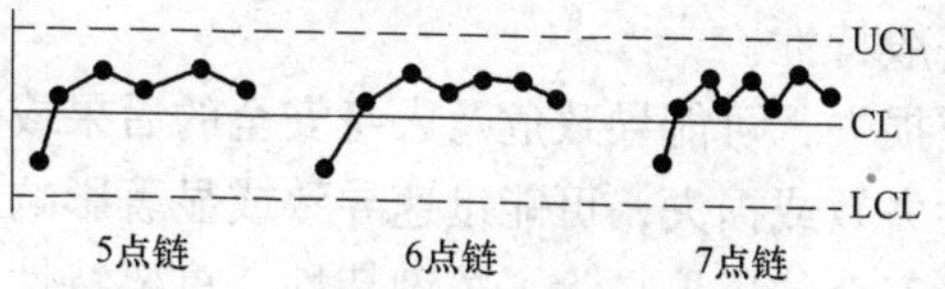 5点链 6点链 7点链	5 点链:中心线一侧连续 5 个点应注意操作方法、工序或生产过程的发展动向 6 点链:中心线一侧连续 6 个点应开始进行原因调查 7 点链:中心线一侧连续 7 个点可判断为生产过程异常,已出现系统性因素的影响
多数点在中心线一侧	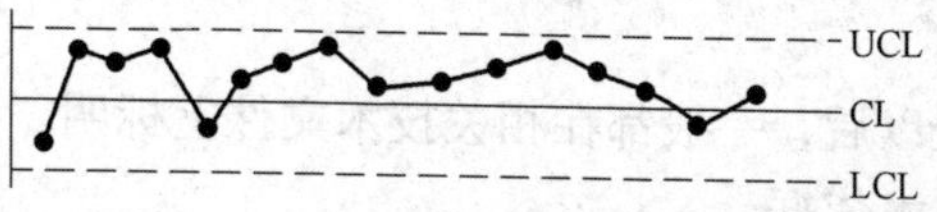	80% 的点出现在中心线一侧,此时,生产过程出现了异常问题
趋势链	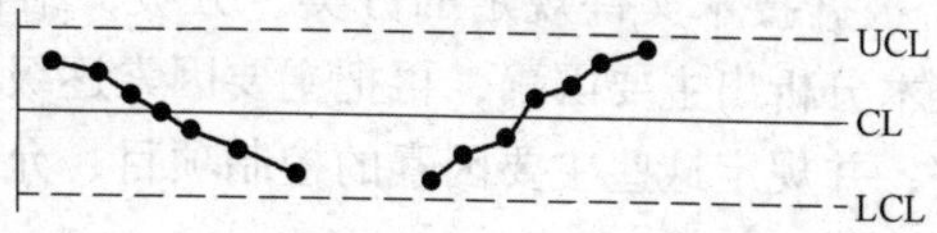	若干点连续上升或下降,连续 5 点应注意发展动向,连续 7 点即生产过程出现异常
周期性链	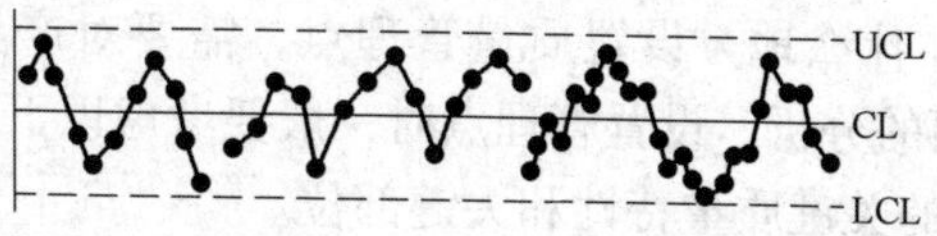	点的波动呈现有规律的、明显的变动,即生产过程出现异常
点集中在中心线附近	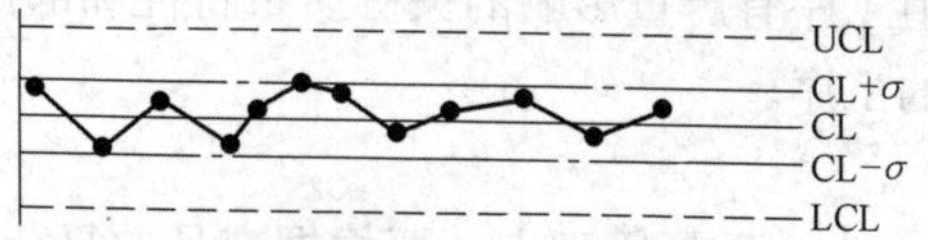	生产过程异常,工序能力过高;分组不当;操作人员弄虚作假,伪造数据
点集中在上下控制界限附近	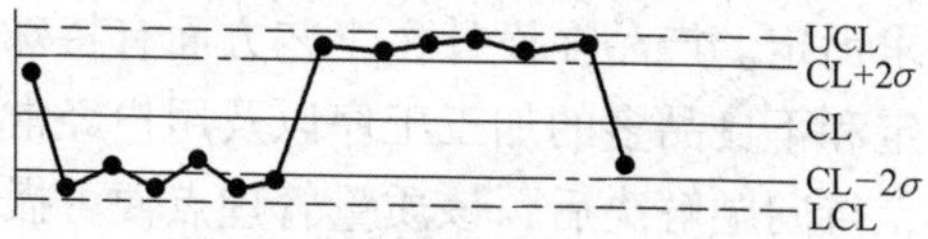	生产过程异常,点多数靠近上下控制界限,控制不当,将有废品产生

11.9 质量管理点及质量管理小组活动

11.9.1 质量管理点

任何一个产品、任何一个作业总有许多项的质量特性要求。这些质量特性对产品使用的影响程度并不完全相同。质量管理点就是根据对重要的质量特性需要进行重点质量控制的要求而逐步形成的,它体现了"关键的少数,次要的多数"的基本原理。

1. 质量管理点的概念

质量管理点是制造现场在一定期间内和一定条件下,把需要特别加强监督和控制的关键工序、关键部位,作为质量管理的重点,集中解决问题,使工序处于良好的控制状态,保证达到规定的质量要求。

2. 质量管理点的工作

(1) 质量管理点的设置　质量管理点的对象,可以是一道工序的产品或零件的某一项加工特性值,也可以是一道工序的关键特性或主要工艺条件。确定质量管理点主要是在产品研制、设计和制定工艺阶段。设计、工艺部门应根据产品质量要求,运用技术、经济分析,对产品(或零件)质量特性的重要性以及对缺陷的严重性加以分类、分级。质量特性一般分为三类:关键特性、重要特性和一般特性。

关键特性是指如果该特性失效或损失,可能导致危及人身安全的后果或产品无法完成规定的任务。重要特性是指如果该特性失效或损失,可能迅速导致或显著影响最终产品不能完成要求的使命,但不会发生危及人身安全的后果。除了关键特性、重要特性,其余都是一般特性。与质量特性相对应,产品缺陷按其严重性一般也可分为三级:致命缺陷、重缺陷和轻缺陷。

质量特性和产品缺陷分类、分级以后,一般都在相关技术文件上标明。这就为生产现场进一步落实和实施质量管理提供了技术依据。

(2) 质量管理点的落实和实施　根据技术文件规定的分类、分级,结合加工工序的具体情况及技术要求,运用质量分析技术分析出主要因素,再把主要因素逐级展开,直到能采取对策措施为止,然后制定控制办法,并规定这些主要因素的控制项目、允许界限。质量管理点的管理,实质上也就是重点工序控制。

(3) 质量管理点的设置原则　在什么地方设置质量管理点,需要对产品的质量特性要求和制造过程中的各个工序进行全面的分析。设置管理点时一般要考虑以下原则。

1) 对产品的适用性有严重影响的关键质量特性和关键部位。

2) 在工艺上有严格要求,对下道工序有严重影响的关键质量特性和部位。

3) 质量不稳定,出现不良品多的工序。

4) 用户经常反映的不良项目。

一种产品在制造过程中,需设立多少个质量管理点,要根据产品的复杂程度以及技术文件上标记的特性分类和缺陷分级的要求而定。产品在设计、工艺方面有特殊要求的加工工序一般要进行长期控制;工序质量不稳定和不良品多的加工工序以及用户经常反馈的项目,在一定时期内需要设置短期质量管理点,待问题解决后,该质量管理点便可撤销,纳入一般的质量管理范围。

3. 设置质量管理点的具体步骤

1) 确定工序管理点,编制工序管理点明细表。

2) 由工艺、技术部门负责设计绘制"工序管理点流程图",标出建立管理点的工序、质量特性、质量要求、检查方式、测量工具、管理方式以及采用的管理方法等。

3) 由工艺、技术部门组织有关车间的工艺人员,进行工序分析,找出影响管理点质量特性的主要因素。

4) 根据工序分析的结果，工艺、技术部门编制"工序质量表"，对各个影响质量特性的主导因素规定出明确的控制范围和有关管理要求。

5) 由工艺部门负责编制管理点的作业指导书和自检表。

6) 由设备、工具、检验等部门根据工序质量展开的影响因素的控制项目进行设备、工具的质量保证，以保证质量管理点的工作质量。

7) 由车间、检验等有关部门组织有关人员学习、掌握质量管理点有关文件和规章制度的要求，并负责贯彻执行。

11.9.2 质量管理小组的特点和组成

质量管理小组（简称 QC 小组），是企业中的广大职工自觉组织起来，参加全面质量管理活动的一种群众性组织。凡在生产或工作岗位上，从事各种劳动的职工，围绕企业的方针目标，以改进产品质量、运输质量、工程质量、服务质量和提高经济效益为目的，运用科学管理的理论和方法开展活动的小组，称为 QC 小组。

1. 质量管理小组的特点

1) QC 小组不同于行政班组，它是由生产班组内的职工，在自愿的基础上结合的。
2) QC 小组不同于技术革新小组，它的活动内容和范围比技术革新更广泛、更完善。
3) QC 小组活动不单纯局限于生产部门，它活跃在企业生产的各个环节中。

2. 质量管理小组的职资

1) 针对企业方针目标和现场质量的问题，制定 QC 活动计划，并积极进行活动。
2) 认真做好活动记录，建立活动台账。
3) 及时总结课题成果，参加成果发表。
4) 组织小组成员学习 TQC（全面质量控制）知识。
5) 与上、下工序和有关部门定期进行沟通，并及时记录反馈信息。

3. 质量管理小组的组成和组织形式

（1）小组的组建　一般是先由工厂企业管理部门、车间领导或班组骨干提出活动课题。然后，与课题内容有关人员采取自愿结合或行政组织的方式，组建 QC 小组。也可以采取跨车间、跨部门的以工人、技术人员、干部"三结合"的方式建立 QC 小组。

（2）小组人数　为便于开展小组活动，QC 小组人数以 3～10 人为宜，一般不超过 15 人。人数太多不便于开展活动。

（3）对小组成员的要求　参加 QC 小组的成员要树立"质量第一"的思想，作风正派，工作认真，努力学习 TQC 知识，熟悉本岗位技术标准与工艺规程，一个小组最好具有几名掌握全面质量管理的基本知识，并能运用数理统计工具的骨干。

（4）注册登记　小组建立并确定课题后，应填写"质量管理小组登记表"，向所在车间（部门）注册登记，跨车间、部门的小组直接向企业质量管理部门注册登记。

（5）质量管理小组的活动

1) 选好课题。选好课题，开展 PDCA 循环（又称质量环，是管理学中的一个通用模型）是 QC 小组活动的主要内容。要使 QC 小组经常活动，并且不流于形式，除了加强 QC 小组活动的管理之外，活动课题的选择十分重要。选择活动课题，应遵循以下基本原则。

① 要根据企业的方针目标，本着先易后难的原则选择课题。在企业方针目标展开中确定的问题点，为小组提供了大量的 QC 活动课题。但是，在一个班组中涉及的问题往往很

多，QC 小组应本着先易后难的原则确定课题，这样有利于解决 QC 小组活动的入门问题，并能在活动开展后很快见到效果，增加小组成员的信心和兴趣。

② 应以保证和提高产品质量为重点，选择明显存在和小组成员共同感兴趣的问题作为课题。这样更有利于培养小组成员参加活动的自觉性。

③ 要选择小组成员工作中经常遇到且不易解决的问题作为活动课题。这些问题虽然目标比较高，但如能得到解决，可以扩大影响，而且容易得到领导和有关部门的支持，有利于QC 小组活动的开展，同时有利于小组成员学习管理知识和专业知识，提高小组成员的水平和素质。

④ 请求领导指派课题。为了实现工厂、车间的经济技术指标，领导可以给 QC 小组指派活动课题。这样可以有的放矢，突出重点。在 QC 小组活动初期，小组成员经验不足的情况下，也可以采用这种办法。开展 PDCA 循环是 QC 小组活动的实质性内容。

2）调查现状，预定目标值。根据大量的原始记录，应用数理统计方法，进行数据的整理分析，找出存在的主要问题，并用数据表达出来。然后通过初步分析，预定要达到的目标值。

3）分析问题存在的原因。要充分发挥小组每个成员的聪明才智，把产生问题的主要原因分析透彻，并要对分析出来的主要因素进行调查核实，为制定对策打下基础。

4）制定对策。根据排出的待解决的"要因"，按先后顺序制定对策，落实到部门和人限期解决。其对策表见表 11-16。

表 11-16 对策表

序号	项目	现状	目标	措施	部门（负责人）	完成时间

5）实施对策。小组成员只要按对策要求进行活动，使对策中的各项措施，保质、保量的按期完成。

6）检查实施结果。在对策项目全部实施完毕以后，检查效果是否达到预定的目标，还存在哪些问题，这些都需要用事实和数据来证明。如果检查中发现没有达到预定的目标，就要再次分析原因，制定对策，实施对策，直至达到预定目标为止。

7）标准化。在实施过程中，对实施后确有效果的相关工艺、规程、制度、办法等都要经主管部门审批后实行标准化，认真执行，防止再次发生类似问题，保证取得的成果不再丢失。

8）总结。将所进行的活动进行全面总结，写出活动成果报告。填写"质量管理小组成果申请表"报厂 TQC 主管部门审批。

（6）开展质量管理教育　质量管理教育是 QC 小组的重要活动内容。质量教育内容包括质量意识教育、全面质量管理的基本知识教育、企业的方针目标和产品创优教育、标准化和计量知识教育等。

（7）参加成果发布会和各种经验交流活动　开展 QC 小组活动，要按计划定期召开成果发布会。通过成果发布会，肯定成绩，鼓励先进，交流经验。

（8）QC 成果发布要点　QC 小组活动取得成果后，要及时总结，发布成果。成果发布时，一般要按以下顺序和内容要求进行。

1）说明概况。包括发布人进行自我介绍，并汇报发布课题的名称、工作基本情况、小组的组成及成立时间、小组活动的制度等。

2）讲清选题的理由。说明选题是否符合上级的方针和目标，说明通过现场调查掌握的课题现状，并用数字和图表把调查情况表示出来，说明小组根据课题现状和上级方针开展活动的明确目标以及所要达到的目标值，并用数字表示。

3）讲清针对课题现状进行原因分析的情况。要采用因果图，并尽量用数据说话。

4）讲清针对所分析的主要原因采取的对策及具体步骤。这些措施必须是正确的、具体的、已落实的，并列出对策表。

5）用图表将采取对策后的结果与小组活动开始时所调查的现状进行对比，把活动的效果反映出来，看是否达到了目标，经济效果如何。

6）把行之有效的措施纳入有关制度和规定中，使之制度化、标准化。

7）明确遗留的问题及今后的打算，并汇报参加小组活动的体会。

以上几方面的要求，实际上是要求 QC 小组在成果发布会上讲清自己是如何开展 PDCA 循环的。通常所说的评价成果，不单单是评价经济效果，还包括 QC 小组的活动过程及小组全体成员努力的程度。

11.10 制造过程自动化质量控制系统及其工作原理简介

制造全过程质量控制是一种既包括制造技术，又包括生产质量管理的系统工程。实现制造全过程的质量控制，一是要保证优化工艺，保证和提高产品质量；二是要保证稳定不变的工艺条件，得到分散度极小的均一的产品质量。

在自动化加工系统中，实施质量控制的主要手段是自动检测和监控。制造系统自动测量控制的对象有工件、加工设备及制造过程参数，目的在于对制造过程以及加工设备的运行状况进行监测、辨识和报警，保证制造过程正常进行，设备故障诊断系统根据监测数据自动进行故障诊断、定位和预测，并提出故障修复对策和计划。

随着信息技术的迅猛发展，数字化制造已引起了越来越多企业的重视，许多制造企业都已大量采用计算机，并在不断完善企业内部的网络系统。自动检测在制造过程质量控制中发挥着越来越重要的作用，根据综合反映生产现场状况的自动监测系统，充分利用信息资源，严密监控加工质量，已成为制造过程自动化质量控制的重要内容。制造过程自动化质量控制系统是一个复杂的自动控制系统，如图 11-13 所示。

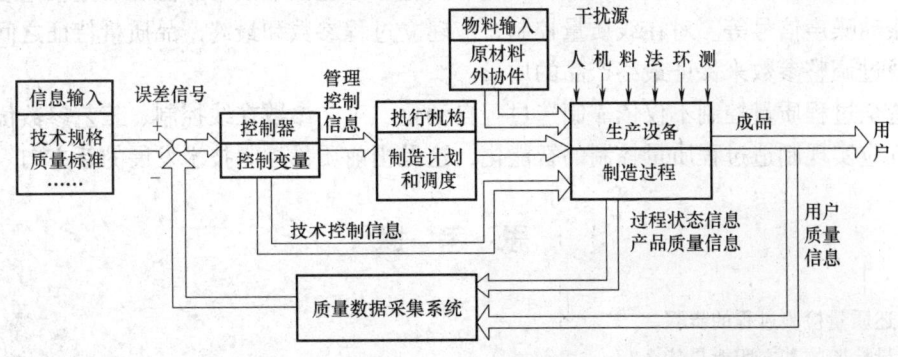

图 11-13　制造过程自动化质量控制系统框图

制造过程质量控制系统可分为在线方式和离线方式两种,如图 11-14 所示。

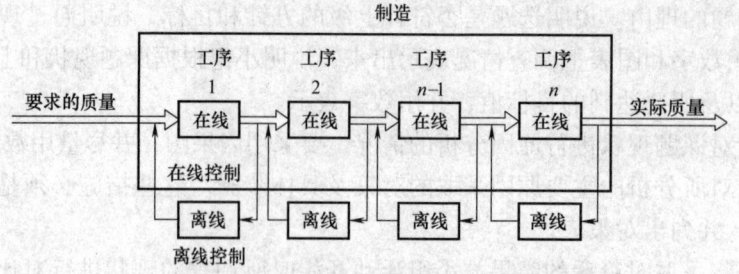

图 11-14　制造过程的在线控制和离线控制

现代制造系统中的质量控制是综合运用传感器、自动检测、信号处理、计算机等技术,通过计算机及其软件,实现制造过程中质量数据的采集、获取、处理和分析,并对加工过程实施有效反馈控制,从而保证产品制造质量。

制造过程在线质量控制系统原理如图 11-15 所示。

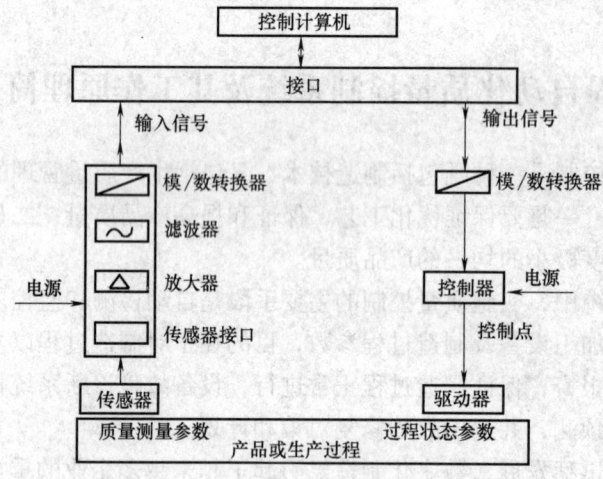

图 11-15　制造过程在线质量控制系统原理

制造过程在线质量控制包括过程参数监测和工序产品质量检测。过程参数监测通过测量与产品质量特征有关的参数来实现,工序产品质量检测则是通过在加工过程中或加工工序间直接测量产品的质量特征来实现。常见的过程测量参数包括切削力、温度、主轴电动机电流变化、振动噪声信号等。对在线质量控制,应建立过程参数和最终产品质量特征之间的相关关系,通过调整参数来保证最终产品的质量。

制造全过程质量控制不仅依靠制造过程自动化、工艺参数在线控制、工艺参数优化来实现,而且应实现制造过程质量控制的智能化,这是当前质量控制技术发展的新方向。

思 考 题

1. 简述质量检验过程的步骤。
2. 质量检验的基本职能是什么?

3. 检测环节在制造系统中所处的位置，质量检测可分为哪几种？
4. 如何做好现场质量检验？
5. 什么叫工序？什么叫工序质量？
6. 什么叫质量控制？什么叫工序质量控制？
7. 工序质量控制的内容有哪些？
8. 什么是工序能力？什么是工序能力指数？工序能力指数是如何计算的？
9. 什么是控制图？控制图分为哪几类？控制图有什么作用？
10. 质量检测的主要任务是什么？
11. 质量管理中常用的数理统计工具有哪几种？
12. 什么是 QC 小组？如何开展 QC 小组活动？

附　　录

附录 A　轴的基本偏差数值（摘自 GB/T 1800.1—2009）

（单位：μm）

公称尺寸/mm		基本偏差数值														
		上极限偏差 es										下极限偏差 ei				
		所有标准公差等级										IT5 和 IT6	IT7	IT8	IT4~IT7	≤IT3 >IT7
大于	至	a	b	c	cd	d	e	ef	f	fg	g	h	js	j		k	
—	3	-270	-140	-60	-34	-20	-14	-10	-6	-4	-2	0		-2	-4	-6	0	0
3	6	-270	-140	-70	-46	-30	-20	-14	-10	-6	-4	0		-2	-4		+1	0
6	10	-280	-150	-80	-56	-40	-25	-18	-13	-8	-5	0		-2	-5		+1	0
10	14	-290	-150	-95		-50	-32		-16		-6	0		-3	-6		+1	0
14	18																	
18	24	-300	-160	-110		-65	-40		-20		-7	0		-4	-8		+2	0
24	30																	
30	40	-310	-170	-120		-80	-50		-25		-9	0		-5	-10		+2	0
40	50	-320	-180	-130														
50	65	-340	-190	-140		-100	-60		-30		-10	0	偏差=±(ITₙ)/2,式中 ITₙ 是 IT 值数	-7	-12		+2	0
65	80	-360	-200	-150														
80	100	-380	-220	-170		-120	-72		-36		-12	0		-9	-15		+3	0
100	120	-410	-240	-180														
120	140	-460	-260	-200		-145	-85		-43		-14	0		-11	-18		+3	0
140	160	-520	-280	-210														0
160	180	-580	-310	-230														0
180	200	-660	-340	-240		-170	-100		-50		-15	0		-13	-21		+4	0
200	225	-740	-380	-260														
225	250	-820	-420	-280														
250	280	-920	-480	-300		-190	-110		-56		-17	0		-16	-26		+4	0
280	315	-1050	-540	-330														
315	355	-1200	-600	-360		-210	-125		-62		-18	0		-18	-28		+4	0
355	400	-1350	-680	-400														
400	450	-1500	-760	-440		-230	-135		-68		-20	0		-20	-32		+5	0
450	500	-1650	-840	-480														
500	560					-260	-145		-76		-22	0					0	0
560	630																	
630	710					-290	-160		-80		-24	0					0	0
710	800																	
800	900					-320	-170		-86		-26	0					0	0
900	1000																	
1000	1120					-350	-195		-98		-28	0					0	0
1120	1250																	
1250	1400					-390	-220		-110		-30	0					0	0
1400	1600																	
1600	1800					-430	-240		-120		-32	0					0	0
1800	2000																	
2000	2240					-480	-260		-130		-34	0					0	0
2240	2500																	
2500	2800					-520	-290		-145		-38	0					0	0
2800	3150																	

(续)

公称尺寸 /mm		基本偏差数值 下极限偏差 ei 所有标准公差等级												
大于	至	m	n	p	r	s	t	u	v	x	y	z	za	zb	zc
—	3	+2	+4	+6	+10	+14		+18		+20		+26	+32	+40	+60
3	6	+4	+8	+12	+15	+19		+23		+28		+35	+42	+50	+80
6	10	+6	+10	+15	+19	+23		+28		+34		+42	+52	+67	+97
10	14	+7	+12	+18	+23	+28		+33		+40		+50	+64	+90	+130
14	18								+39	+45		+60	+77	+108	+150
18	24	+8	+15	+22	+28	+35		+41	+47	+54	+63	+73	+98	+136	+188
24	30						+41	+48	+55	+64	+75	+88	+118	+160	+218
30	40	+9	+17	+26	+34	+43	+48	+60	+68	+80	+94	+112	+148	+200	+274
40	50						+54	+70	+81	+97	+114	+136	+180	+242	+325
50	65	+11	+20	+32	+41	+53	+66	+87	+102	+122	+144	+172	+226	+300	+405
65	80				+43	+59	+75	+102	+120	+146	+174	+210	+274	+360	+480
80	100	+13	+23	+37	+51	+71	+91	+124	+146	+178	+214	+258	+335	+445	+585
100	120				+54	+79	+104	+144	+172	+210	+254	+310	+400	+525	+690
120	140	+15	+27	+43	+63	+92	+122	+170	+202	+248	+300	+365	+470	+620	+800
140	160				+65	+100	+134	+190	+228	+280	+340	+415	+535	+700	+900
160	180				+68	+108	+146	+210	+252	+310	+380	+465	+600	+780	+1000
180	200	+17	+31	+50	+77	+122	+166	+236	+284	+350	+425	+520	+670	+880	+1150
200	225				+80	+130	+180	+258	+310	+385	+470	+575	+740	+960	+1250
225	250				+84	+140	+196	+284	+340	+425	+520	+640	+820	+1050	+1350
250	280	+20	+34	+56	+94	+158	+218	+315	+385	+475	+580	+710	+920	+1200	+1550
280	315				+98	+170	+240	+350	+425	+525	+650	+790	+1000	+1300	+1700
315	355	+21	+37	+62	+108	+190	+268	+390	+475	+590	+730	+900	+1150	+1500	+1900
355	400				+114	+208	+294	+435	+530	+660	+820	+1000	+1300	+1650	+2100
400	450	+23	+40	+68	+126	+232	+330	+490	+595	+740	+920	+1100	+1450	+1850	+2400
450	500				+132	+252	+360	+540	+660	+820	+1000	+1250	+1600	+2100	+2600
500	560	+26	+44	+78	+150	+280	+400	+600							
560	630				+155	+310	+450	+660							
630	710	+30	+50	+88	+175	+340	+500	+740							
710	800				+185	+380	+560	+840							
800	900	+34	+56	+100	+210	+430	+620	+940							
900	1000				+220	+470	+680	+1050							
1000	1120	+40	+66	+120	+250	+520	+780	+1150							
1120	1250				+260	+580	+840	+1300							
1250	1400	+48	+78	+140	+300	+640	+960	+1450							
1400	1600				+330	+720	+1050	+1600							
1600	1800	+58	+92	+170	+370	+820	+1200	+1850							
1800	2000				+400	+920	+1350	+2000							
2000	2240	+68	+110	+195	+440	+1000	+1500	+2300							
2240	2500				+460	+1100	+1650	+2500							
2500	2800	+76	+135	+240	+550	+1250	+1900	+2900							
2800	3150				+580	+1400	+2100	+3200							

注：1. 公称尺寸小于或等于1mm时，基本偏差 a 和 b 均不采用。

2. 公差带 js7~js11，若 IT_n 值数是奇数，则取偏差 $= \pm \dfrac{IT_n - 1}{2}$。

附录 B 孔的基本偏差数值（摘自 GB/T 1800.1—2009）

（单位：μm）

公称尺寸 /mm		基本偏差数值																		
		下极限偏差 EI									上极限偏差 ES									
		所有标准公差等级									IT6	IT7	IT8	≤IT8	>IT8	≤IT8	>IT8	≤IT8	>IT8	≤IT7
大于	至	A	B	C	CD	D	E	EF	F	FG	G	H	JS	J			K		M		N	P 至 ZC
—	3	+270	+140	+60	+34	+20	+14	+10	+6	+4	+2	0		+2	+4	+6	0	0	−2	−2	−4	−4	
3	6	+270	+140	+70	+46	+30	+20	+14	+10	+6	+4	0		+5	+6	+10	−1+Δ		−4+Δ	−4	−8+Δ	0	
6	10	+280	+150	+80	+56	+40	+25	+18	+13	+8	+5	0		+5	+8	+12	−1+Δ		−6+Δ	−6	−10+Δ	0	
10	14	+290	+150	+95		+50	+32		+16		+6	0		+6	+10	+15	−1+Δ		−7+Δ	−7	−12+Δ	0	
14	18																						
18	24	+300	+160	+110		+65	+40		+20		+7	0		+8	+12	+20	−2+Δ		−8+Δ	−8	−15+Δ	0	
24	30																						
30	40	+310	+170	+120		+80	+50		+25		+9	0	偏差 = ±(IT$_n$)/2, 式中 IT$_n$ 是 IT 值数	+10	+14	+24	−2+Δ		−9+Δ	−9	−17+Δ	0	在大于 IT7 的相应数值上增加一个 Δ 值
40	50	+320	+180	+130																			
50	65	+340	+190	+140		+100	+60		+30		+10	0		+13	+18	+28	−2+Δ		−11+Δ	−11	−20+Δ	0	
65	80	+360	+200	+150																			
80	100	+380	+220	+170		+120	+72		+36		+12	0		+16	+22	+34	−3+Δ		−13+Δ	−13	−23+Δ	0	
100	120	+410	+240	+180																			
120	140	+460	+260	+200		+145	+85		+43		+14	0		+18	+26	+41	−3+Δ		−15+Δ	−15	−27+Δ	0	
140	160	+520	+280	+210																			
160	180	+580	+310	+230																			
180	200	+660	+340	+240		+170	+100		+50		+15	0		+22	+30	+47	−4+Δ		−17+Δ	−17	−31+Δ	0	
200	225	+740	+380	+260																			
225	250	+820	+420	+280																			
250	280	+920	+480	+300		+190	+110		+56		+17	0		+25	+36	+55	−4+Δ		−20+Δ	−20	−34+Δ	0	
280	315	+1050	+540	+330																			
315	355	+1200	+600	+360		+210	+125		+62		+18	0		+29	+39	+60	−4+Δ		−21+Δ	−21	−37+Δ	0	
355	400	+1350	+680	+400																			
400	450	+1500	+760	+440		+230	+135		+68		+20	0		+33	+43	+66	−5+Δ		−23+Δ	−23	−40+Δ	0	
450	500	+1650	+840	+480																			
500	560					+260	+145		+76		+22	0					0		−26		−44		
560	630																						
630	710					+290	+160		+80		+24	0					0		−30		−50		
710	800																						
800	900					+320	+170		+86		+26	0					0		−34		−56		
900	1000																						
1000	1120					+350	+195		+98		+28	0					0		−40		−66		
1120	1250																						
1250	1400					+390	+220		+110		+30	0					0		−48		−78		
1400	1600																						
1600	1800					+430	+240		+120		+32	0					0		−58		−92		
1800	2000																						
2000	2240					+480	+260		+130		+34	0					0		−68		−110		
2240	2500																						
2500	2800					+520	+290		+145		+38	0					0		−76		−135		
2800	3150																						

附　录

（续）

公称尺寸/mm		基本偏差数值 上极限偏差 ES 标准公差等级大于 IT7											Δ 值 标准公差等级					
大于	至	P	R	S	T	U	V	X	Y	Z	ZA	ZB	ZC	IT3	IT4	IT5	IT6	IT7	IT8
—	3	-6	-10	-14		-18		-20		-26	-32	-40	-60	0	0	0	0	0	0
3	6	-12	-15	-19		-23		-28		-35	-42	-50	-80	1	1.5	1	3	4	6
6	10	-15	-19	-23		-28		-34		-42	-52	-67	-97	1	1.5	2	3	6	7
10	14	-18	-23	-28		-33		-40		-50	-64	-90	-130	1	2	3	3	7	9
14	18						-39	-45		-60	-77	-108	-150						
18	24	-22	-28	-35		-41	-47	-54	-63	-73	-98	-136	-188	1.5	2	3	4	8	12
24	30				-41	-48	-55	-64	-75	-88	-118	-160	-218						
30	40	-26	-34	-43	-48	-60	-68	-80	-94	-112	-148	-200	-274	1.5	3	4	5	9	14
40	50				-54	-70	-81	-97	-114	-136	-180	-242	-325						
50	65	-32	-41	-53	-66	-87	-102	-122	-144	-172	-226	-300	-405	2	3	5	6	11	16
65	80		-43	-59	-75	-102	-120	-146	-174	-210	-274	-360	-480						
80	100	-37	-51	-71	-91	-124	-146	-178	-214	-258	-335	-445	-585	2	4	5	7	13	19
100	120		-54	-79	-104	-144	-172	-210	-254	-310	-400	-525	-690						
120	140	-43	-63	-92	-122	-170	-202	-248	-300	-365	-470	-620	-800	3	4	6	7	15	23
140	160		-65	-100	-134	-190	-228	-280	-340	-415	-535	-700	-900						
160	180		-68	-108	-146	-210	-252	-310	-380	-465	-600	-780	-1000						
180	200	-50	-77	-122	-166	-236	-284	-350	-425	-520	-670	-880	-1150	3	4	6	9	17	26
200	225		-80	-130	-180	-258	-310	-385	-470	-575	-740	-960	-1250						
225	250		-84	-140	-196	-284	-340	-425	-520	-640	-820	-1050	-1350						
250	280	-56	-94	-158	-218	-315	-385	-475	-580	-710	-920	-1200	-1550	4	4	7	9	20	29
280	315		-98	-170	-240	-350	-425	-525	-650	-790	-1000	-1300	-1700						
315	355	-62	-108	-190	-268	-390	-475	-590	-730	-900	-1150	-1500	-1900	4	5	7	11	21	32
355	400		-114	-208	-294	-435	-530	-660	-820	-1000	-1300	-1650	-2100						
400	450	-68	-126	-232	-330	-490	-595	-740	-920	-1100	-1450	-1850	-2400	5	5	7	13	23	34
450	500		-132	-252	-360	-540	-660	-820	-1000	-1250	-1600	-2100	-2600						
500	560	-78	-150	-280	-400	-600													
560	630		-155	-310	-450	-660													
630	710	-88	-175	-340	-500	-740													
710	800		-185	-380	-560	-840													
800	900	-100	-210	-430	-620	-940													
900	1000		-220	-470	-680	-1050													
1000	1120	-120	-250	-520	-780	-1150													
1120	1250		-260	-580	-840	-1300													
1250	1400	-140	-300	-640	-960	-1450													
1400	1600		-330	-720	-1050	-1600													
1600	1800	-170	-370	-820	-1200	-1850													
1800	2000		-400	-920	-1350	-2000													
2000	2240	-195	-440	-1000	-1500	-2300													
2240	2500		-460	-1100	-1650	-2500													
2500	2800	-240	-550	-1250	-1900	-2900													
2800	3150		-580	-1400	-2100	-3200													

注：1. 公称尺寸小于或等于 1mm 时，基本偏差 A 和 B 及大于 IT8 的 N 均不采用。

2. 公差带 JS7～JS11，若 IT_n 值数是奇数，则取偏差 = ±$IT_{(n-1)}$/2。

3. 对小于或等于 IT8 的 K、M、N 和小于或等于 IT7 的 P 至 ZC，所需 Δ 值从表内右侧选取。

参 考 文 献

[1] 李新勇,赵志平. 机械制造检测技术手册 [M]. 北京：机械工业出版社，2012.
[2] 余诚英. 互换性与技术测量 [M]. 北京：化学工业出版社，2010.
[3] 梁子午. 检验工实用技术手册 [M]. 南京：江苏科学技术出版社，2004.
[4] 陈于萍. 互换性与测量技术基础 [M]. 北京：机械工业出版社，1999.
[5] 田野. 互换性与技术测量 [M]. 北京：化学工业出版社，2006.
[6] 尤晨. 质量分析与控制技术常识 [M]. 北京：电子工业出版社，2005.
[7] 李金琦. 质量监督员培训教材 [M]. 北京：机械工业出版社，1987.